U0272869

从新手到高手

零基础学

WordPress

老王经销商◎编著

清华大学出版社
北京

内容简介

本书通过对安装使用 WordPress 搭建自媒体站点的前期、中期、后期进行详细讲解，使读者全面了解和掌握作为一个自媒体网站站长应掌握的域名、服务器、WordPress 等方面的基础知识，同时通过实例站点与图书社区为读者提供了相关资源与服务，是一本绝无仅有、不可多得的技术书籍。

全书分为 3 大部分，共 21 章节。第 1～9 章着重介绍域名的基础知识、购买域名的支付方式、购买域名的基本流程、域名备案的常规流程以及域名解析的常用方法；第 10～17 章着重介绍 Linux 的简单概念、相关社区的提问方法、使用服务器的基础知识、服务器安全的基础知识、权限管理的基础知识、使用防火墙的基础知识、操作数据库的基础知识、WordPress 加速的基础知识以及管理账号密码的基础知识；第 18～21 章着重介绍安装使用 WordPress 过程中的基础知识、实例站点的建设流程。

本书适合有志于成为优秀自媒体人的入门读者，也适合作为高等院校的选修计算机教材，还可供对搭建独立个人博客有兴趣的人士以及对建设独立企业官网有需求的中小企业参考。

图书在版编目（CIP）数据

零基础学 WordPress /老王经销商编著. —北京：清华大学出版社，2019

（从新手到高手）

ISBN 978-7-302-51580-7

Ⅰ. ①零…　Ⅱ. ①老…　Ⅲ. ①网页制作工具－教材　Ⅳ. ①TP393.092.2

中国版本图书馆 CIP 数据核字（2018）第 247177 号

责任编辑： 张　敏　薛　阳
封面设计： 杨玉兰
责任校对： 徐俊伟
责任印制： 李红英

出版发行： 清华大学出版社

网　　址：http：//www.tup.com.cn, http：//www.wqbook.com
地　　址：北京清华大学学研大厦 A 座　　邮　　编：100084
社 总 机：010-62770175　　邮　　购：010-62786544
投稿与读者服务：010-62776969, c-service@tup.tsinghua.edu.cn
质量反馈：010-62772015, zhiliang@tup.tsinghua.edu.cn

印 装 者：北京鑫海金澳胶印有限公司
经　　销：全国新华书店
开　　本：185mm×260mm　　印　　张：17　　字　　数：452 千字
版　　次：2019 年 1 月第 1 版　　印　　次：2019 年 1 月第 1 次印刷
印　　数：1～2500
定　　价：79.00 元

产品编号：073788-01

推　荐

小学时，我请网吧老板帮忙注册了人生第一个 QQ 号，当时觉得自己挺酷；初一时，我烦着家人买了台式计算机，后来我用它黑进了同学的计算机，当时觉得自己挺酷；大学时我搭了个服务器帮舍友实现免费上网，当时觉得自己很酷……有些记忆无论何时想起都很美好，它们就像一道道大门，打开一道就发现新的东西。

互联网往后发展是个人的时代，拥有自己的域名、网站无疑是一件很酷的事。但这有门槛，网上教程太零散不成体系。这本《零基础学 WordPress》无疑能扮演“垫脚石”的角色，踩着它，你能轻松迈过门槛。这本书语言轻松，不讲虚的，注重实操，适合小白用户入手。当然，你也不能全指着这本书，我更希望它成为一把开门的钥匙，门那边的美好由你自己去探索。

浅黑科技　谢幺

时常有朋友问我：“自己没有专业知识，但是对建站非常有兴趣，该如何下手？”这个问题在我读大学时也同样纠结过，直到一天在校图书馆无意间看到 WordPress 的介绍，开启了我近十年的博客写作之旅。如今，我也极力推荐身边的朋友从 WordPress 入手，去享受写博客的快乐。据我了解，市面上关于 WordPress 的教程、文章不计其数，但多半是只言片语、见木不见林，容易引起不少朋友的疑惑。而本书正好弥补这一不足，系统地帮助大家学习域名、DNS、主机、WordPress 等相关知识，是一本新手朋友建站入门的绝佳书籍。

知名 WordPress 博客挖站否（前免费资源部落）站长　Qi

本书通俗易懂，内容充实，其中大量的实用技巧令人跃跃欲试，详细描述了安装使用 WordPress 搭建站点的完整实践，非常适合新人快速上手，作者丰富的实战经验相信会给大家带来不少帮助和启示。

哔哩哔哩　前端萌新　人气网红开源作者　DIYgod

我收到书籍的电子样稿之后大致阅读了一下，发现本书是一本用心之作，突出了作者的匠心。本书几乎涵盖了一个网站从头到尾、从无到有构建的知识点，思路非常清晰；书里面还包括了相关的安全维护知识。总而言之，这本书比较适合还没有多少基础的在校大学生和初级开发人员，以及各位喜欢建站、想了解建站知识的自媒体站长们。

荔枝 FM　Devops 开发者　罗辉

我们生活在一个信息化触角无所不及的时代，比特世界正在全方位地接管我们所熟悉的一切现实存在。在这种汹涌而来的潮流中，掌握一门信息技术，具备和比特世界沟通的能力，就显得尤为重要。老王经销商的《零基础学 WordPress》，恰恰给更多人一把打开信息世界大门的钥匙，让更多的人可以拥抱乃至参与到信息化浪潮的变革中。

春秋学院　傲客

这是一本适合安全小白的入门级科普读物，该书浅显易懂地从大家的兴趣点入手，例如域名投资基本知识、如何付钱（相信我，已经有很多雷锋网旗下微信号“宅客频道”的宅友后台问我如何用比特币支付）、怎么买域名等，相信能解答你的一些疑惑。“说人话”是网络安全科普难得的优点，还好，我翻了翻，这本书也做到了。

科技媒体雷锋网　网络安全频道主编　李勤

互联网世界像一片汪洋，人们争先驾船出海，大多数却空手而归。因为面对翻涌的浪潮，他们甚至没掌握一个基本的捕鱼技巧。

这本《零基础学 WordPress》也许能帮到你。学习使用一件工具，是进入一个新世界最有效的通行证。

浅黑科技　创始人　史中

WordPress 易于上手，难于精通。不过普通人在上手学会以前，可能就已经被各种各样的麻烦淹没了，特别是在域名、服务器等方面。《零基础学 WordPress》恰好能帮你解决这些不大不小的烦恼，它直指学习核心，让你不再一筹莫展。

OneinStack　开发者　yeho

如果你有建设网站的打算，想必在各大搜索引擎看教程看得眼花缭乱了吧，那么老王的《零基础学 WordPress》将给你带来最舒坦的学习姿势。我极力推荐新人阅读此书，因为这本书能带你快速有效地学习你想要了解的知识，节省你的宝贵时间。

WordPress Markdown　编辑器插件　WP-StackEdit　开发者　淮城一只猫

前 言

本书的目标不是写成一本《银河系漫游指南》，也不是可以拿来做枕头的《不列颠百科全书》，而是写成一本简单易懂的、具有纲领性的、能够让大家学会举一反三的书。

所以，这本书不会太厚，但是绝对足够大家从零基础到入门，精通可能稍微差一点儿，如果以后有机会，我可能会出进阶版。

首先来介绍一下本书的大致架构：域名→设施→软件。

换句话说，本书首先介绍的"域名"——这个相当于互联网世界里的门牌号码的东西，就是本书实例网站爱评测网（http://ipc.im）在谷歌浏览器的地址栏里的首页地址，它并不包含"http://"这一部分。实际上，"http://"这一部分是可以自由替换的，它只是 TCP/IP 协议集里的一个子集，还有其他一些常用或者不常用的协议。不过由于它被使用得太频繁了，甚至都可以单独为这个 HTTP 出版一本不薄的专著，以至于绝大多数行外人士以为它就是全部。

接下来要介绍的"设施"，狭义地说是服务器。这么说其实没什么大错，因为"设施"里包含的弹性计算、存储、CDN、负载均衡和 DNS 等这些概念性名词的实际建立过程中，基本都会用到服务器这个基础设施。但这里的"设施"有点不同，它不仅仅包含上面这些概念，也包含了 CentOS（Community Enterprise Operating System，社区企业操作系统）等常用的 Linux 发行版的操作使用，还有各种常用的应用服务和安全知识等。简单点来说，一个是硬件，一个是软件。一硬一软，就像太极里的一阳一阴，互相补充，不可分割。

最后介绍的"软件"，也就是 CMS（Content Management System，内容管理系统），不过这里只介绍一种，也就是书名上的 WordPress。我们可以把服务器等同于一台有专用功能的、一天二十四小时一年三百六十五天永不关机的计算机（服务器有时候也关机，只不过一般是在出故障等情况下），CentOS 这个 Linux 发行版相当于我们计算机里的 Microsoft Windows 操作系统，而 WordPress 则相当于我们计算机里的 Microsoft Office 办公软件三大件——Word、PowerPoint 和 Excel 等的简化集合版本。大部分时候，我们一般是把 WordPress 作为博客使用，不过官方好像不这么认为，他们在 WordPress 源代码里的版权声明文件里骄傲地写着——Web Publishing Software（网络出版软件）。他们说得没错，仅在其中文官方网站（https://cn.wordpress.org/）的陈列柜上，就展示着不少使用 WordPress 作为官网的互联网创业新媒体和各大企业的官方博客，例如爱范儿、小众软件、科学松鼠会、腾讯 CDC 官方博客和触乐网等（触乐网后来聘请开发人员重新定制了 CMS）。而在英文互联网世界里，WordPress 更是无法忽视的 CMS 霸主。

本书由老王经销商编著，参与编写的人员还有肖景涛、柳军、王皓、齐凡、朱峰、佘建新和张鹏。欢迎各位读者向编者反馈图书的阅读体验，编者为大家建设了本书交流社区——萌开源联盟官方社区（官方网址 https://www.moeunion.com/），以供大家在线学习讨论（若本书中的网址读者打不开或者打开后无显示相应内容，读者可到本书交流社区、官方 QQ 群、官方邮箱进行反馈并得到解答）。如果想加入社区参与讨论，请大家使用图书购买凭证兑换注册激活码后进行注册。

购买图书获赠激活码的方法：购买图书后，请将相关发票或者订单截图发送到邮箱 moeunion@foxmail.com。客服人员收到邮件后会发送激活码到您的邮箱，发送时间为当天晚上 9 点以后。在收到激活码以前，可以在萌开源联盟的官方 QQ 群 326759235 里耐心等待。

关于本书的扩展知识，读者可以在官方 QQ 群 326759235 文件里找到。

目　录

第 1 章　什么是域名

域名是一座连接计算机屏幕前的使用者与使用者将要访问的网站的桥梁的桥面。

它和 DNS、IP 地址等好朋友一起，组成了一道道坚实的桥梁，把一切复杂难懂的、常人难以理解的、枯燥无味的规则，隐藏在了桥里面，让最终产生的结果所见即所得。

假设我们用计算机访问了本书的实例网站爱评测网 http://ipc.im/，在访问过程中所产生的流量，就像桥面上的车流一样，最终会到达桥梁另一端的目的地，即爱评测网所使用的服务器。

最终，车流里属于我们的那辆车，会回到车刚出发时的那端桥头，返回一开始车所停的地方，顺便把我们想要的东西给带回来。换句话说，它把网站里的页面带回了我们计算机的屏幕上，用浏览器给我们呈现了出来。这一去一来，发生在电光火石之间，速度之快，令人无法想象。如果是在现实生活中，可以说不是开车，而是开火箭了。我们无须了解桥面的材料、宽度、长度等细节，只管开着车，在茫茫天地间任意驰骋。

1.1　域名的基本概念

互联网上的每一台联网设备（包括服务器、家用计算机以及物联网设备等）基本都有一个唯一标识也就是 IP 地址（这里说“基本”是因为一个 IP 地址有可能被多台设备共享），IP 地址用二进制数来表示，不过通常情况下会转换成十进制以方便记忆。

每个 IP 地址长 32 比特，由 4 个 0 至 255 之间某一个整数构成（这里描述的是 IPv4，目前发展到了 IPv6），数字之间用英文里的点号（中文输入法下的半角状态，英文输入法无须切换）间隔开来。例如，114.114.114.114 代表着我们常用的 114DNS 的公共服务 IP 地址。

一个网站完全可以通过 IP 地址来访问，现代意义上的互联网的早期阶段，有不少的网站都能用 IP 地址访问，访问网站的用户可以通过把网站 IP 地址书写在纸上记下来的方式保存。但是有一个大问题，网站只有那么几个的话，这样做并不需要花多少精力。随着互联网的不断发展，网站的数量爆炸式增长，继续这样做便不符合现实需要了。IP 地址终究是数字标识，不符合人们的日常使用习惯，难以记忆和书写。

到了该变革的时候了!

为了方便人们使用，制定互联网基础技术标准的专家们，在 IP 地址的基础上，研究出了一种更为人性化的符号化寻址方案，即为域名（Domain Name）。在使用过程中，每一个域名都与特定的 IP 地址对应。所以说，IP 地址与域名，可以算是同一套东西，只不过 IP 地址面向机器，而域名面向人类，它们是一体两面的。

域名的主体部分，是由人们所熟悉的符号，如英文字母、阿拉伯数字、标点符号中的连字符“-”或其他民族的文字（如汉字等），按一定方式组合起来的。有了域名的助力，互联网上的资源就比用 IP 地址访问要方便多了。

下面我们以爱评测网 ipc.im 的域名为例，来看看域名的组成。

爱评测网的域名是 ipc.im，其中.im 是这个域名的后缀，也叫根域名或者国家和地区顶级域名（country code Top-level Domains，ccTLDs；常见的.com 是国际顶级域名，generic Top-level Domains，gTLDs；最近几年兴起的.xyz 是新通用顶级域名，new generic Top-level Domains，new gTLDs）。ipc 是这个域名的主体；域名主体和域名后缀组合在一起即“ipc.im”，为一级域名；而通常带“www.”的，即“www.ipc.im”，为二级域名。一级域名构成了这个域名可购买可持有的主体部分，即 ipc.im。“www”是这个域名的子域，当拥有某个域名后，可以通过 DNS 域名解析系统设置无穷多个子站点，例如 www.ipc.im、live.ipc.im 等。

在查阅资料过程中，我发现大家对域名概念层级混淆不清，一级域名、二级域名、顶级域（名）、根域（名）、根等说法自相矛盾，甚至连最近新出版的域名相关书籍里，也有概念错误的情况。我特地在这里，给大家提供一个简单的分辨方法。例如，爱评测网的域名在谷歌浏览器中显示为“ipc.im”，我们看到了一个点，且点的左边有内容字段“ipc”，这就是一级域名；同理，“www.ipc.im”为二级域名。其他情况如三级域名等依此类推。

另外要说明的是，顶级域名不是一级域名，准确来说，应该叫作“顶级域”，只不过由于历史原因大家叫顺口了，统一称为顶级域名。那么，域名和域到底有什么联系呢？准确来说，一个域名只是域中的一个独立的个体，被包含在域之中，用数学关系来表示就是域名⊆域。对了，根域（名）后面还有一个隐藏的“.”，它代表着根；只有根存在，根域（名）才会存在。

爱评测网的官网首页域名的完整主机名为“@.ipc.im.”，“www.ipc.im”的完整主机名为“www.ipc.im.”。大家可能会问，怎么多了一些东西，我平时没有看到啊——因为这些多出来的东西，要去 DNS 域名解析系统里才看得到。“@”表示为空，在谷歌浏览器里默认隐藏不显示，只显示为“ipc.im”；在谷歌浏览器的 Cookie 记录里则显示为“.ipc.im”。“.im”前面多出来的一个点，某种意义上代表着从 A 到 M 的 13 台根（域名）的服务器。这里的数量是逻辑意义上的，而不是物理意义上的。截至 2014 年 10 月，全球有 504 台根服务器。大部分借由任播（Anycast）技术，编号相同的根服务器使用同一个 IP 地址；504 台根服务器总共只使用 13 个 IP 地址。我国大陆地区在北京有 3 台编号为 L 的镜像，编号为 F、I、J 的镜像各一台，共 6 台；香港地区有编号为 D、J 的镜像各 2 台，编号为 A、F、I、L 的镜像各一台，共 8 台；台湾地区则有编号为 F、I、J 的镜像各一台，共 3 台。

关于各级域名之间的点，还有一个有趣的故事。几年前（2013 年左右），谷歌想申请一些新顶级域名，自己做这些新顶级域名的注册局。不过，它提出了一个常人看起来很合理的要求：就是不想看到这些不美观的点。很快，谷歌的这个要求被 ICANN 拒绝了。

在我们这些长期关注域名动态的专业人士看来，ICANN 的反应毫不意外。大多数人不知道的是，这些点都是有它的作用的，而且每一个点后面都有其相应的管理机构；谷歌想取消这些点，某种意义上就是否定现有的互联网基础体系的意义，这样做会严重干扰整个互联网的正常运作。

拓展知识：

Domain Name System Implementation Schedule - Revised https://tools.ietf.org/html/rfc921

1.2　域名的过去与未来

1985 年 1 月 1 日，世界上第一个域名 nordu.net 被注册了。

1985 年 3 月 15 日，世界上第一个.com 域名 symbolics.com 被注册了。

在 1992 年以前，域名注册一直是免费的，不过大部分人都不怎么重视域名，所以注册的人很少。

1991 年 5 月，英国人蒂姆·伯纳斯·李爵士（Tim Berners-Lee）把他的发明 WWW 协议（World Wide Web，万维网，即大家熟悉的 WWW。不过其发明的正式命名时间为 1989 年 12 月）在 Internet 上首次向世人披露，立即引起轰动，获得了极大的成功被广泛推广应用。直到 1993 年，域名才开始受到人们的欢迎。

1993 年，Network Solutions（NSI）公司与美国政府签下了 5 年合同，获得了.com、.org、.net 三个国际顶级域名注册权的独家代理权。NSI 以每年 100 美元/个的价格向其用户收取注册费用，两年后每年收取 50 美元/个的管理费。而当时注册的域名的数量，总共才 7 000 个左右。

到了 1998 年年初，NSI 上所托管的域名的注册数量已达到了惊人的一百二十多万个。这其中 90%的域名，其后缀都为.com，仅仅这部分，就让 NSI 一年进账六千多万美元。到了 1999 年中期，该公司仅域名注册费这一项，年收入就约 2 亿美元。

商人总是逐利的。NSI 是一家商业性质的公司，由于过于追求利益而疏于管理，其运营的这些全球性的通用顶级域名，产生了大量问题。1998 年，大量关于域名被抢注、被申诉、被仲裁的负面新闻不断见诸报端，令 NSI 深陷于麻烦之中。

1998 年 1 月 30 日，美国商务部通过其官方网站正式公布了《域名技术管理改进草案（讨论稿）》。这项由时任美国总统克林顿的互联网高级政策顾问艾瑞·马格曾纳（Ira Magaziner）主持完成的“绿皮书”，申明了美国政府将“谨慎和和缓”地将互联网域名的管理权由美国政府移交给民间机构的态度。“绿皮书”总结了在域名问题上的四项基本原则，即移交过程的稳定性、域名系统的竞争性、完全的协作性和民间性，以及反映所有国际用户需求的代表性。

在这四项基本原则的指导下，“绿皮书”提出组建一个民营的非营利性的企业来接管域名的管理权，希望能在 1998 年 9 月 30 日前将美国政府的域名管理职能交给这个民营非营利性企业，并最迟在 2000 年 9 月 30 日前顺利完成所有管理角色的移交。这个民营的非营利性企业，或者说组织，就是 ICANN（The Internet Corporation for Assigned Names and Numbers，互联网名称与数字地址分配机构）。

1998 年 9 月 30 日，美国政府正式终止了它与 NSI 之间的合同，并把 IANA（The Internet Assigned Numbers Authority，互联网数字分配机构）的职责交由 ICANN 来履行，让其管理互联网上的域名与 IP 地址资源。2009 年，ICANN 独立于美国政府管辖之外，真正成了国际化的组织。

ICANN 主要管理四项事务：IP 地址、网络协议、域名和 DNS 根域名服务器。

在 ICANN 正式开始管理域名之前，对于域名过期时间的管理是有些混乱不堪的，除了规定域名在到期 60 天之内可以续费以外，域名正式删除前的时间并没有完全公开透明，完全由 NSI 自己说了算，想怎么样就怎么样。

ICANN 接手工作以后，这种情况改善了很多。例如，ICANN 对于域名过期做了如下一些工作：1999 年，招标第一批 5 个通用顶级域名的注册商，引入了公平竞争机制，使得通用顶级域名的注册价格下降，同时域名抢注价格也下降了；2001 年，和注册商的协议中规定，注册商在域名过期后必须给注册人留有时间来赎回；2004 年，制定了详细的过期域名删除政策；2008 年，再次明确了注册人在域名过期后虚有足够时间将域名恢复；2013 年，对域名的过期注册恢复政策进行了修改，允许域名注册商在域名到期后随时删除域名，但这一规定并不是强制性的（相关链接为 https://www.icann.org/resources/pages/errp-2013-02-28-zh）。

近些年来，一些国家纷纷开发使用采用本民族语言构成的域名，如德语、法语等。我国也跟随潮流，开始使用中文域名，但可以预计的是，在今后相当长的一段时期内，以英语为基础的域名（即英文域名）仍然是主流，且.com 这个通用顶级域名的霸主地位将会一直被保持。

拓展知识：

《互联网简史》中文版 https://www.moeunion.com/d/110

《互联网简史》英文版 https://www.internetsociety.org/internet/history-internet/brief-history-internet/

第2章　移动互联网时代，我们为什么还需要域名

2011年1月21日，腾讯公司推出了一个为智能终端提供即时通讯服务的免费应用程序——微信（WeChat）。悄无声息间，一个未来的移动互联网霸主诞生了，尽管它此时很弱小。

2012年3月，微信用户数突破1亿人大关。

2012年9月17日，腾讯微信团队发布消息称，微信注册用户已破2亿人。

2013年1月15日深夜，腾讯微信团队在微博上宣布微信用户数突破3亿人，成为全球下载量和用户量最多的通信软件，影响力遍及中国、海外华人聚集地及少数西方地区。

直到本文写作时的2017年，微信的注册用户数量已经接近10亿人了。假设每个自然人注册且只有一个账号，微信的注册用户就相当于覆盖了全国百分之七八十的地区的人口。可以说，微信几乎席卷了神州大地上的每一个人。

就连我家里的一直拒绝跟随时代进步的长辈们，也学会了抢红包、发红包，朋友圈更是发得比我还勤。可以说，移动互联网很大一部分流量是在微信这个超级App里流动着。

这情况似乎给人一种错觉，移动互联网时代，App成了当仁不让的霸主和赢家，而原有的互联网入口——域名不再那么重要，甚至可以放弃。关于App和域名谁重要的争辩，从知乎到V2EX，处处火花四溅，谁也不能说服谁。面对这种情况，不少IT行业人士也迷茫了。

2.1　移动互联网时代不需要域名的说法来源

Twitter联合创始人Evan Williams曾发表言论称域名已死，他表示品牌比网址更重要，用户已经越来越少记忆网站域名。许多人会通过在搜索引擎中搜索网站以登录，大部分手机浏览器开始隐藏地址栏，域名的作用将越来越小，重要的是品牌。

“未来的互联网世界可能不需要域名。”腾讯公司董事局主席兼首席执行官马化腾在2013年的全球移动互联网大会上称，在移动互联网时代，人们不需要注册网址，只需一个号码，用二维码一扫，所有的服务都可以提供。

大约从2013年起，智能手机功能越来越多、价格越来越低、体验越来越好，使得移动互联网发展越来越迅速。尽管2010年智能手机就已经出现了，但那时候的智能手机价高质次。

或许是看到了未来的趋势，2013年1月10日，阿里巴巴创始人马云宣布对集团现有业务架构和组织将进行相应调整，成立25个事业部，具体事业部的业务发展将由各事业部总裁（总经理）负责。同时，马云还向全体员工发送了邮件，在邮件中，马云如是说：“本次组织变革也是为了面对未来无线互联网的机会和挑战，同时能够让我们的组织更加灵活地进行协同和创新。”

也就是说，从这一年起，阿里巴巴进入了以“移动为先”的整体战略布局。

而BAT三巨头中，百度的移动化速度是最迟缓和最不明显的。直到2014年9月3日，百度才在百度世界大会上，宣布了以“直达号”为战略中心的移动化布局。

由于种种原因，当初的 BAT，变成了现今的 TAB，外加 TMD（头条、小米、滴滴）。

以至于在出现了 AI 等互联网新风口后，百度就急不可耐地宣布了以“AI 为先”的发展战略布局。百度在害怕，害怕再一次在互联网上掉队，害怕没能在互联网发展史上留下自己浓墨重彩的一笔。虽然它可能知道，需要很多年才能看出其选择的正确与否。

几年前，无数的创业者，投身到了 App 的开发中。由于好的域名很贵——价格从几万、几十万甚至到上百万不等，他们大多数没有选择一个好的域名，而是选择在其心仪产品的名称后随意加上一些词汇例如“app”去注册域名。而这时候的投资人，也喜欢投资相关的创业公司，很多官网域名不好的公司获得了投资。他们不断发出自己的声音，而原本人数就比较少的域名投资人没能发出自己的声音。就这样，无数普通人被洗脑，以至于他们打算去创业时，只会想到做 App ，而不会想到其他的一些可能的选项。

2.2 IP、域名、App 三者之间的关系

首先，我们来介绍 IP 协议。可能有人会有疑问，不是已经介绍过了 IP 了么。不，前面介绍的是 IP 地址。

按照 OSI（Open System Interconnection，开放系统互连参考模型，又称为网络七层协议）模型的层次来划分，IP（Internet Protocol，网际协议）位于网络层。IP 这个名称听起来可能有点夸张，但事实上几乎所有需要用到网络的系统，都会用到 IP。

IP 是一个协议簇的总称，其本身并不是任何协议。它一般有文件传输协议（FTP）、电子邮件协议（SMTP、POP3、IMAP4 等）、超文本传输协议（HTTP）等。互联网最基础的协议为 TCP/IP 协议簇，IP 在协议中占据了一半的位置，其重要性可见一斑。

IP 协议的作用，是把各种数据包传输给对方。而要确保传送到对方那里，就需要满足各种各样的条件。其中最重要的两个条件，一个是 IP 地址（普通人认知中的 IP），另一个是 MAC 地址（Media Access Control Address，媒体访问控制地址，又称为物理地址、硬件地址，用来定义网络设备的位置）。

IP 地址指明了网络结点被分配到的地址，MAC 地址则是指网卡所属的固定地址。IP 地址可以和 MAC 地址进行一对一配对。IP 地址可随时更换，但是 MAC 地址基本上不会改变（事实上，MAC 地址也可以通过技术手段进行修改）。

既然我们说到了 IP，那么就不得不说 TCP/IP 协议簇了。因为我们通常使用的网络（包括互联网）都是在 TCP/IP 协议簇的基础上运作的。

TCP/IP 协议簇里最重要的一点就是分层。按照层次从下到上、从里到外可以分为以下四层：链路层、网络层、传输层和应用层。前面说到的 OSI 模型则是七层，把它按照层次从下到上、从里到外可以分为以下七层：物理层、链路层、网络层、传输层、会话层、表示层和应用层。

按照 OSI 模型划分的七层，其各层的作用如下。

（1）物理层

这层的规范是有关传输介质的，这些规范通常也参考了其他组织制定的标准。连接头、帧、帧的使用、电流、编码及光调制等都属于各种物理层规范中的内容。物理层常用多个规范（如

RJ45、IEEE 802.1A、IEEE 802.2 到 IEEE 802.11 等）完成对所有细节的定义。

（2）链路层

它定义了在单个链路上如何传输数据。这些协议（如 ATM、FDDI、Ethernet、Arpanet、PDN、SLP、PPP 等）与被讨论的各种介质有关。

（3）网络层

这层对端到端的包传输进行定义，它定义了能够标识所有结点的逻辑地址，还定义了路由实现的方式和学习的方式。为了适应最大传输单元长度小于包长度的传输介质，网络层还定义了如何将一个包分解成更小的包的分段方法，例如 IP、IPX、ICMP、ARP、RARP、AKP、UUCP 等。

（4）传输层

这层的功能包括是选择差错恢复协议还是无差错恢复协议，（如 TCP、UDP、SPX 等）以及在同一主机上对不同应用的数据流的输入进行复用，还包括对收到的顺序不对的数据包的重新排序功能。

（5）会话层

它定义了如何开始、控制和结束一个会话，包括对多个双向消息的控制和管理，以便在只完成连续消息的一部分时可以通知应用，从而使表示层看到的数据是连续的，在某些情况下，如果表示层收到了所有的数据，则用数据代表表示层。

（6）表示层

这一层的主要功能是定义数据格式及加密。例如，FTP 允许用户选择以二进制或 ASCII 格式传输。如果选择二进制，那么发送方和接收方不改变文件的内容；如果选择 ASCII 格式，发送方将把文本从发送方的字符集转换成标准的 ASCII 发送数据，在接收方将标准的 ASCII 转换成接收方计算机的字符集。

（7）应用层

与其他计算机进行通信的一个应用，它是对应应用程序的通信服务的。例如，一个没有通信功能的字处理程序不能执行通信的代码，从事字处理工作的程序员也就不用关心 OSI 的第 7 层。但是，如果添加了一个传输文件的选项，那么字处理器的程序员就需要实现 OSI 的第 7 层。

接下来，简单说明一下 IP、域名、App 三者之间的关系。普通人头脑中的 IP，基本上是指 IP 地址，IP 地址属于 IP 的一部分，而 IP 又可以划分到 OSI 模型的网络层；域名属于 DNS 域名解析系统中的一环，是 IP 地址的面具，为 DNS 中可见的一部分；大部分的 App 都有联网功能，但也有不少没有联网功能的 App。最简单的 App，应该是用交互原型设计软件（如 Axure）做出来的，它可能什么实质内容都没有，只能作为演示的用途存在。这样的 App，似乎并不符合 OSI 模型的七层中的任何一层。但是，不管怎样，它们至少都有相同的一点——用户与 App 可以进行交互。

为此，我们把 App 等作为新的一层，加到原先的 OSI 七层模型中靠近用户的一层，并把这层命名为——交互层，因此产生了一个新的有八个层次的 OSI 模型，如图 2-1 所示。这种做法，可能并不严谨，但不管怎样，它是比较直观和易于理解的。

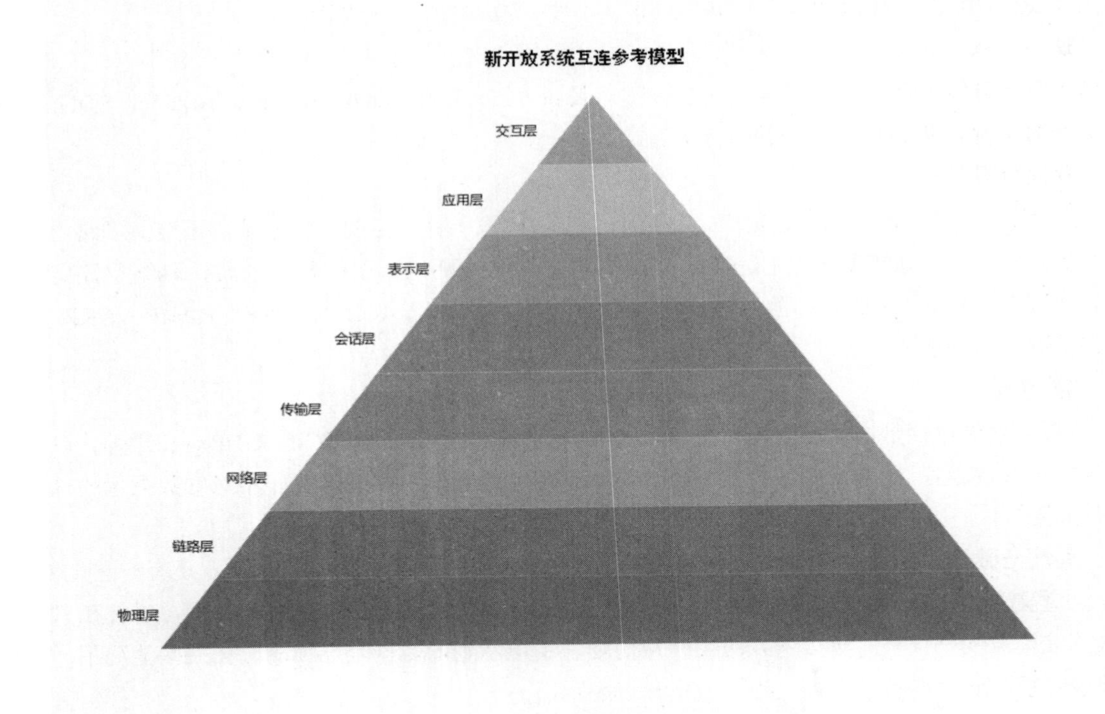

图 2-1　新开放系统互连参考模型

2.3　域名与 App 的优缺点以及未来的趋势

先来说说域名的优缺点。

优点：最主要的是后期扩展业务的便利性。例如，用前言里说到的 WordPress 这套内容管理系统为基础开发的网站，只需要开启多站点模式，然后在 DNS 域名解析系统里增加该项业务的域名解析，再到内容管理系统里映射一下新业务的域名解析，基本上就可以上线新站点了；还有一个方面，就是使用上的便利性。在使用上，在 PC 个人计算机上用浏览器同时开几十个网页，完全没有很大的问题，当然大部分情况下最多只需要用到十几个网页。更重要的是可以随用随走，不会给访客带来较大的麻烦。

缺点：最明显的缺点就是好的域名都比较贵。如果一个创业团队想用一个好一点的域名，这至少会花去它们创业资金的一部分，例如几万元、几十万元甚至上百万元。而域名注册又实在是太方便了，如果这个创业团队不想花这笔钱，完全可以花几十元最多几百元（域名注册一年的价格）注册一个差一些的域名来创业；另外在移动互联网时代，由于手机屏幕的大小有限，一个网站的域名在手机浏览器的地址栏里不会太明显，这可能会带来一些安全方面的隐患（主要对互联网小白的影响较大）。

接下来，再说说 App 的优缺点。

优点：由于手机等智能移动终端的携带便利性和操作简易性，使得移动互联网在整个互联网世界中的流量占比超过了以 PC 为代表的传统互联网。在这种情况下，App 能给用户较好的使用体验，可以轻易消耗用户的时间，使得流量变现的可能性变得较大。

缺点：最大的缺点就是开发成本较高。一个使用体验良好的 PC 端的网站，在极端情况下可以不花一分钱就做出来（有免费域名、免费服务器、免费的内容管理系统）。而一个使用体验良好的 App，想不花一分钱就做出来，这基本上就是痴人说梦了；另外一个缺点就是用户手机的存储容量是有限的，不可能在手机里安装无限多的 App。在这种情况下，大部分用户只可能使用一些超级 App 而懒得去尝试新的 App，因为用户们的总体注意力是有限的。现在的 App 大小少则几十兆字节多则上百兆字节，在手机流量有限的情况下，基本上就没有人愿意尝试新的 App 了。

不过，似乎现在有了一种能够兼顾两者优点的新方案。这种新方案，可能会成为未来的一种趋势。

它就是小程序，完整名称为微信小程序。微信小程序，英文名为 Mini Program，是一种不需要下载安装即可使用的应用，它实现了应用“触手可及”的梦想，用户扫一扫或搜一下即可打开应用。

既然是微信的产品，它的流量入口肯定主要来自于微信这个超级 App，当然还有一些宣传推广小程序的创业新媒体等。

不过，开发小程序也是需要用到域名的，而且还要用一个域名的 SSL 安全证书。因为前面说过，域名是互联网基础协议里的一部分。大家心里应该清楚，越是基础的东西，越是难以被取代，因为牵一发而动全身。

另外，有些人可能会连域名这笔钱也省了，直接用 IP 地址作为 App 的服务器的访问地址。但是这样做，首先在安全上就有很大隐患，更重要的是会导致后期业务的可扩展性非常差。以至于在将来的某个时间点，整个的业务系统不得不下线停机重做，这对业务的发展将是致命的。

第 3 章　域名选购的三个核心要素

如果大家准备进行互联网创业，可以选择创业的方向有很多，例如传统意义上的 PC 网站、移动端上的 App、连接一切的微信上的小程序等。无论是选择哪一个方向去创业，都逃不掉为自己的创业项目选购域名这一关。

选购域名有很多需要注意的地方，但是无论如何，以下三点都是必须要知道的。

3.1　不要注册 IDNs 域名

什么是 IDNs 域名呢？ IDNs 域名即为国际化域名，又称多语种域名，它的英文全称是 Internationalized Domain Names，是指非英语国家为推广本国语言的域名系统的一个总称，例如含有日文的为日文域名，含有中文的域名为中文域名。

IDNs 域名的使用难度实际上要比我们常见的域名的使用难度大。首先，全世界的键盘基本上都是基于英语开发出来的。我们常用的“QWERTY”布局的键盘实际上已经有一百多年的历史了，由于这个原因，输入 IDNs 域名首先得安装一个相应的输入法，而且得经过好几道转换才能打出来，会给使用者造成非常多的时间上的浪费。不幸的是，大部分人没有这个耐心。还有另外一个重要的原因，就是 IDNs 的域名实际上是把目标客户群定位在了高端用户身上。这些高端用户的受教育程度比较高，有能力轻松地把自己国家的相应 IDNs 域名用键盘打出来。但是互联网上也有很多受教育程度不高的普通用户，他们就无法轻松完成了，让这些人一边查询字典一边打字基本上是不可能的。国际化域名的初衷是为了方便人们使用，但是实际上却会加大目标用户的使用难度，仅从这点来看，IDNs 域名就不值得注册。

目前 IDNs 域名还出现了安全上的问题——同形异义字钓鱼攻击。这种攻击产生的原因是国际化域名为了支持多语种域名，使用了域名代码（Punycode）编写，而其中一些非拉丁字符语种的字母（例如西里尔字母）与拉丁字符非常相似，单从字面上看很难区分其差别，人的肉眼几乎无法识别出来。

尽管 Chrome、Firefox 等主流浏览器在新版本中修复了这个安全问题，但还有很多人、企业和机关单位的浏览器版本较旧，他们无法完全避免这个安全问题。就算是修复了的新版本浏览器，也无法完全避免这个问题，因为浏览器如果发现域名的一个字段里所有字符都是同一种语言，就不会进行编码。由于这个复杂的原因，导致如 Chrome 这样的浏览器，在碰到这样的域名时，有时候不能以域名代码的方式安全显示出来。

如果未来有一天，如 Chrome 这样的现代浏览器把上面的问题完全解决了，即统一用域名代码的方式安全显示出来，但是这样又会使推广 IDNs 域名的努力白费。因为这样一长串字符，有几个人能记住呢？

截至本文写作完成时，已经有很多这样的域名被注册了，这些被发现的同形异义字钓鱼域名，都是用西里尔字母注册的。目前国内不少知名网站的西里尔字母域名已经被注册了，部分域名名单如表 3-1 所示。

表 3-1　部分域名名单

西里尔字母域名	转　　码	转码后的英文字母域名
QQ.com	转码后	xn--x7aa.com（腾讯）
qq.com	转码后	xn--y7aa.com（腾讯）
jd.com	转码后	xn--e2a25a.com（京东）
alipay.com	转码后	xn--80aa1cn6g67a.com（支付宝）
iqiyi.com	转码后	xn--s1a1bab69g.com（爱奇艺）
Taoɓao.com	转码后	xn--80aa5bbq6d.com（淘宝）
weiɓo.com	转码后	xn--e1as5bzb58e.com（微博）
SO.com	转码后	xn--n1a9b.com（360 搜索）
Mi.com	转码后	xn--l1a6c.com（小米）

图 3-1 所示是西里尔字母 Unicode 代码表。其详细信息的链接为 http://www. unicode.org/charts/PDF/U0400.pdf。相关的西里尔字母增补 Unicode 代码表的链接为 http://www.unicode.org/charts/PDF/U0500.pdf。

0400　　Cyrillic　　04FF

	040	041	042	043	044	045	046	047	048	049	04A	04B	04C	04D	04E	04F
0	Ѐ	А	Р	а	р	ѐ	Ѡ	Ѱ	Ҁ	Ґ	Ҡ	Ұ	Ӏ	Ӑ	Ӡ	Ӱ
1	Ё	Б	С	б	с	ё	ѡ	ѱ	ҁ	ґ	ҡ	ұ	Ӂ	ӑ	ӡ	ӱ
2	Ђ	В	Т	в	т	ђ	Ѣ	Ѳ	҂	Ғ	Ң	Ҳ	ӂ	Ӓ	Ӣ	Ӳ
3	Ѓ	Г	У	г	у	ѓ	ѣ	ѳ	◌҃	ғ	ң	ҳ	Ӄ	ӓ	ӣ	ӳ
4	Є	Д	Ф	д	ф	є	Ѥ	Ѵ	◌҄	Ҕ	Ҥ	Ҵ	ӄ	Ӕ	Ӥ	Ӵ
5	Ѕ	Е	Х	е	х	ѕ	ѥ	ѵ	◌҅	ҕ	ҥ	ҵ	Ӆ	ӕ	ӥ	ӵ
6	І	Ж	Ц	ж	ц	і	Ѧ	Ѷ	◌҆	Җ	Ҧ	Ҷ	ӆ	Ӗ	Ӧ	Ӷ
7	Ї	З	Ч	з	ч	ї	ѧ	ѷ	◌҇	җ	ҧ	ҷ	Ӈ	ӗ	ӧ	ӷ
8	Ј	И	Ш	и	ш	ј	Ѩ	Ѹ	◌҈	Ҙ	Ҩ	Ҹ	ӈ	Ә	Ө	Ӹ
9	Љ	Й	Щ	й	щ	љ	ѩ	ѹ	◌҉	ҙ	ҩ	ҹ	Ӊ	ә	ө	ӹ
A	Њ	К	Ъ	к	ъ	њ	Ѫ	Ѻ	Ҋ	Қ	Ҫ	Һ	ӊ	Ӛ	Ӫ	Ӻ
B	Ћ	Л	Ы	л	ы	ћ	ѫ	ѻ	ҋ	қ	ҫ	һ	Ӌ	ӛ	ӫ	ӻ
C	Ќ	М	Ь	м	ь	ќ	Ѭ	Ѽ	Ҍ	Ҝ	Ҭ	Ҽ	ӌ	Ӝ	Ӭ	Ӽ
D	Ѝ	Н	Э	н	э	ѝ	ѭ	ѽ	ҍ	ҝ	ҭ	ҽ	Ӎ	ӝ	ӭ	ӽ
E	Ў	О	Ю	о	ю	ў	Ѯ	Ѿ	Ҏ	Ҟ	Ү	Ҿ	ӎ	Ӟ	Ӯ	Ӿ
F	Џ	П	Я	п	я	џ	ѯ	ѿ	ҏ	ҟ	ү	ҿ	ӏ	ӟ	ӯ	ӿ

图 3-1　西里尔字母 Unicode 代码表

根据这些信息，相信未来会有更多同形异义字钓鱼域名出现在世人面前。更多相关详细信息请访问链接 http://www.freebuf.com/articles/web/136729.html。

下面以 IDNs 域名中的中文域名为例，生动详实地说明 IDNs 域名不值得注册的理由。

中文域名实际上是不适合个人使用的。这些中文域名，有很大一部分是被中大型企业所购买，企业购买它们实际上是出于品牌保护的考虑，而且购买了以后基本上都不会正式启用。由于近年来中国域名市场的火爆，故有一部分域名被一些自以为了解中国的外国人士购买，企图从中分得一杯羹；还有一些则被一些被忽悠的小企业和各大高校（例如作者本人所毕业的学校）购买。

中文域名不是主流常见域名，不便于输入，而且价格也不便宜。记得中文域名刚推出时，在万网（现属于阿里云旗下品牌）的价格为 320 元左右，这么多年过去了，价格跟其他主流域名相比，还是没有什么优势，而且有些后缀还有收智商税的嫌疑。以下来自国内主流域名商——阿里云，相关链接为 https://wanwang.aliyun.com/domain/searchresult/?keyword=老王经销商&suffix=.com，如图 3-2 所示。

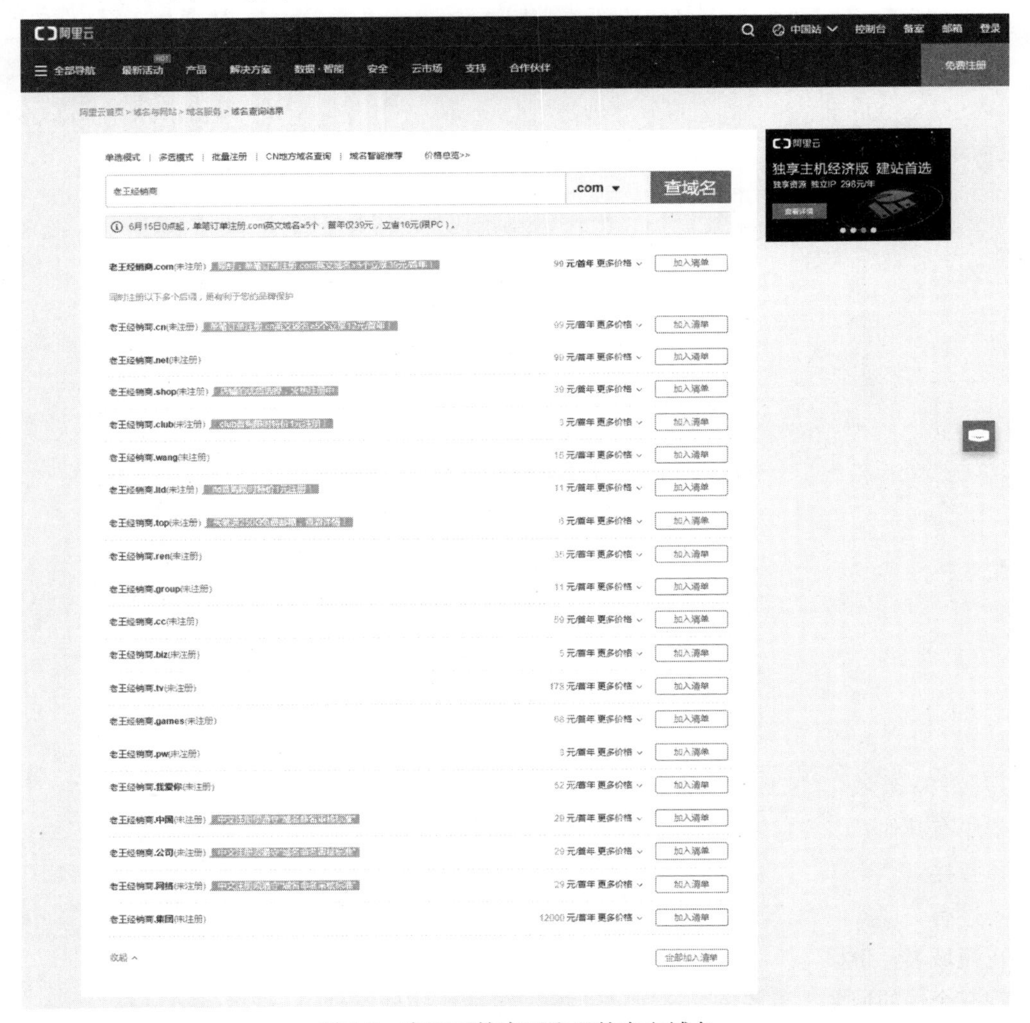

图 3-2　在万网搜索可注册的中文域名

大家可以看到，最后的那个“老王经销商.集团”，价格达到了五位数的恐怖数字。这样的价格，完全不适合个人使用（是否适合公司使用有待商榷）。最关键的是，中文域名实际上还是英文域名，而且还是又丑又长很难记忆的那种。

图 3-3 中展示的结果是用中文域名转码工具转换的。（工具网址链接 https://www.yunaq.com/tools/dnstranscoding/；工具简介：中文域名在解析的时候，须经转换为 xn-xxxxxxxx.com/.cn 形式的 ASCII 码，后者称为 Puny Code。“.中国”后缀不被标准的解析服务器支持，所以 CNNIC 同时赠送同名的.cn 中文域名，所以“.中国”和“.cn”中文域名是等价的。类似地，“.公司”实际使用是需要附加.cn 后缀，或者安装 CNNIC 的中文域名插件访问，因此 DNS 解析的 Punycode 会被转换为.xn-55qx5d.cn 后缀，“.网络”也类似。）从图 3-3 可以看出，这样做相当于使用了一个障眼法。

图 3-3　使用中文域名转码工具

中文域名还有一个小缺点，就是域名绑定比较困难。在绑定到服务器时，由于基础设施架构的缘故，绑定比较麻烦或者干脆不支持，即使能绑定，大部分只能用转码后的域名。

3.2　尽量用短域名

短，意味着域名好记、方便输入、节省时间。在这里，我们推荐用.com 域名。这个域名在浏览器中有其他域名没有的优待，那就是只需要输入最关键的那部分，然后按 Ctrl+Enter 键，就可以直接进“www”开头的网站。

不过有个现实问题，就是现在.com 域名和其他主流域名的短域名价格都很贵，例如.com 的三字母短域名，价格基本在几十万至上百万人民币不等。为了节省成本，所以只好选择一些比较冷门有个性的域名，例如.im 这样的。后缀只有两个字母的基本上都是国别域名，而且基本上都能备案。在这里提醒一下，不要买最新出现的一些域名，大部分都不能备案，更重要的是价格不实惠，稍微好一点的域名，注册局都会把它溢价。

举个例子，如果想做跟游戏有关的个人博客网站，那可以注册一个为 ipc.me 的国别域名。同理，如果想做工具、程序有关的小程序的网站，可以选择.io 后缀的国别域名；想做音乐相关的电台网站，可以选择.fm 后缀的国别域名；想做共享经济、大数据相关的风险投资，可以选择.vc 后缀的国别域名，如图 3-4 所示。

图 3-4　在西部数码搜索可注册的国别域名和新顶级域名

注册国别域名有个好处，就是同样域名后缀的网站总数少。由于域名够独特，与常见的.com 后缀的网站不同，想获取的目标客户反而能够记住该网站。例如掘金社区的域名 juejin.im——掘金社区本身是一个优质的互联网程序员社区，.im 域名后缀突出了它的社区属性，主域名部分“juejin”意为“掘金”，把它合起来就是“在社区里掘金”，配合网站的 LOGO ，进一步诠释了社区的意义，如图 3-5 所示。

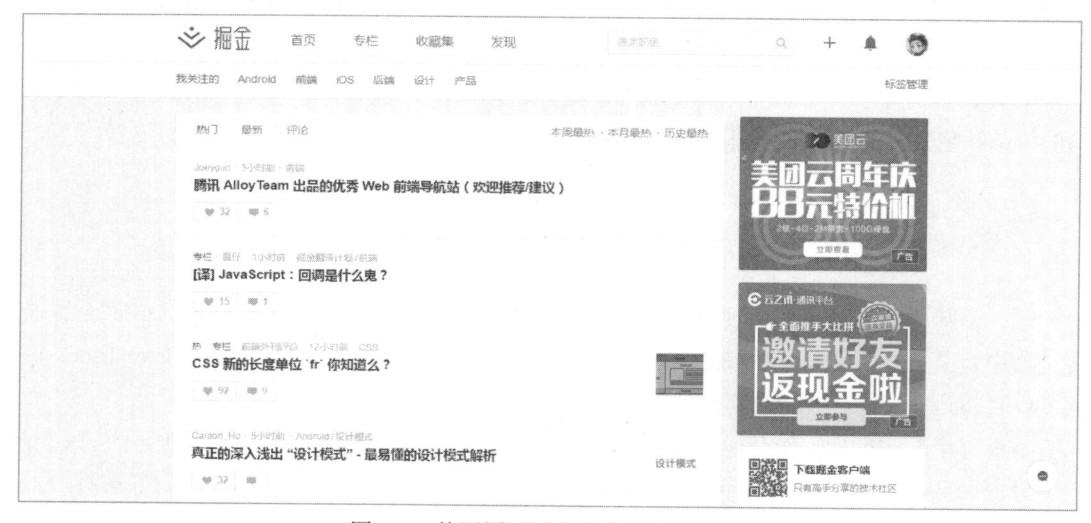

图 3-5　使用国别域名的掘金技术社区

3.3　不要注册混合域名

混合域名具体是指数字和字母混合、拼音和英文单词混合、自造词汇和混有符号“-”等混合的域名。这些域名容易给新访客留下网站不专业的印象。之所以出现这种情况，一部分原因是因为以前有很多垃圾网站和有害网站用了这样的域名，欺骗了不少新入网的普通网民。

当然，还是有例外的，例如 made-in-china.com 中的 made-in-china，是众所周知的“中国制造”的英文缩写；3w.com 中的 3w，可以看作是 WWW，即万维网的缩写；p2p.com 中的 p2p，尽管本身有多种含义，不过近些年来多表述为互联网理财的含义。以上展示的这些域名都有其特殊固定的社会含义，能够吸引大量流量。

至于为什么这类词汇能够例外，是因为这些词汇，有的是约定俗成的缩写、有的是热门的财富焦点、有的是连读上的谐音等。

不过，通常情况下，还是不太建议大家买这种域名。

这里着重强调一下“自造词汇”，指的是语义不通顺、无法通过互联网查明来源的，且意义较为负面等特征的词汇（不包含人名等）；只要符合以上两个要点的，即为“自造词汇”。“自造词汇”也不是完全没有一点机会，它可能在未来几年内或者十几年内能够成为一个新的线上线下社会的流行词汇。但是，发生这种事情的概率远远小于不可能的概率。如图 3-6 中所展示的双拼，即为“自造词汇”的双拼域名。

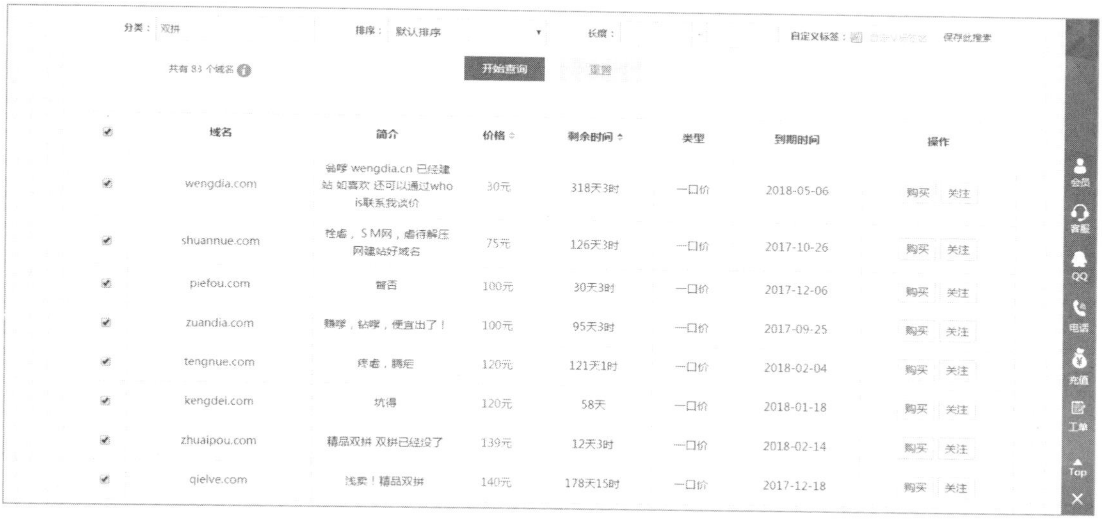

分类：双拼　排序：默认排序　长度：　自定义标签：　保存此搜索

共有 83 个域名　开始查询　重置

✔	域名	简介	价格	剩余时间	类型	到期时间	操作
✔	wengdia.com	翁嗲 wengdia.cn 已经建站 如喜欢 还可以通过whois联系我谈价	30元	318天3时	一口价	2018-05-06	购买 关注
✔	shuannue.com	拴虐，SM网，虐待解压网建站好域名	75元	126天3时	一口价	2017-10-26	购买 关注
✔	piefou.com	瞥否	100元	30天3时	一口价	2017-12-06	购买 关注
✔	zuandia.com	赚嗲，钻嗲，便宜出了！	100元	95天3时	一口价	2017-09-25	购买 关注
✔	tengnue.com	疼虐，腾疟	120元	121天1时	一口价	2018-02-04	购买 关注
✔	kengdei.com	坑得	120元	58天	一口价	2018-01-18	购买 关注
✔	zhuaipou.com	精品双拼 双拼已经没了	139元	12天3时	一口价	2018-02-14	购买 关注
✔	qielve.com	浅卖！精品双拼	140元	178天15时	一口价	2017-12-18	购买 关注

会员　客服　QQ　电话　充值　工单　Top

图 3-6　不知所谓的伪双拼域名

第 4 章　域名价值的一个中心原则

决定域名价值的中心原则只有一个，那就是地段。

是的，地段，地段，还是地段。

这个说法，来自于房地产投资领域，基本上都认为是华人首富李嘉诚所说，后经世人不断宣传强化，已坐实其说法来源。

可能有人要问，为什么要用房地产投资领域的名言，来作为域名价值的唯一中心原则呢？

这是因为，在域名投资领域，都有一种普遍认同的说法，即域名投资是互联网上的房地产投资。

仔细想一下，域名投资确实与房地产投资有许多相似之处。

在现实生活中，我们买房子如果只是买来自己居住，无论买在哪里，都没有多大区别。房子买大的还是小的、买交通方便的或者是曲径通幽、买精美豪华的别墅或是原生态亲近自然的茅草屋，只要自己喜欢，这一切都不是问题，想怎么买就怎么买。

但是，如果我们要做生意，希望自己赚大钱，就不能太过于任性了。我们一定要买在地段好的地方，最好是人来人往的市中心，这样才是最好的选择。即使哪一天自己不想做生意了，想把它转卖给其他人，在市中心的房地产也能很快地卖掉，甚至还能多赚不少钱。

把这个道理套用到域名投资领域上，就是这样一种情况：每个人基本上都会有一些需求，由于这些需求既无法避免也无法逃避，所以与这些需求相关的域名，它们的经济价值就比一般的域名的经济价值大。换句话说，哪里的钱多，哪里的域名就值钱。

人有什么需求无法避免呢？——首先，排在第一位的肯定是吃，因为就连刚生下来的小孩都会哭着要奶吃。接下来的是性方面的需求，古人云“英雄难过美人关”，只要是个正常人，都有这方面的需求。

说了吃，那当然也会有穿、住、用、行等方面的需求。因为，吃、穿、住、用、行，是人类日常生活中的基本要素，基本上不可能把它们省略掉。

既然说到需求，那么接下来就不得不说一下著名的马斯洛需求层次理论了。

马斯洛理论把需求分成生理需求（Physiological Needs）、安全需求（Safety Needs）、爱和归属感（Love and Belonging）、尊重（Esteem）和自我实现（Self-Actualization）五类，依次由较低层次到较高层次排列。在自我实现需求之后，还有自我超越需求（Self-Transcendence Needs），但通常不作为马斯洛需求层次理论中必要的层次，大多数会将自我超越合并至自我实现需求当中。

通俗点说，越是处于底层的基本需求，相对来说所对应的域名价值也就越高。

把它们直观地排列出来，就是：

生理需求＞安全需求＞爱和归属感需求＞尊重需求＞自我实现需求＞自我超越需求。

将它们再综合整理一下：

X（生理需求、安全需求）＞Y（爱和归属感需求、尊重需求、自我实现需求）＞Z（自我超越需求）。

上面的 XYZ 理论中的需求，就是一开始所说到的“地段”里的核心部分。无论在任何时候，X 相应的地段都是最好的（覆盖全体人类），Y 对应的地段则稍微差一些（覆盖大部分人类），Z 的地段价值则最少（因为覆盖到的人少）。

Y 和 Z 的价值大小不太固定，有时候也有可能是 Z 的价值大于 Y 的价值。因为通常有自我超越需求的人群，都是相当成功的企业家（例如李嘉诚）、思想家、政治家和军事家等，他们身上需求的价值不能简简单单地用经济价值来衡量，固有前面的 Z 的价值可能大于 Y 价值一说。或许哪一天，我们之中的某一个人也能像 AlphaGo 之父 一样，被李嘉诚请去上课。

前面说了影响域名价值的中心原则，接下来详细讲一下影响域名价值的一些因素。

4.1　正面因素

4.1.1　域名短

域名长度是前面说过注册域名的三个核心要素之一，在这里把它归类到影响域名价值的正面因素之一。

域名长度在大多数人的想象中，好像是可以无限长的，但是实际上，这是不可能的。每个域名后缀的相关的管理局，都对域名长度的上限做出了要求，例如.com 域名管理局规定其域名的字符长度最长不能超过 63 个字符（有些域名管理局对公共注册域名的最短长度也做出了要求）。

国内曾经很有名的 ma ma shuo jiu suan ni zhu ce de yu ming zai chang google dou neng sou suo chu lai .com（即“妈妈说就算你注册的域名再长 google 都能搜索出来”的拼音，这里为了读者阅读方便，在每个字之间加了一个空格以区分），只要很有耐心的数一下，就会发现，它正好是 63 个字符的长度。国外也有类似的域名，例如 the longest domain name in the world and then some and then some more and more .com（世界上最长的域名，然后一些越来越多），跟上面一样也是 63 个字符的长度。后面这个域名曾经向《吉尼斯世界纪录大全》申请过“世界上最长的域名”这个称号，但是被拒绝了。因为再造一个这样的域名很简单，只要把同一个字符按 63 下，也能注册这种域名出来。

从上面的例子可以看出，人们注册一些长域名，往往只是因为好玩和猎奇等心理。但如果打算注册域名去创业做生意，那就是越短越好了，最好只有一位字符长度。

域名短不仅仅意味着便于目标客户记忆和输入，而且在企业的品牌塑造的价值和成本方面，也容易比长域名有更多的发挥空间。

例如，企业在请设计师设计公司 LOGO 时，如果域名短，在视觉设计中就能突出表现出来，这个特点在企业进行广告宣传时，就会非常有优势。但是如果域名太长了，客户可能只记得住中文名，然后有兴趣了只会使用百度搜索一下，这样企业就得在预算中加上一笔不菲的搜索引擎商业推广费（得防止竞争对手恶意购买与企业相关的搜索关键词）。如果在前期规划时省了好域名的钱，以后迟早会在其他方面补回来。

早期京东的域名 360buy.com 就是这样一个典型的负面例子。由于其域名和奇虎 360 官网的域名 360.cn 都有“360”字样，导致 360buy.com 被很多人误认成了奇虎 360 的电商事业部。再加上域名输入较麻烦，有很大一部分潜在消费者养成了通过用拼音输入法快捷输入“J”和“D”打出京东二字，在百度里搜索官网地址的习惯。还有一些则是通过导航网站、浏览器书签收藏夹等方式找出京东的地址，只有一小部分人是直接通过域名进入。2013 年 3 月底，京东更换其域名为简短好记的 jd.com。自此以后，直接通过域名访问网站的潜在客户大大增加，使得京东省了一大笔百度品牌营销费用，买域名的费用直接就赚了回来，随后股价再涨一涨，股东们赚的更是盆满钵满。

域名短还有一个很少有人知道的潜在优势，就是可以加快网站访问速度。域名解析时，字符短能够加快解析速度。而且较短的域名能使其 URL 变短，网站首页的 URL 数量一般不会少，在访问时能够减少一部分代码字节数，使得服务器运行时的压力降低。不过，网站的访客较少时这种情况不会表现得太明显，而当网站访客量级到了一定阶段后，服务器所降低的压力就会变得比较明显了。

另外，域名短还有利于 SEO，虽然现在的作用没有以前大了。SEO 是另外一门学问，在这里就不多讲了。

4.1.2 品相好

品相是一个比较注重人感觉层面的概念。但是不管怎样，它还是有其规律可循的。

一个品相好的域名应该具备以下特点。

（1）容易记忆；

（2）容易拼写；

（3）容易传播。

第一和第二个特点，都比较好理解。第三个特点，具体是指什么呢？

容易传播，有很多方面的意思。

首先，域名含义简单明了，线下口口传播时，不用解释或者只需简单解释其含义。例如淘宝网的域名 taobao.com 正好符合这个特点，“淘宝”一听就是一个淘宝贝买东西的好地方。

其次，域名组成统一。这里的统一，指域名为纯数字、纯英文、纯中文等，没有中英交替使用，导致容易产生 typo 域名的情况发生。这里有两个负面典型要讲出来，一个是我爱我家，用的域名是 5i5j.com；另外一个就是土巴兔，土巴兔网明明有 tubatu.com，却非要用 to8to.com 这种英文和数字混合的谐音域名，使自己的域名变得不伦不类、不中不洋，如图 4-1 所示。

图 4-1 官网标识上所展示的域名为 tubatu.com，实际上使用的域名为 to8to.com

最后，就是容易吸引自然流量。最典型的例子，那要属 AV.COM 这个域名，这个天生给访客带来遐想的域名。因为 AV 是 Adult Video 即成人视频的意思，在全世界范围内基本上都不用解释其含义。不过目前来说，网站上的内容可能要令想访问的人失望了，因为网站上一丁点福利的痕迹都没有，内容基本上还算正规，挑不出什么大毛病，如图 4-2 所示。

图 4-2　AV.COM 官网首页截图

品相是域名价值的一部分，所有类别的域名都会因为品相好而在多方面受益。

4.1.3　趋势顺

这里的趋势顺，有多方面的意思。一个方面是符合用户习惯和喜好，另外一个方面则是顺应历史发展走向。

符合用户习惯和喜好，首先得分清楚目标用户的文化背景、教育经历、人情世故等因素。不能想当然的随便创造出一个域名，因为不符合用户习惯的域名，就像去美国卖筷子，注定只有少数华夏文化爱好者问津。用户习惯是一个依附在目标用户身上的影子，不把目标用户放在太阳底下照一照，是很难发现它的存在的。

例如，域名的褒贬性是指域名对应的词汇含义，是否使人积极向上、是否使人喜闻乐见、是否使人充满正能量。例如 chenggong.com（成功）这个双拼域名就比 shibai.com（失败）的价格要贵，虽然 shibai 比 chenggong 要少 3 个字符。

例如，数字域名就比双拼域名的价值要来得扎实。因为数字域名全球通用，对目标用户的受教育程度要求不高，自然覆盖到的目标用户要多。而双拼域名，就把目标用户的范围大大减小了，局限在了中国之内（现行的拼音方案是新中国成立后新制定的）。而且，拼音域名还得考虑到方言发音的问题，同一个词，因此产生了好多种拼法。

而在数字域名里，则有一些其他的问题。例如在华夏文化中，0～9 的数字里，不喜欢 0、4，偏爱 6、8。而在国外，不喜欢 13 而偏爱 3 和 7。并且在华夏文化中，升序比降序更受欢迎，因为大家都喜欢步步高升、更上一层楼、芝麻开花节节高；另外长期的教育习惯使得人的思维更偏向于正向思维，幼儿园开始学数学都是以“123456789”这样的顺序教，而没有以“987654321”这样的顺序教。

另外，在英文域名里，单词后都有加复数 s、加 er 等后缀的习惯，而英语不是中国人的母语，大多数人都没有这样的习惯。

顺应历史发展走向，则是说域名含义所代表的行业规模怎么样，即前景也或者“钱景”如何。行业规模越大、发展前景越好、经济价值越多，就越顺应历史潮流。

例如，2011 年团购行业兴起，带 tuan 的域名一个个身价倍增，现在则处于无人问津的地步；2013 年金融方面 P2P 行业发展得如火如荼，在 2015 年上海多伦实业股份有限公司更是花费巨资将相关域名 p2p.com 买下，并把公司更名为“匹凸匹金融信息服务（上海）股份有限公司”，引起中国股市狂潮，公司股价连续两个交易日涨停。随后不久，上级主管部门对行业进行了整治，导致整个行业发展趋紧，整个行业开始一蹶不振。现在，p2p.com 这个域名，则处于无法访问的状态，如图 4-3 所示；2016 年，VR 行业开始火爆，有公司花费不少资金将 vr.cn 买下，建设 VR 相关行业网站。2017 年，人工智能（AI）行业引起众多大佬关注，.ai 这个受众有限、价格昂贵的国别域名进入了创业者的视野。

图 4-3　p2p.com 现在处于无法访问的状态

4.1.4　投入大

这里的投入具体指的是过往的与域名相关的品牌战略保护方面的投入。

而品牌保护具体指对域名、商标、专利、版权等方面的保护。大多数公司都对商标保护很上心，除了保护正宗的商标，还会保护一大批不太相关的防御性质的奇葩商标。

而在专利和版权方面，力度就小了很多。到了域名这一块，保护基本上属于可有可无了。认为别人好心送给他都可能不要，而等到公司域名被竞争对手买走，却开始指责起域名的前主人和其竞争对手狼狈为奸，这种事情真是让人感到好气又好笑(以前有新闻报道过类似的事情)。

在这里只简单解释下“品牌保护”的含义，更多具体的相关资料，还请各位读者自行上网查找以及购买相关图书学习知识。

品牌保护（Brand Protection）：所谓品牌保护，就是对品牌的所有人、合法使用人的品牌实行资格保护措施，以防范来自各方面的侵害和侵权行为，包括品牌的经营保护、品牌的法律保护和品牌的社会保护三个组成部分。

这方面比较著名的公司为 MarkMonitor ，全球 500 强中的大部分公司都是它的客户，例如我国的著名互联网公司阿里巴巴就是它的客户之一。不过要想成为它的客户，是需要一定实力的，若公司体量太小，是不会进入它的法眼的，想让它赚你的钱也没有机会。

拓展知识：

MarkMonitor 全球站点 https://www.markmonitor.com

MarkMonitor 中国站点 https://www.markmonitor.cn

4.2　负面因素

4.2.1　逻辑乱

逻辑乱主要是指中文（双拼、单拼）、英文（单词、缩写）、数字、以汉字（简体字、繁体字）为代表的除拉丁字符外的多语种字符等域名组成结构混乱，随意混用，不统一的情况。

第一种逻辑混乱的情况是最常见也是最严重的一种，就是语言构成不统一。语言不统一是一件让人忌讳的事情，一旦域名属于中英文混合域名，基本上就能把它分类到垃圾域名那一类。如果是用汉字等多语种字符加英文等构成，那更是垃圾中的极品（这种情况是在 IDNs 域名出现后发生的）。

例如，搜房网原来的域名 soufun.com，是由一个中文拼音（sou，即“搜”）加一个英文单词（fun，中文意思：乐趣。这里取谐音“房”的意思，其实谐音更像“饭”）。搜房网自以为取了一个好名字，但实际上给目标用户带来了很大的认知障碍，因为这个词既不是英文也不是中文，要把它跟搜房网联系起来需要花费很大工夫，还不一定有良好的效果。致命的是，搜房网的客户基本来自于中国，目标客户群有很大一部分文化程度不高的人群，这个怪异的名字，会直接过滤掉这部分客户。要想把这部分客户挽回，比较经济高效的做法就只有使用百度品牌推广了，但大家都知道，百度品牌推广可不便宜，一年轻轻松松就能花个几百万。既然都能花几百万元的推广费了，为啥不拿其中一些钱换个好点的域名呢？或许是后来想通了，搜房网把域名换成了 fang.com（“房”的单拼）。

第二种逻辑混乱的情况，是简写与非简写混用。有些人会想，我使用简写可以让域名变短，前面不是提倡域名尽量短么——嗯，这一点完全没错。但是，有些人在聪明的时候也犯了蠢，那就还是蠢了——域名一部分简写，一部分不简写，这两种混在一起，就会大大增加用户的记忆成本了，到后面才可能发现这样做得不偿失了。前面说过，增加用户记忆成本的域名，都不是好域名。

有一个非常经典的例子，那就是搜狗的域名。搜狗的域名 sogou.com 属于中英文混用加简写与非简写混用，也就是说，前面提到的两个错误它都犯了。把它犯的错误简单总结下，就是——不中不洋，不简不全。

逻辑混乱的域名，有一个非常显著的缺点就是容易衍生出一堆 typo 域名。typo 的意思指的是打字、印刷、排版等情况下，容易出现的小错误，这里指的 typo 域名，主要指的是打字错误。

例如前面提到的我爱我家网，他们的域名 5i5j.com，也犯了和搜狗一样的错误，甚至比其还严重一些。因为它们的域名是数字和字母混合，英文和中文混合（“i”取读音对应“爱”，“j”取“家”首字母“j”），这个域名容易被 5a5j.com、wawj.com 和 525j.com 等 typo 域名分流，造成一部分广告费用的损失，如图 4-4 所示。

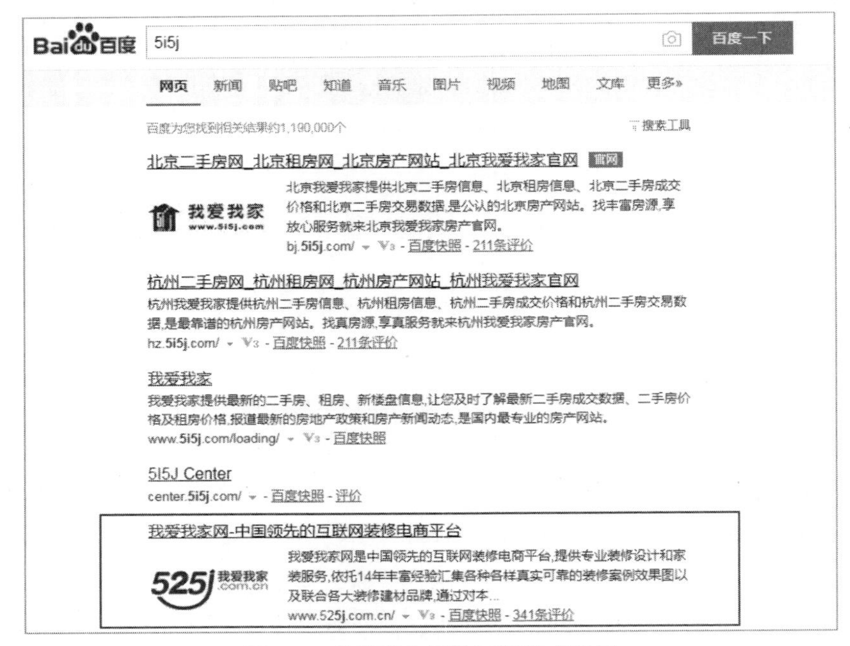

图 4-4　我爱我家网的百度搜索结果

4.2.2　噪声大

这里的噪声指的就是前面提到的域名里难以记忆的点。噪声越大，也就是难记忆点越多。

例如把 zhuji.com，作为一个完美的标准参考点，那么 zhuji123.com 里的“123”就是一个干扰的噪声源；zhuji123.net 里的“123”和“net”，就是两个干扰目标客户记忆的噪声源；而 chinazhuji123.net 里的“china”“123”和“net”，就相当于有三个干扰目标用户的噪声源了。

一般来说，有两个或者两个噪声源以上的域名，只有基本的使用价值而没什么市场交易价值了。

关于噪声源，可以分为以下两类，一类是记忆点，就是不需要解释就能明白的，单独拿出来稍微记一下就行的点，例如上面的“com”变成后缀“net”；另外一类为理解点，就是需要花费很多时间解释含义，目标用户也不一定能记住的点。

通常来说，理解点对域名价值的伤害程度要比记忆点更大，因为要花时间解释含义，而互联网追求的是效率和速度，浪费时间就是浪费金钱。

另外，还有几种比较隐蔽的域名噪声源。接下来，一个一个地展示并讲解。

第一种，就是域名里加连字符“-”，业内也叫作扁担域名。这种域名只有在国外才比较常见，而在国内，基本上没什么大公司使用。如果使用得非常多，成了域名文化和习惯里的一部分，则可以不把它视作域名噪声源了。

第二种，是在国别域名里重复添加国别代码。例如 cntv.com，这里的“cn”是中国的国家代码；但是到了 cntv.cn 这个域名，两个“cn”就重复了。不过出现这种情况，有可能是以下原因：“cntv”是一个常用的宣传缩写或者商标等，再加上这是一个国内重量级的电视台，使用“.cn”后缀比较符合上级要求和国家利益。

第三种，则是一些可有可无的无意义字符。在中文互联网里，你可能经常见到“×××网”，而其相应的变化形式有“w”和“5”等。像这种字符，把它去掉不会影响整体含义，也可以算是一个轻微的噪声源；而在英文互联网里，则比较常见则是 a、an、the、of、and 等词汇了。国外的脸谱网，早期的域名为“thefacebook.com”，后发觉“the”多余，将域名更换为了“facebook.com”，后来还将其简写域名“fb.com”等一众相关域名买了下来。

4.2.3　创意重

大多数进入域名行业的新人，都有那么一段对域名一知半解的时期，他们看了互联网上的一点点案例，就根据自己的揣测，随意创造起了域名。

在这种情况下，大部分创造出来的域名，并不值得长期持有，使用价值也不会太高，更不用说其市场价值了。

业内人士都把这种情况下注册的域名，叫作学费米。学费米往往是不会持有太久，尤其是有志于在域名行业深耕细作的人，能持有三年都非常罕见了。

现在比较常见的一种学费米，就是伪双拼域名。这种双拼看起来非常像受终端和米农欢迎的自然词汇组成的双拼域名。但仔细一琢磨，就会发现它无法正常发音，纯粹是随意两个不合拍的单拼硬凑在一起组合出来的。这种域名往往无法在互联网上搜索出能够解释其含义的来源，即使可能会有，大部分情况下，只会是很多年之后了；但更可能出现的一种情况是，过了很多年以后，互联网上也没有产生正好是这个拼写的自然词汇。

凡客诚品是一个不得不说的创意域名的典型案例。

互联网上都流传，凡客诚品的域名主体 vancl 一词中，van 代表先锋、c 代表陈年（凡客诚品创始人）、l 代表雷军（凡客诚品股东之一）。可能大家觉得凡客诚品的域名难记，但令人没想到的是，凡客诚品其实已经换过两次域名了。一开始是 joyo.com，然后是 uoyoo.com，直到现在的 vancl.com。后来在股东雷军的劝说下，终于买下了 fanke.com，但是依然没有作为主要域名来使用。

4.2.4　底子黑

这里的底子黑指的是域名曾经有过不良记录。

第一种情况是最常见的，就是被百度和谷歌这些搜索引擎惩罚了，降低了权重，甚至不收录其域名的 URL。这种情况，一般是由于采用了不正规的 SEO 方法，例如黑帽 SEO、到处发垃圾外链、大量买卖友情链接等。有过上述情况的域名，后期只要老老实实做站，提高内容质量，域名的收录和权重都会慢慢恢复甚至超过以前。

第二种情况就比较棘手和无解了。第二种情况，还分两种，一种是先天的，一种是后天的。先天域名被墙，一般是其域名中含有敏感词汇，即黄、赌、毒、暴恐、邪教、党政军敏感等词汇，例如前面提到的 av.com，就是属于域名中含有 av 这个黄色词汇，尽管它的内容没什么不健康的。后天域名被墙，一般情况下都是属于前任或者现任拥有者不知轻重，用域名做黄色网站（大部分人属于这种）、党政军敏感网站、暴力、恐怖、邪教宣传网站等。如果碰到了这种情况，基本上只有更换域名。

4.3 其他因素

这里的其他因素算是跟域名本身关系不是很大，只能算场外因素，就只简单提一下。

4.3.1 季节因素

域名的交易价格（非域名价值）一定程度上受季节因素的影响。

例如，教育行业类别的域名，在其行业进入淡季时，其关注量大大减少，自然交易价格也不会太高了。

另外从整体上看，域名在年底时价格都会下跌。原因可能是这样，按照惯例，年底资金需要回笼清算，一部分投入到域名市场的资金会被抽离。而在中国的域名市场里，有很多品种的域名都是庄家用场外资金强行拉起来的，所以一旦这部分资金抽离，就会使域名的市场价格发生大幅度波动，严重时一部分域名品种的价格直接崩盘。

4.3.2 炒作因素

近些年来，域名投资开始逐渐被普通人知晓，这里面的一部分人以前可能是股市、期货等投资领域的玩家，以中小玩家居多。

他们在发现域名投资这个风险相对较小的项目后，没有了解很多专业的域名投资知识，只是凭着对机遇的热爱，一股脑地冲上去，没有预料或者干脆不在乎其风险。

国内的域名投资市场主要集中在.com 和.cn 等少数受终端市场欢迎的域名后缀上，其好域名基本上早就被专业玩家注册一空。所以，这些新进入域名投资行业的新人，大多数都会选择其他单价相对较低或者新出现的域名后缀，来进行批量投资操作，期望快速获利。

而实际上，批量注册的域名，想批量高价出售给终端，基本上是不可能的。

这种域名，基本上都是后进入市场的新人接了盘，只能赚一个较低的倒手价格，不过由于其域名数量庞大，还是能赚到不少钱；而少数人赚到钱以后，又会去到处宣传，吸收更多更新的新人进入域名市场。

等到新人蒙受了几次损失，接受了教训以后，其他想有样学样忽悠新人接盘的人重演故技时就会发现，无论再怎么洗脑，都没有人来接盘了，整个市场一片风声鹤唳，于是批量注册的域名砸在自己手里崩盘了。

崩盘就崩盘吧，没想到第二年，注册商居然发邮件说，要自己给砸在手里的一批域名续费，虽然一个域名不贵，但是批量注册得太多，有几万或几十万的数量，续费每年还要续几十万元或上百万元，算了没钱了不续了。

4.3.3　行业因素

有些类型的域名，会随相关企业的发展，价值不断地水涨船高。例如阿里巴巴系列、腾讯系列、百度系列、亚马孙系列、苹果系列等。

有的域名，则随行业的衰落而价格快速下跌。例如，前几年比较火的 VR 行业、直播行业等，其相关域名，在作者本人写作的 2017 年，其价格就会比原来下降很多，甚至无人问津。

4.3.4　typo 因素

前面说过，域名价值的一部分取决于其自然流量。某些大型网站或者热门行业的 typo 域名，则会产生比较持续稳定的 typo 流量，这能给其 typo 域名带来一些经济上的价值。

例如著名的导购网站美丽说 meilishuo.com 最典型的 typo 域名——美丽树 meilishu.com。每当美丽说举办比较大的营销活动时，美丽树的网站流量都会明显上升。流量是网站价值的重要指标之一，这就是依附于大型网站的 typo 域名的经济价值。

4.3.5　资历因素

这里的资历就是前面说的高权重的老域名，权重也是网站价值的重要指标之一。

不过要注意的是，权重高的垃圾域名还是垃圾域名，其域名价值不会有太大提升，这里提升的只是经济价值。

如果没有好好利用以前积累下来的高权重，没处理好死链接等问题，其经济价值就会快速下降。

第5章　人人都得了解一点的域名投资基本知识

5.1　域名投资的历史

域名投资是从20世纪90年代末开始的。

准确来说，是由于这段时间产生了互联网泡沫（1998年末至2001年中），让互联网公司的股票市值大幅度飙升，无数财富在市场上疯狂涌动，间接带动了人们投资域名的热情，所以那个时候的公司有个外号叫“.COM公司”。

随着网速的提高、网费的下降、个人计算机的流行等，加上互联网上有着越来越丰富的内容，20世纪90年代末期，互联网在普通民众间逐渐普及开来。

这时候，一小部分独具眼光的人开始购买囤积域名，像早期域名投资企业家Rick Schwartz和Castello兄弟等人就投资成千上万个域名（这数量在现在也是很多的）。

但大部分普通人，对于域名投资这种行为仍然难以理解，毕竟20世纪末绝大多数的域名（或者说好域名）都可以轻松注册到，相对于整个市场的需求，域名的供给显然过剩，更多偏向买方市场。

2001年中，互联网泡沫完全破裂，互联网创业从火热走向萧条，此刻还在投资域名的人更是被看作是傻瓜。有些域名投资人顶不住损失的压力，于是开始抛弃手中的域名。

但很显然有一部分人不这么想，仍然觉得域名投资大有可为，于是抓住机会抢注过期域名，这种抄底的行为逐渐流传开来，使得抢注域名的行为逐渐变得流行起来。

Frank Schilling等域名投资人抓住了这个机会，花费了大量资金进入域名市场，开始抢注域名。

2004年，上网的人越来越多，持有优秀域名的人无意间发现，可以用他们手中持有的域名来吸引互联网上的流量，然后在网站上挂满谷歌广告和雅虎广告等方式来赚钱。人们在浏览器的地址栏里尝试输入自己想要登录的网站（主要是在美国、英国这样的以英语为母语的西方国家），那时候像sex.com这样的优秀域名每天都可以吸引到成千上万的自然流量，不需要做任何SEO。

与之相关的“域名停放”（英文名称：Domain Parking）的概念开始出现，吸引了不少域名投资人和其爱好者等人群的注意。于是越来越多的域名被停放在网上，里面放满了网页链接，这让不少人和公司通过流量引导赚到了钱（上面的sex.com有一段时间就被域名大盗偷窃，偷窃者用它做网站放了好几年广告，赚了不少钱，后被原主人发现才被找回其控制权）。

2007年，在域名交易行业里，好的.com域名每个可以卖到几十万美元。有些域名在域名投资人手中，有的在域名投资企业手中，也有少数人是以前碰运气偶然注册到的。

域名行业按部就班、健康有序地发展着，不过域名停放行业却开始走向低谷。按次点击付费的广告价格一降再降，通过自然流量赚到的钱也一降再降（这个现象主要在国内比较明显）。

2006年6月3日，黑山共和国（Montenegro）从塞尔维亚和黑山国家联盟独立，以顺应一场公民投票的结果。此前，该地区使用二级域名“.cg.yu”。此前的国别顶级域名“.cs”则在南斯拉夫解体后，被分配为塞尔维亚和黑山国家联盟的顶级域名，但一直未获得官方使用。

在 2006 年 9 月，黑山共和国获得国际标准化组织分配的 ISO 3166-1 码“ME”。2007 年，黑山共和国域名注册局获得了.me 的顶级域名运营权。由于“me”这个词在英语国家里家喻户晓，具有比较大的推广潜力，于是.me 注册局决定将它推广到全世界。

2008 年，国别顶级域名.me 出现在大众视野中，它们的目标消费群体是创业企业、创新者，不少企业开始抢注其企业相应的.me 域名，例如 Facebook 的 fb.me、WordPress 的 wp.me 和《时代周刊》的 ti.me。

也是在这一年，Bitly 短网址服务上线，为了满足自己的需求，其公司采用 Domain Hack 的方式注册了 bit.ly 域名。或许是受到 bit.ly 的启发，许多企业的域名开始脱离传统的.com、.net、.org 等域名，进入了个性化域名时代。对于互联网来说，2008 年是互联网命名趋势正式发生变化的一年。

2010 年 7 月 21 日，哥伦比亚共和国（The Republic of Colombia）的顶级域名.co 向全世界开放注册，或许是由于 Twitter 宣布启用了 t.co 为短网址域名的原因，.co 成为许多企业关注的焦点。

创业企业纷纷使用.co 域名，在第一年里有差不多有 100 万个使用.co 顶级后缀的网站上线。许多创业企业把.com 改成了.co，这样它们就可以得到自己想要的更短的网址。

然而消费者总是会把.co 打成.com，导致企业意外流失流量。所以，人们一直认为.co 并不适合用来进行企业宣传。

域名市场依旧火热，不过很多创业企业依然不愿意放弃.com 域名，域名投资者也不愿意放弃这一火热的顶级域名。

2012 年，不少创业企业开始试着用.co、.me、.io 等国别域名和其他非.com 域名创业，获得了不小的成功。hellobrit.com 改成了 brit.co，.io 也因为 Techcrunch Disrupt 大会的火爆而备受关注。

不过和以前一样，由于历史原因，使得.com 依旧是人们的首选。移动 App 创业达到了顶峰，开发者都想让自己的应用程序冲到榜单上去。与此同时，直接输入域名的上网方式在移动互联网时代逐渐失去主流地位。

一家名为 Donuts 的公司募集了 1 亿美元投资，用来购买几百个新顶级域名的运营权，因为它们想成为这几百个域名背后的注册局。许多人不知道这家公司为什么要这么做，更多人连顶级域名是什么都不知道，但 Donuts 正在构建自己的域名帝国。Donuts 公司因为囤积了很多新顶级域名，到 2013 年年底，它成了全球拥有最多数量新顶级域名运营权的域名注册局。

新的顶级域名越来越多，然而问题也层出不穷。ICANN 对新顶级域名的审查越来越严格，过程越来越曲折。人们知道市面上有很多不同的顶级域名，但是究竟有多少，它们从哪儿来的，域名商是怎么购买的，他们对此一无所知。

域名行业进入了新的发展阶段，一方面是新顶级域名作为个性域名开始受到大众的欢迎，另一方面是.com 域名的拥护者们开始感受到失去域名届核心地位的压力。有人认为新的顶级域名可能为互联网带来最大的泡沫，也有人认为这是一座有待挖掘的巨大的金矿。

2014 年年初，.xyz 顶级域名上线，根据 NamesCon 的预测，在 2014 年一年之内，会有超过 100 万个.xyz 域名被注册。NamesCon 这种小企业的介入，打破了被大企业控制的域名市场。

2014 年 1 月 29 日，Donuts 手中的新顶级域名上线开放注册。新顶级域名时代正式到来。

5.2 好域名为啥比 CEO 还重要

这句话的原话，其实是世界经理人集团创始人兼 CEO 丁海森说的，不过他在此话前面加了限定词“有时”，但传播过程中变了样，变成了大家口中的“一定”。

要想一个企业能正常高效运转，其实是需要在很多方面下功夫的，例如这个企业的（品牌）战略、产品、设计、开发、运营、市场、法务等。

在前面说过，品牌战略其实是由域名、商标、专利、版权等部分构成的，大部分企业都挺重视商标，最不重视域名。

所以，在这里就把大部分企业最不重视的部分——域名，好好地讲一下。

在腾讯还是一只“小企鹅”的 1999 年，它因 oicq.com 等域名的商标侵权问题被美国在线一纸诉状告上了法庭。虽然马化腾通过 IDG 找来了资深律师应对，可面对精心准备的美国在线，腾讯败得很惨。2000 年 3 月 21 日，法律文书正式生效，仲裁员詹姆士·卡莫迪签署了仲裁判决书，判定腾讯将 oicq.com 和 oicq.net 域名归还给美国在线。马化腾不得不眼睁睁看着苦心经营一年多的品牌付之东流，无奈之余只好暂时启用新域名——tencent.com 及 tencent.net。此后整整两年时间，腾讯一直以 tencent.com 域名作为其主要网站入口，甚至还将 OICQ 更名为 QQ2000。而在 2003 年，腾讯所投诉的另外两起域名侵权 qq.com.cn 和 qq.cn 的域名纠纷中，腾讯又输了。看着 oicq.com、oicq.net、qq.com.cn、qq.cn 一个个离自己远去，腾讯一次次在知识产权面前陷入困惑。也就在这个时候，腾讯开始寻找 qq.com，这是其最后一块落脚地了，qq.com 到哪儿去了？所有与 QQ 品牌相关联的域名，腾讯一个都没有。是放弃 QQ 这个品牌，还是收购 qq.com 域名？无论怎么做，腾讯都要付出巨大的代价，腾讯已经陷入了域名绝地。不过，功夫不负有心人，马化腾他们发现一个美国软件工程师罗伯特·亨茨曼，早在 1995 年注册了 qq.com 域名并欲出售。最终腾讯以 11 万美元（10 万美元域名转让费加 1 万美元律师聘请费）的低价买下了 qq.com 域名，腾讯头上的达摩克利斯之剑终于安全落地。

吃到了苦头的腾讯从此对于域名这些知识产权类的问题十分小心，但也许正是过于小心，他们在数年后的“微博大战”中痛失先机。2010 年起，四大门户网站都看上了新兴的微博市场，纷纷画圈占地，试图夺得先机。其中，以资历最老的新浪和拥有数亿 QQ 用户为后盾的腾讯之间的争夺最为激烈。当时双方对于炙手可热的名人资源，频频互挖墙脚，腾讯一度有赶超之势。不过新浪手里有张王牌，它们早已经暗地里购买了 weibo.com、weibo.com.cn、weibo.cn 这三大关键的顶级域名。还没等双方“最终王者对决”，新浪就甩出了这张王牌，并正式更名为“微博”，输赢当场就定下了。因为，新浪把“微博”的域名买下了，其他竞争对手的产品还叫“微博”的话，容易白白给新浪送去流量；如果改名的话，又相当于间接承认了自己的失败，只能认同了新浪的领头羊地位。这么一来，其他家就特别尴尬了，改也不是不改也不是，简直是猪八戒照镜子——里外不是人。

丁海森说，域名是数字时代最重要的互联网资产，与有形资产使用时间越长折旧越多相反，域名使用时间越长，认知度越高，也就越值钱。用简单易记且与企业品牌相关联的词或词组作域名，不但使企业的品牌传播事半功倍，而且有助于实现企业的营销目标。从跨国企业看，微软、苹果、谷歌和亚马逊等科技巨头，其管理者从一开始就十分重视域名管理和保护，将其置于企业长远发展的战略中加以考虑。

“域名有时比 CEO 更重要！”数字时代，CEO 的个人品牌越来越剥离于企业品牌，而域名作为企业在网络上的“标识”，与品牌营销却越来越密不可分。域名已经成为品牌的标识，而非仅仅是网站的入口。丁海森认为，品牌正以数字化生存的方式，在互联网上积累自己的品牌资产，而域名是品牌数字资产的核心组成部分。

域名就像是虚拟世界中的门牌号码，愈是珍稀、热门的域名，其价值往往也愈高，甚至随着时间的递增，也有水涨船高之势。丁海森说：“实体世界里，大家喜欢炒楼炒房；在虚拟世界里，域名被誉为虚拟地产，吸引愈来愈多的投资人和投机客”。拥有一个与网站内容相称而好记的域名，对经营者来说是成立网站的第一步；对商业公司来说，域名更是塑造公司和产品品牌的重要一环。

5.3　为什么要学习域名投资

原因很简单，因为懂域名是交易的基础。

不管是一名普通的创业者，或是有志于进入域名投资行业的新人，都必须得学一学。正所谓，知己知彼，百战不殆。

对于域名投资人士，很多业外人士的态度都是非常排斥加厌恶的，很多公开新闻报道都充斥着“诈骗钱财”等字眼，而这些域名投资者则被形容成“域名贩子”或者“域名黄牛党”等。

据作者本人观察，此类现象多出现在批判中文域名的新闻中。在前面说过，中文域名只适合大企业进行品牌保护来使用。但商业总是要盈利的，其关联的商业公司为了利润，不择手段地把中文域名推销给并不需要它们的中小企业和个人等，而且价钱还不低。等到这些不明真相群体的智商税被收割过几次以后，中文域名的口碑差不多就直线下降了，然后就连累了与之相关的其他类别的域名。用句俗语来形容，就是一颗老鼠屎，坏了一锅粥。

一种很常见的情形是，有创业者想买一个跟他项目相关的合适的域名，结果发现已经被别人注册了，于是就发邮件联系域名所有人，结果域名所有人给他回复了一个超出他心理价格很多倍的价格，在苦苦纠缠之后其域名所有人仍然对价格不松口，甚至开始不理不睬。这个创业者很气愤，气愤之余开始咒骂这个域名所有人是奸商——“为什么几十块就可以注册到的域名，你要卖我几十万元，能有人买才见鬼了。我给你报价几千元，你还能赚不少；不卖给我就等着烂在手里吧。”

但我们需要了解的是，即使没有域名投资人的存在，在互联网高度普及的今天，一个普通创业者几乎不可能用注册价格买到他们心仪的好域名。好域名已经跟房子一样是属于垄断资源了，在域名市场上高价卖出是市场供需关系决定的，域名投资者的存在是市场发展到一定阶段的必然结果。从目前的情况来看，基本上属于卖方市场。

域名价格的高低不能仅仅用注册费用来衡量，特别是好域名的价格，基本上都不是几十元钱的低廉的注册价格，其价格应该综合衡量它的实际使用价值和市场流通价值等。

要是想强行用几十元、几百元的价格去买别人的好域名，就跟对房地产开发商说，“你房子的水泥钢筋什么的只要几万元，你十万元卖我搞搞薄利多销怎么样？”你要真敢这么说，我不得不担心那个开发商会不会揍你。毕竟除了基本的材料成本，还有土地成本、人工成本、税务成本、宣传成本等一大批费用，而且还得考虑赚钱的问题。

如果想买到心仪的好域名，前提是买家要懂得如何衡量域名的价值，如果不懂又没有学会相应的议价技巧，那作为买家根本没有跟卖家做交易的能力。

这时候，对这个买家来说，任何卖家都是奸商了。只有买家自己的能力提高了，才能跟卖家做一场平等互惠的公平交易。

对了，有一点值得注意。交易过程中，时刻要记得对卖家有一个尊重的态度，否则就是把价格提高到卖家心理价格很多倍的价格，卖家很有可能也不会卖出。

拓展知识：

国内创业公司名称三十字记忆口诀:

小宝套乐趣，

大多优美妙。

一五点微友，

好天通万家。

金易贝米人，

快闪超聚帮（邦）。

以上三十字口诀，是贝塔斯曼亚洲投资基金的投资人汪天凡在《互联网创业公司“起名大法”——“30 字立即用+10 大学派+3 个 friendly”》这篇文章中总结的，全文地址为 http://www.jianshu.com/p/39c07e6ab7ce。

无论是创业还是投资，域名都是一个不错的选择。因为在 2017 年 7 月 1 日，域名正式被国家纳入无形资产行列，开始征收 6%的增值税！这也就意味着，域名正式成为了一种合法资产，开始受到我国法律的保护。如果碰到了带有以上三十字口诀特征的顺口的单拼、双拼和三拼，不用管目前需不需要，都可以把它注册或者购买下来，以备日后创业的不时之需，抑或是作为未来的长期投资。除了向投资人汪天凡学习他的三十字口诀以外，还可以学习和借鉴他的思想、灵感、创意，创作出属于我们自己的三十字口诀。

第 6 章　学会如何付钱

或许有读者看到这个标题时，可能会感到诧异——付钱不是一件很简单的事么？

是的，确实非常简单，简单到可能连路边卖煎饼果子的老奶奶都能流畅使用支付宝和微信支付进行收款。

但是以上情景，目前基本上只可能出现在国内。而在接下来的章节里所提到的各种各样的国外的在线服务，大多数都没有支付宝和微信支付这两个选项，能支持支付宝和微信支付进行付款的都是属于比较稀有的商家。

6.1　国内外常见支付手段

不说已经少有人使用的电汇，同时省略掉个人基本接触不到的企业对公转账，只和大家来说一说普通人会经常使用的支付手段。

6.1.1　各大银行的储蓄卡

普通人平常接触到的银行主要分为以下两类：一类是传统的国有六大商业银行——中国工商银行、中国农业银行、中国银行、中国建设银行、中国邮政储蓄银行和中国交通银行。

另一类就是现代的民营十二大商业银行：中国招商银行、中国浦发银行、中国中信银行、中国华夏银行、中国光大银行、中国民生银行、中国兴业银行、中国广发银行、中国平安银行、中国浙商银行、中国渤海银行、中国恒丰银行。

国有银行最大的优势就在于国家控股，资金实力非常雄厚，全国范围内营业网点众多，办理各种业务非常方便。而国有银行之中，最近挂牌成立的中国邮政储蓄银行则是营业网点最多、最深入基层的银行，这个状况可能是其肩负着全国邮政业务的原因造成的；营业网点数量第二多的是中国农业银行；中国工商银行则是这几家国有银行里实力最强的银行，拥有中国最大的客户群，也是中国最大的商业银行；中国银行则是我国营业网点分布国家和地区最多的国有银行，换句话说就是中国国际化和多元化程度最高的银行；中国建设银行自身实力跟中国工商银行不相上下，没有非常大的差距；中国交通银行则是股份制和混合所有制等改革最早的国有银行，本身实力在国有银行中排名最末。

国有银行最大的劣势，也是因它们的优势引起的。由于客户太多，去营业网点办理业务时，可能比较花时间，服务人员态度有时候可能比较差，不过近年来已经大为改观。

民营银行最大的优势就在于对普通客户和企业客户的服务态度较好，平时的优惠活动比较多，并且服务费用低廉，其中综合实力最强、服务态度最好的要属中国招商银行。不过这么说也不一定完全准确，因为客户对银行服务态度的感受来自于一个个具体的服务人员，可能某些地方的其他民营银行的服务态度要好于中国招商银行。作者本人认为中国招商银行实力最强，一部分原因是它们的技术实力较强，据说招商银行可以在很短的时间内，把银行服务系统从深圳总行切换到上海分行，而其他银行没有几家能做到这一点。

民营银行最大的劣势在于本身营业网点的数量较少，去办理业务时要花费一点时间寻找这些银行的营业网点。不过，如果居住的地方附近有这些民营银行的话，还是值得试一试的。

剩下的一些银行，则是一些地区性小银行和外资银行，例如香港上海汇丰银行、香港东亚银行、法国兴业银行、日本瑞穗实业银行和美国花旗银行等。这些银行大家平时接触不多，就不过多讲述了。

拓展知识：

各大银行官网地址：

中资银行

中国工商银行中国主站 http://www.icbc.com.cn/
中国工商银行全球主站 http://www.icbc-ltd.com/
中国农业银行中国主站 http://www.abchina.com/cn/
中国农业银行全球主站 http://www.abchina.com/en/
中国银行中国主站 http://www.boc.cn/
中国银行全球主站 http://www.bankofchina.com/en/
中国建设银行中国主站 http://www.ccb.com/
中国建设银行全球主站 http://en.ccb.com/
中国邮政储蓄银行中国主站 http://www.psbc.com/cn/
中国邮政储蓄银行全球主站 http://www.psbc.com/en/
中国交通银行中国主站 http://www.bankcomm.com/
中国交通银行全球主站 http://www.bocomgroup.com/
中国招商银行中国主站 http://www.cmbchina.com/
中国招商银行全球主站 http://english.cmbchina.com/
中国浦发银行中国主站 http://www.spdb.com.cn/
中国浦发银行全球主站 http://eng.spdb.com.cn/
中国中信银行中国主站 http://www.citicbank.com/
中国中信银行全球主站 http://www.cncbinternational.com/
中国华夏银行中国主站 http://www.hxb.com.cn/home/cn/
中国华夏银行全球主站 http://www.hxb.com.cn/home/en/
中国光大银行中国主站 http://www.cebbank.com/
中国民生银行中国主站 http://www.cmbc.com.cn/
中国民生银行全球主站 http://en.cmbc.com.cn/
中国兴业银行中国主站 http://www.cib.com.cn/cn/
中国兴业银行全球主站 http://www.cib.com.cn/en/
中国广发银行中国主站 http://www.cgbchina.com.cn/
中国平安银行中国主站 http://bank.pingan.com/

中国浙商银行中国主站 http://www.czbank.com/cn/
中国浙商银行全球主站 http://www.czbank.com/en/
中国渤海银行中国主站 http://www.cbhb.com.cn/
中国恒丰银行中国主站 http://www.hfbank.com.cn/

外资银行

香港上海汇丰银行中国主站 http://www.hsbc.com.cn/
香港东亚银行中国主站 http://www.hkbea.com.cn/
香港恒生银行中国主站 http://www.hangseng.com.cn/
香港南洋商业银行中国主站 http://www.ncbchina.cn/
日本瑞穗实业银行中国主站 https://www.mizuhobank.com/china/cn/
日本三菱东京日联银行全球主站 http://www.bk.mufg.jp/global/
日本三井住友银行全球主站 http://www.smbc.co.jp/global/
韩国新韩银行中国主站 http://www.shinhanchina.com/
新加坡星展银行中国主站 https://www.dbs.com.cn/
新加坡华侨永亨银行中国主站 http://www.ocbc.com.cn/
新加坡大华银行中国主站 http://www.uobchina.com.cn/
美国花旗银行中国主站 https://www.citibank.com.cn/
美国摩根大通银行中国主站 http://www.jpmorganchina.com.cn/
英国渣打银行中国主站 https://www.sc.com/cn/
瑞士银行中国主站 https://www.ubs.com/cn/
德国德意志银行中国主站 https://china.db.com/
荷兰银行全球主站 https://www.abnamro.com/
法国兴业银行中国主站 http://www.societegenerale.cn/
澳大利亚澳新银行中国主站 http://www.anz.com/china/
更多外资银行名单，可以访问中国人民银行外资银行名单，以下是其官方链接。
http://www.pbc.gov.cn/rhwg/000602f1.htm
http://www.pbc.gov.cn/rhwg/000602f101.htm
http://www.pbc.gov.cn/rhwg/000602f102.htm
http://www.pbc.gov.cn/rhwg/000602f103.htm
http://www.pbc.gov.cn/rhwg/000602f104.htm
http://www.pbc.gov.cn/rhwg/000602f105.htm
http://www.pbc.gov.cn/rhwg/000602f106.htm

6.1.2　各大银行卡组织发行的信用卡

中国目前有且只有一家银行卡组织——中国银联（UnionPay），除了中国银联，在国内还有其他五家比较常见的来自国外的银行卡组织，它们分别是 VISA、MasterCard、American Express（AMEX）、Japan Credit Bureau（JCB）、Dinners Club。此外，在国内外还可能碰见带有其他一些体量较小的银行卡组织标识的信用卡，例如美国的 Discover、英国的 Solo 和 Maestro、法国的 Carte Bleue、丹麦的 Dankort、爱尔兰的 Laser、意大利的 CartaSi、西班牙的 4B 等。

（1）北美（泛指美国和加拿大）：北美地区基本支持以下银行卡组织——VISA、MasterCard、America Express、Dinners Club、Discover 等。

（2）欧洲：欧洲地区基本支持以下银行卡组织——VISA、MasterCard 和各个国家的本地信用卡组织等。

（3）澳大利亚、新加坡、南非和南美：这些国家和地区基本支持以下银行卡组织——VISA、MasterCard 等。

（4）日本：日本基本支持以下银行卡组织——VISA、MasterCard 和 JCB 等。

（5）中国：中国基本支持以下银行卡组织——VISA、MasterCard 和 UnionPay 等。

从以上的信息可以看出，办理了 VISA、MasterCard、JCB 和 UnionPay 这四家银行卡组织发行的信用卡以后，基本上就可以全球无忧地使用了。在国内各大银行基本上都可以办理到这四家信用卡组织的信用卡，有些是单标卡，即只有一个信用卡组织标识，有些是双标卡，即有两个信用卡组织标识，还有单币种、多币种如双币种和全币种等类别的信用卡。

总体来说，双标卡比单标卡使用方便，全币种比单币种和双币种使用方便。不过从其他角度例如省钱这个角度来看，单标卡比双标卡省钱，单币种比多币种省钱。所以综合来说，单标全币种卡比较好。

为什么这么说呢？

因为双标卡和双币种信用卡，涉及了两个信用卡组织。但其实国际上不存在双币种或者双标卡的说法，仅在中国有，这种信用卡在国内刷卡消费时，采用的是人民币结算，在国外刷卡的话，会自动进入外币结算系统，根据卡片种类不同，先转换成美元或欧元，在非美元或非欧元地区消费，会再转换成当地货币结账，还款时还要再转换一次，就这样转来转去拉长了交易流程，因为发生了货币转换，所以要收取 1%～2%的费用。回来还款时，还需要进行汇兑，又会产生一次货币转换费。此外，有些这种信用卡，还需要交外币账户年费或者管理费，如果不了解自己的信用卡的话，因为这个原因产生了逾期可能自己都不会知道；两个账户的话，被盗刷的可能性也相应增加了。综上所述，故不建议申请这种信用卡，并且中国人民银行也已经在近期将这种信用卡撤出了中国信用卡的历史舞台。

目前为止，国内各大银行发行的多币种卡，基本都是免年费的。唯一美中不足的是，全币种卡暂时都不支持刷银联支付通道。另外，比较重要的一点是，国外很多商家其实是不支持银联支付通道的。

所以，综合以上全部信息之后，申请 UnionPay 单标单币种信用卡、JCB 单标全币种信用卡、VISA 单标全币种信用卡和 MasterCard 单标全币种信用卡这四种信用卡就可以完全满足个人需求了。另外，为了信用卡管理上的方便，这四种信用卡可以只在一家银行进行申请。

拓展知识：

六大银行卡组织官网地址：

UnionPay 中国主站 http://cn.unionpay.com/

UnionPay 全球主站 http://www.unionpay.com/

JCB 中国主站 http://www.jcbcard.cn/
JCB 全球主站 http://www.global.jcb/en/
VISA 中国主站 http://www.visa.com.cn/
VISA 全球主站 http://www.visa.com/
MasterCard 中国主站 https://www.mastercard.com.cn/
MasterCard 全球主站 http://www.mastercard.com/global/
America Express 中国主站 http://www.americanexpress.com.cn/
America Express 全球主站 https://www.americanexpress.com/
Dinners Club 全球主站 https://www.dinersclub.com/

6.1.3　方便快捷的第三方支付工具

目前国内外流行的第三方支付工具有支付宝、微信支付、QQ 钱包、财付通、百付宝、AndroidPay、ApplePay、GoogleWallet、PayPal、Skrill（前身为 MoneyBookers）、Stripe、Square、MoneyGram、Paytm、Paysafecard（前身为 Ukash）、WorldPay、TransferWise 等。

目前来说，国内地区个人会常使用到支付宝、微信支付、QQ 钱包、财付通、百付宝等这几种第三方支付；欧洲地区个人常用 PayPal 和 Skrill 等第三方支付，不过英国除了 PayPal 和 Skrill 之外，还常用 WorldPay、Paysafecard、TransferWise 等；以美国为代表的北美地区常使用 PayPal、Stripe、AndroidPay、ApplePay、GoogleWallet、MoneyGram 等第三方支付；东南亚地区则常用 PayPal、Paytm 等第三方支付。

全球其他国家和地区使用第三方支付较少，较多使用现金支付，出现这种情况的国家和地区，有一部分是习惯使用现金、银行转账和信用卡支付方式，还有一部分则是落后贫穷、战火纷飞，老百姓使用现金较方便，他们大多都没有银行卡，更何谈使用第三方支付。

例如和我国一衣带水的邻国——日本，比较习惯使用现金、银行转账和信用卡支付，虽然也使用 PayPal 等支付工具；俄罗斯多使用现金支付，不过也有这几种常用的第三方支付方式——WebMoney（俄罗斯和独联体国家最为普及的第三方支付工具）、Qiwi、Yandex.Money、RBK Money、Robokassa 等；中东和北非则流行使用 CashU，它在埃及、沙特阿拉伯、科威特、利比亚、阿联酋都很受欢迎，此外还有一个名为 OneCard 的第三方支付工具也比较流行；东南亚地区中的国家，印度习惯货到付款，印尼则习惯使用 PonselPay、DOKU 等第三方支付工具。

上面说到的这些第三方支付工具，大部分都需要注册才能正常使用，不过也有一部分工具不用注册就可以正常使用，例如 Stripe。

综合以上信息可以看出，只需要把支付宝、微信支付、QQ 钱包、财付通、百付宝、PayPal 和 Skrill 等这几种第三方支付工具注册就可以了，条件再严苛一点，百付宝、QQ 钱包、财付通和 Skrill 这几个完全可以不用注册。

拓展知识：

国内外常用第三方支付工具官网地址：
支付宝中文主站 https://www.alipay.com/
财付通中文主站 https://www.tenpay.com/

微信支付中文主站 https://pay.weixin.qq.com/

QQ 钱包中文主站 http://qianbao.qq.com/

百付宝中文主站 https://www.baifubao.com/

PayPal 中文主站 https://www.paypal.com/cn/home

Skrill 中文主站 https://www.skrill.com/cn/

6.1.4 以比特币为代表的极度小众的数字货币

比特币是什么就不用百度能搜索到的资料来仔细讲述了。它一般多用在暗网的网上交易活动中，不过在大众可以接触到的领域例如云服务，也有很多商家支持比特币付款，使用这种方式付款算下来可能会发现要比用其他支付方式价格相对便宜不少。

大家不要妄想用自己的计算机来挖矿，以此来获得比特币了。比特币的设计蓝图里，公开说明了每隔一段时间挖矿效率会大大降低，而且比特币的总数有其上限。作者本人早在 2012 年左右就已经接触过比特币挖矿，那个时候用普通家用计算机已经无法挖出矿来了，只能用专用的昂贵的比特币矿机，彼时曾经的新东方名师李笑来早已是比特币圈内的著名人士。

如果想尝试使用比特币进行支付，正确的做法是到比特币交易所购买比特币→转入提前准备好的比特币钱包地址，保存好私钥和助记词→把比特币转到商家的比特币钱包地址里。

这种支付方式对其使用者的 IT 技术要求较高，不适合大多数普通人，作者就不提供相关网址了，请有兴趣的读者自行寻找相关网站（玩币有风险，交易需谨慎）。

6.2 资料办理准备

上文说到的这些国内外的支付手段，无论哪一种，大多数都需要填写一些与个人相关的基本资料。总体来说，国内的需要的资料较多，国外的相对较少，不过再怎么少，以下资料基本上都是需要的——邮箱地址、电话/手机号、银行卡（储蓄卡、借记卡或者信用卡）、姓名和家庭地址等。

国外部分商家对国内邮箱用户不太支持，其中原因较为复杂，一部分原因为部分国内用户曾经恶意使用，影响了商家的利益；另外一部分则是技术手段上的原因，商家发出的邮件国内邮箱可能接收不到。

需要注意的是，手机号切不可使用网上找到的临时虚拟手机号，这种方式安全性堪忧，更重要的是，如果在账号使用后期，商家通过技术手段验证号码时未通过，会影响到账号的使用。而且手机号使用较为频繁，切不可随意进行更改。部分商家可能不支持中国大陆地区的手机号。

银行卡是必备的，最好使用实体银行卡。可能有部分读者以前申请过虚拟的银行卡，但现在这种银行卡不太容易申请，而且商家也比较抵制。银行卡是商家验证客户资料一致性的重要的一个环节，切不可使用他人银行卡或者虚拟银行卡。因为国外商家多通过验证银行卡信息的方式验证客户身份。

姓名一定得填写真实姓名，国内的填写中文姓名，国外的则填写银行卡正面的中文姓名的拼音。姓名必须跟银行卡上的一致，否则商家在验证客户资料一致性时可能会不通过。

家庭地址一般是作为账单地址使用，可以填写现在的居住地址，也可以填写银行卡资料里的地址，或者填写其他地址。这里的要求不是太严格。

需要注意的是，国内的对于身份认证的要求比较多，还需要身份证或者户口本等资料来验证身份，如果注册时不验证，可能无法使用其提供的服务，属于先验证后服务类型；国外稍微宽松一点，注册时不一定需要提交身份资料，只有当商家觉得账户有异常时，才可能需要你提供相关资料，以美国的商家为例，它可能会要求你提供驾照信息、社会保险号等，不必惊慌，因为在美国，这些证件跟身份证的效果是一样的。国外的商家大多属于先服务后验证的类型。

6.3　开始办理信用卡

关于储蓄卡、借记卡和第三方支付工具等的办理流程，作者我就不长篇累牍地进行讲述了。储蓄卡和借记卡的办理流程去银行的营业网点咨询即可，具体的流程会有工作人员指导；而第三方支付工具的注册验证，也比较简单易懂，更何况网上有不少热心的网友写了相关的教程，大家搜索一下即可。

所以，作者我在这里只写关于信用卡的办理流程。

下面作者以申请招商银行的信用卡为例来说明其办理流程。

近些年来，办理信用卡可以在网上填写资料，无论是在支付宝，还是 QQ 亦或是微信，都可以找到招商银行的官方服务号。由于大家对微信比较熟悉，所以以微信为例来进行演示。

第一步，在微信界面上方的搜索栏中输入“招商银行信用卡”或者“招商银行”等关键字，单击“搜一搜招商银行”命令，如图 6-1、图 6-2 所示。

图 6-1　微信主界面

图 6-2　在搜索栏中输入关键词并进行搜索

第二步，选择微信搜索结果中的公众号“招商银行信用卡”，单击进入关注界面，关注公众号，如图 6-3、图 6-4 所示。

图 6-3　单击相关公众号

图 6-4　关注相关公众号

第三步，进入公众号“招商银行信用卡”的主界面，单击“办卡 • 推荐”命令，进入办卡主界面，如图 6-5、图 6-6 所示。

图 6-5　单击“办卡 • 推荐”命令

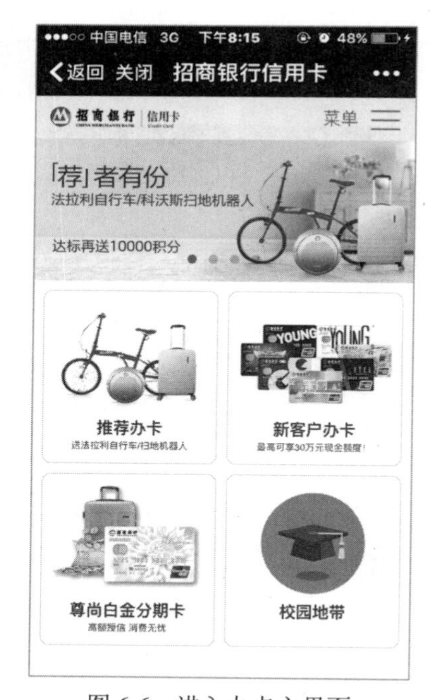

图 6-6　进入办卡主界面

第四步，根据个人身份，选择“新客户办卡”或者“校园地带”（在“校园地带”办理的信用卡实际上是一张零额度的信用卡，由于国外部分商家不支持国内储蓄卡绑定 PayPal 支付，故可以利用给零额度信用卡充值的方式来完成支付），如图 6-7～图 6-9 所示。

图 6-7 “新客户办卡”的信用卡申请页面

图 6-8 “校园地带”的信用卡选择页面

图 6-9 “校园地带”的信用卡申请页面

第五步，按照填写指示，填写个人相关的真实有效的客户信息，最后单击“提交”命令即可。提交完成后，可在公众号主界面的“开卡 • 进度”查看办理进度，此时会要求下载相关客户端“掌上生活”进行查看，如图 6-10、图 6-11 所示。

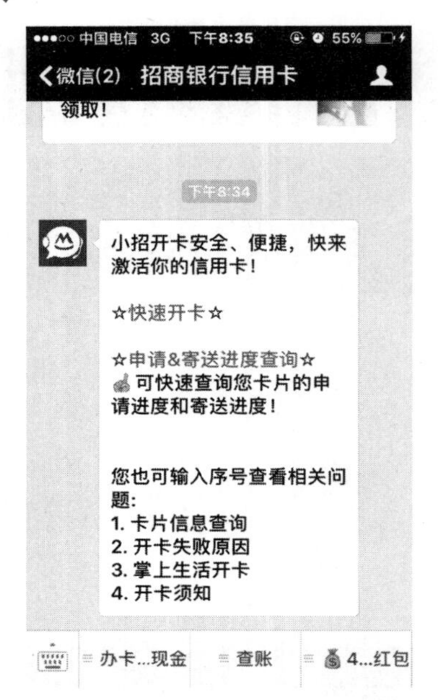

图 6-10　单击“开卡 • 进度”命令弹出相关信息

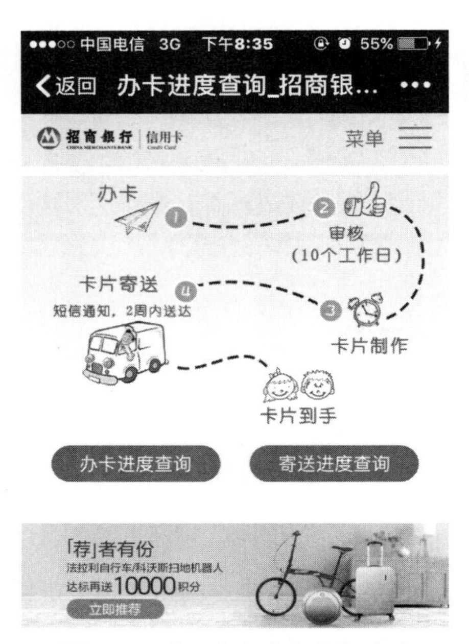

图 6-11　进入办卡进度查询页面

第六步，在应用市场搜索“掌上生活”App，下载安装好，并完成注册。进入“卡 • 金融”，单击进入“进度查询”选项查询办理进度，如图 6-12、图 6-13 所示。业务办理成功后，会发送短信提醒，随后进入寄卡流程，等待几天即可收到卡片（如以前从未在招商银行办理过业务，首次办理业务会要求去相关营业网点填写资料并进行身份验证，记得带好身份证等证件）。收到信用卡后，绑定好卡片，即可在“卡片管家”里进行一些快捷操作，这其中最有用的要属“一键锁卡”，如图 6-14、图 6-15 所示。因为使用信用卡支付，仅需卡号、截止日期和 CVV 就能进行支付，而这些信息十分容易泄露，当把信用卡锁定以后，即使这些信息泄露，也无须担心额度被盗。

图 6-12　单击“卡 • 金融”命令中的“进度查询”选项

图 6-13　单击“ 进度查询”中的“办卡进度”选项

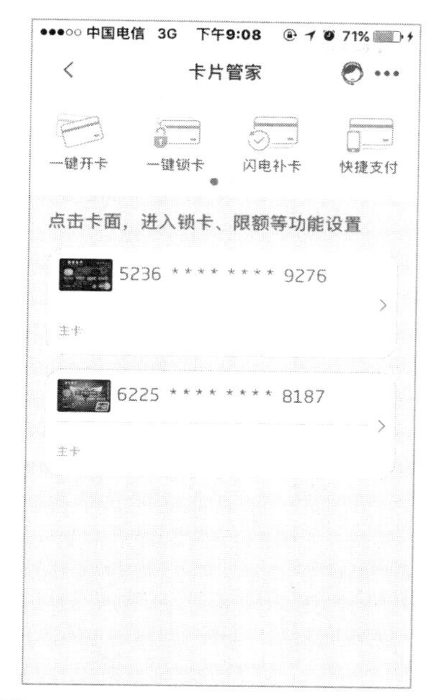

图 6-14　单击进入“卡片管家”功能

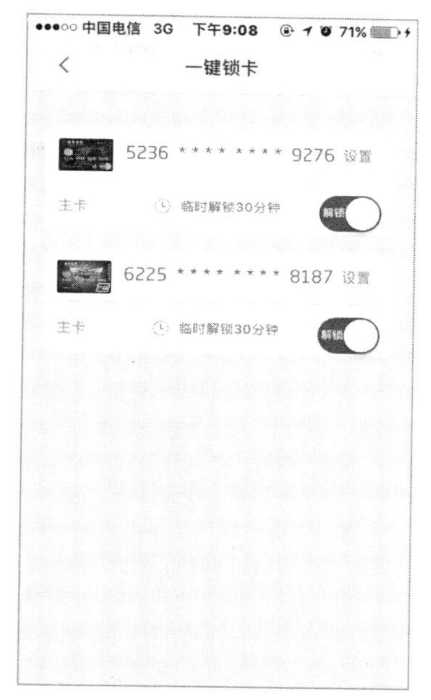

图 6-15　单击设置“一键锁卡”功能

拓展知识：

招商银行信用卡办理详细资料：

新客户办卡 http://cc.cmbchina.com/cusservice/knowledge/banka/newcard.htm

申请白金卡/无限卡 http://cc.cmbchina.com/cusservice/knowledge/banka/vip.htm

已持主卡客户加办主卡 http://cc.cmbchina.com/cusservice/knowledge/banka/regularcustomer.htm

第 7 章 开始购买喜欢的域名

学会了如何快速安全地付款之后，接下来就可以开启愉快的“买买买”模式了。可是国内外的域名注册服务商那么多，究竟该怎样选择呢？

由于国内外优秀的域名注册服务商的数量实在是太多了，在这里不可能把它们全部都列举出来并加以评价。得用某种条件来筛选掉大部分，而这条件就是是否支持支付宝付款。如果再加上是否对中文用户友好这个条件，以及本身的国际知名度，还有技术实力等一些其他的筛选条件，那么到最后就筛选出了接下来将要介绍的四家域名注册商，分别为国内两家、国外两家。

7.1 国内外主流域名服务商

7.1.1 阿里云旗下的万网

中文官网：https://wanwang.aliyun.com/

国际官网：https://www.alibabacloud.com/zh/domain

万网早期不属于阿里云，于 2013 年左右才正式与阿里云合并，组合成了一个新的“阿里云・万网”。

万网是国内排名第一的域名注册服务商，其保有的域名注册量及其新增量，都是非常多的，市场地位差不多相当于国外的 Godaddy。

万网里可以注册的域名种类不是很丰富，不过大家经常见到的.com 等通用顶级域名和一些其他类别的域名，万网基本上都可以注册，且部分域名价格上有时候比国外服务商要优惠实在许多。

万网的优势在于管理域名很方便，有专门的 App 来协助管理。其研发的 DNS 解析系统十分优秀，其免费版本足够大多数人使用。域名的安全措施十分到位，只要不是由于自身问题如密码强度薄弱引起的，当把安全措施全都开启，基本上可以高枕无忧。资料库十分齐全，遇到不懂的问题可以去里面快速查找。就算查不到，也可以提交工单请求客服人员帮助，不过客服可能有一部分是外聘的，其专业程度不如自家全职员工。另外由于客户众多的原因，有时候可能客服的响应速度不是那么迅速。万网自身的网络线路非常出色，即使在国内复杂的网络环境下，基本上都可以很快打开。

而其劣势，最明显的一点是对于专业的域名投资人来说，使用上不太符合习惯，需要的很多功能都没有，另外对域名交易这一块也没有国内其他的一些体量相对较小的域名服务商上心。不过这一点对万网的目标客户来说，并无太大的影响。

7.1.2 奋起直追的西部数码

中文官网：https://www.west.cn/

国际官网：https://www.west.xyz/

西部数码较上面所说的万网，要晚成立几年，可能是由于这个原因，致使自身业务较万网要小许多。

不过与万网相比，各有特色。西部数码的优势业务基本上就是万网的劣势业务。

西部数码可以注册的域名种类相对来说比较丰富，各种常见和不常见的域名种类，基本上都看得到。无论是平常使用还是猎奇注册，基本都可以满足人们的要求。而且时不时还会不断地进行一些注册优惠活动，让新老用户的尝试成本小了许多。

西部数码的域名交易业务十分出色，比万网的要好上很多，不过这部分业务，还有很大的增长空间，其潜在竞争对手也很多；它们的客服的工单响应速度和服务水平，从某种方面来说，可能要比万网好一些，因为它们的客服人员暂时没发现有外聘的。

在云服务器和虚拟主机等业务上，其体量和技术实力等，就比万网要差了许多；另外其附属的 DNS 解析系统，相对来说要比万网差一些，如果要想获得良好体验，可使用第三方域名解析服务商；西部数码的网络线路相对来说要差一些，在长城宽带等某些网络环境下，其打开速度相对较慢。如果要想获得比较快的打开速度，可在上网低谷期访问官网。

7.1.3　独步全球的 Godaddy

中文官网：https://sg.godaddy.com/zh/

国际官网：https://www.godaddy.com/

早些年，国内域名注册服务商的价格比国外的要贵，再加上 Godaddy 的良好口碑等原因，使得不少国内用户偏爱去 Godaddy 注册域名。

但近些年来，在国内注册的域名的价格已经要比 Godaddy 便宜了许多，而且更重要的是，以万网为代表的国内域名注册商还提供了免费的域名隐私保护。而这个功能，在 Godaddy 是需要单独付费购买的。

不过，即使是这样，还是有很多国内用户喜欢它的。由于时不时会有一些很划算的优惠码，再加上注册域名方便，转移过户域名简单，同时支持支付宝、PayPal、信用卡等多种付款方式，所以深受国人的信赖和喜欢。不过最近几年情况有所变化，这几年自从新任 CEO 上台以后，优惠已经比以前少了很多，再加上时不时出现一些域名被盗的事件，致使用户流失了一些，但是其市场地位排名目前仍旧是第一名。

域名注册在 Godaddy 等国外域名注册商的好处是，基本上不用担心域名出现 ClientHold、ServerHold 等异常状态。如果目标是全世界，建议注册在 Godaddy 甚至是 MarkMonitor 这样的实力雄厚的国外服务商。

不过，如果使用 Godaddy 自带的 DNS 解析服务，可能部分国内用户的访问不会太顺畅，故建议使用第三方域名解析服务商。另外，Godaddy 的官网更新得比较频繁，使用起来有一定的学习成本。

7.1.4　与圣雄甘地同音的 Gandi

中文官网：https://www.gandi.net/zh-hans

国际官网：https://www.gandi.net/en

Gandi 是一家比较有信誉且对国内用户服务态度较好的域名注册商，即使从它那里获取了一些免费域名，它依然能保持着良好的信用和服务。

国内一些用户由于喜欢蜂拥而上一起去占一些国外服务商的便宜，导致国内其他用户也不受欢迎。例如，作者没做任何违反用户条款的事情，在没有通知的情况下，在 DomainDiscount24 新注册的账号被删除了。

在这样的基本环境下，Gandi 能平等对待所有用户，是非常不容易的。更重要的是，Gandi 的客服团队里有懂中文的员工。

不说其他优点，只基于以上情况，Gandi 都可以说是非常值得一试的一家域名注册服务商。

至于 Gandi 的缺点，跟前面所说的 Godaddy 差不多，国内使用其域名解析服务的质量，始终比本土服务商要差上一些。

7.2　国内外域名购买流程

下面以西部数码和 Gandi 为例子，分别描述在国内和国外服务商购买域名的大致流程。

7.2.1　西部数码域名购买流程

（1）输入西部数码域名，进入官网，注册并登录账号，如图 7-1 所示。

图 7-1　西部数码官网首页截图

（2）单击“域名注册”选项，在图 7-1 中的输入框中输入想要注册的域名，并选择“全选”单选按钮，单击“查域名”命令查询有哪些域名可以注册，如图 7-2 和图 7-3 所示。在大多数情况下，优先选择注册.com、.cn、.com.cn、.net 等常见的后缀。需要注意的是，注册账号以后需尽快完成账号的实名认证（https://www.west.cn/web/useradmin/realnameauth，在管理后台的“账号管理”下的子选项“账号认证”），并创建各个域名后缀的注册模板并完成资料审核（https://www.west.cn/manager/domainmould/，在管理后台的“业务管理”下的“域名管理”下的子选项“模板管理”）。

（3）选择好喜欢的域名以后，单击“注册”命令，进入下一步，注册年限一般选择两至三年为宜，并选择相应的域名注册模板，选择好以后进入下一步，最后的付款阶段。单击购物车下方的“在线支付”（https://www.west.cn/manager/onlinepay.asp，在管理后台的“财务管理”

下的子选项“在线支付预付款”），在相应界面的输入框中输入相应的金额，选择合适的支付方式，单击“继续下一步”按钮，完成付款，如图 7-4 所示。然后再去购物车继续完成结算流程，单击“去结算”按钮后，充值的预付款将会被扣除，稍后其账号所属的邮箱会收到业务开通邮件通知。这个时候，购买流程就大致结束，可以进入管理后台的“域名管理中心”管理刚才购买的域名了，如图 7-5 所示。

图 7-2　在输入框中输入想要注册的域名

图 7-3　搜索出来的可以注册的域名

图 7-4　在西部数码管理后台在线支付预付款

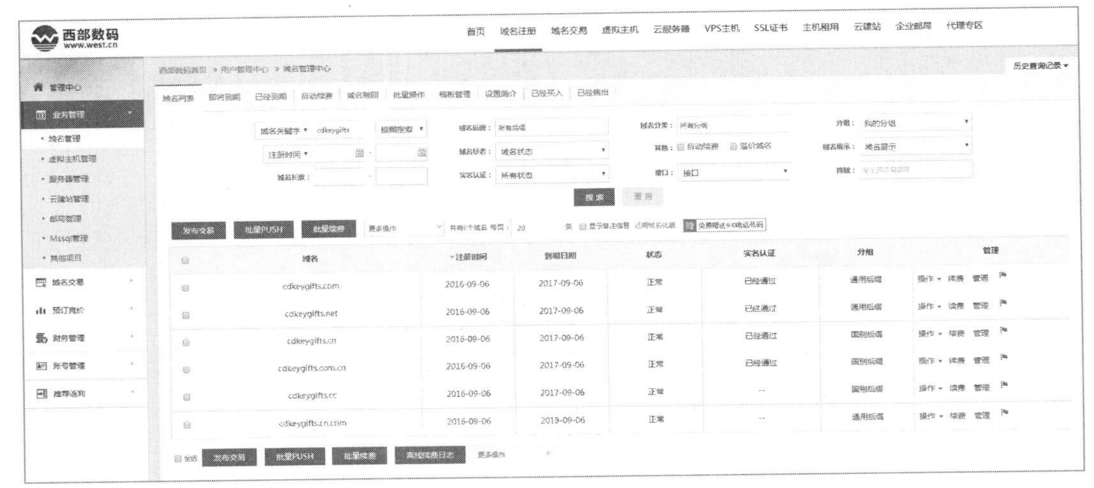

图 7-5　在西部数码管理后台在线管理所购买的域名

7.2.2　Gandi 域名购买流程

（1）输入 Gandi 域名，进入官网，注册并登录账号，如图 7-6 所示。在国外注册域名并不需要实名认证，只需做到注册资料如邮箱和姓名等真实有效，避免以后域名注册机构和域名管理机构在查验资料真实性时导致账户和域名被锁定。一般来说，只有在注册.cn、.com.cn 等这样的由 CNNIC 管理的域名时，才需要进行实名认证。

图 7-6　Gandi 官网注册域名页面截图

（2）在输入框中输入喜欢的域名，然后单击“搜索”，如图 7-7 所示。例如选择注册 cdkeygifts.co.uk、cdkeygifts.uk 等几个英国的域名。事实上，.uk 系列后缀的域名一般只能由本国人、本国公司或者其他设立在英国的组织机构注册，我们基本上无法注册，但由于 Gandi 官方很贴心地为我们免费提供了相关注册地址，所以我们可以毫无阻碍地注册这几个域名，并且 cdkeygifts.co.uk 是具有最高权限的后缀，只有它的拥有者，才能注册其他几个后缀的域名。在一些比较小众的国别后缀域名的注册过程中，是有很多这样那样的注册和使用限制的，例如.ps 后缀，就有一个让人匪夷所思的使用限制——为域名解析的 DNS 服务器不得超过两组。为了避免浪费时间和资金，在注册喜欢的域名前，最好去 Gandi 官方的资料库 https://wiki.gandi.net/ 或者百度去查找相关资料。

图 7-7　在输入框中输入想要注册的域名

（3）选择好域名以后，单击界面右上方的“结账”按钮，进入下一步，在优惠代码中填入网上找来的有效优惠码（没有则不填），检查发票地址，选择需要接受的合约，单击下方的“结账”进入最后一步，在付款方式中选择适合自己的付款方式。Gandi 官方提供了信用卡、银联、银行转账、比特币和支付宝这几种支付方式。选择好以后单击“立即付款”，确认好金额付款以后，稍等一会儿，官方则会向注册邮箱发送域名注册成功的通知。这个时候，购买流程就大致结束，可以进入管理界面的“域名”选项，去管理刚才购买的域名了，如图 7-8 所示。

图 7-8　在 Gandi 管理后台在线管理所购买的域名

第 8 章　给域名备案好像也没有那么难

备案是一个可谈可不谈的问题，但出于国家法律法规和个人企业运营的需要，所以还是必须大致讲述一下。

现在网上流行快速备案或者代备案，许多新人搜备案相关的关键词时应该看见过不少相关的推广信息。快速备案基本上是收智商税，因为大多数都是用上海（浙江）的身份去上海（浙江）的通信管理局去帮忙备案，基本上只需要一两天就能完成备案，这种备案方法是代备案的一种类型，只不过被商人们利用了信息差来赚钱而已；更重要的是，代备案的风险比较大，被发现以后轻则被工信部注销备案，重则备案主体和相关域名被工信部拉黑。

在网站备案过多次以及查看了一些通信管理局的具体规则等以后，总结出了以下特点。

（1）从地理位置上看，北方比南方严格，西部比东部严格，边陲比沿海严格；

（2）从政治角度上看，首都、新疆、西藏等城市和地区较为严格；

（3）从军事角度上看，长期笼罩在军事敏感氛围中的城市和地区较为严格；

（4）从文化角度上看，文化氛围浓厚开放的城市和地区较为宽容；

（5）从历史角度上看，上海等其他国家和地区人士较为熟悉的城市较为宽容；

（6）从经济角度上看，北京、上海、深圳等互联网产业较为发达的一二线城市较为宽容。

以上特点基本能大致形容各省市备案的难易程度，不过如果要想知道具体的难易程度，还是得去仔细查看各个省市的通信管理局的具体规则。

以下是用地图形式展示出来的各省市的通信管理局备案规则。

阿里云备案地图：https://beian.aliyun.com/#MapDataContainer

腾讯云备案地图：https://cloud.tencent.com/product/ba#userDefined15

人们以前常说的备案，一般指的是在工信部备案，但现在指的是在工信部和公安部进行备案。一般来说，在工信部的备案流程一定要去完成，而公安部备案，如果没有接到云服务商或者相关部门的通知，是可以暂时不用办理的。

下面将以阿里云为例，主要讲述一下首次备案的大致流程，其他事项将以附文的形式来讲述。

域名备案大致流程如下。

8.1　登录备案系统

（1）在万网、腾讯云、西部数码或者其他域名注册服务商处购买一个或者多个自己喜欢的域名，域名与网站服务器可以不在同一家云服务商。域名 Whois 信息中的联系人姓名和联系方式等不要随便改动，要与网站负责人的姓名和联系方式一致，记得不要开启域名隐私保护，要保护也得是在备案完成以后。

域名购买完成后，进入管理控制台，单击进入“域名与网站（万网）”菜单下的“域名”，进入域名控制台，单击所需要备案的域名后的“管理”超链接，然后单击“域名证书打印”超链接，单击网页下方的“打印证书”或“下载证书”，把域名证书保存好，以作后续步骤资料备用。

（2）购买阿里云 ECS 服务器（包年包月且有公网带宽）/弹性 Web/建站市场（云市场）/云虚拟主机等其中的任意一款产品，然后单击管理控制台的“备案服务号申请”，申请一个备案服务号。申请好以后，进入“备案服务号管理”，单击“去备案”超链接登录阿里云备案管理系统，如图 8-1 所示。

图 8-1　登录阿里云备案管理系统

8.2　填写信息提交初审

该步骤中需要上传电子版证件资料：个人备案请提前准备好个人证件扫描件或照片，例如身份证、护照等；企业备案请提前准备好企业证件及负责人证件扫描件或照片，例如营业执照、组织机构代码证等。

（1）登录备案系统，填写备案的主体证件信息、域名，系统核实主体证件信息、域名未存在已备案记录，则判断此次备案为首次备案。

主办单位所属区域和性质，根据主办单位的证件类型和证件所在地（或者当前所在地）进行选择和填写（如果需要填写具体地址，具体地址一定要详细到门牌号）；主办单位证件号码根据证件类型填入号码，若为身份证的就填写身份证号码（其他类型的同理），如图 8-2 所示。

（2）填写产品验证。不同的产品验证方式不同，是什么产品就选什么产品，不要乱选；如果购买的云服务是除云虚拟主机以外的其他产品，则应选择“阿里云”选项，否则应选择“万网主机（轻云、云虚拟主机）”选项，如图 8-3 所示。

温馨提示：备案订单有效期为45天(自提交当天开始计算)，订单超期后自动失效，请您尽快提交审核并完成备案。为避免影响网站备案及访问，请注意服务器的服务期限及时续费。

开始备案：

备案帮助

请填写以下信息开始备案，系统将根据您填写的域名和证件，自动验证您的备案类型

* 主办单位所属区域：湖北省 武汉市 硚口区

* 主办单位性质：企业

个体工商户请选择企业。

* 主办单位证件类型：工商营业执照

湖北省特殊要求：企业之外的其他单位必须选择组织机构代码证。

* 主办单位证件号码：

工商营业执照证件号码图示

* 域名：www. moeunion.com

1、域名所有人要求 单位：域名所有人需与主办单位名称一致；个人：域名所有人需与主办人名称一致（如有设置域名隐私保护，请在审核期间关闭隐私保护）；2、未备案域名不能访问。

* 验证码：8X8D 看不清，换一张

验证备案类型

图 8-2 填写备案基本信息

你一定要了解的备案　备案用时多久送多久 查看详情 >　网站公安 备案公告　查看详情

产品验证：

备案帮助

您的备案类型为 首次备案，为了您能更好的享受服务，请先对购买的产品进行验证。

主办单位性质：企业

主办单位所属区域：湖北省 武汉市 硚口区

主办单位证件类型：工商营业执照

主办单位证件号码：

域名：moeunion.com　备案产品验证常见问题 点击查看

* 产品类型：阿里云　请选择您的产品类型

请选择产品类型
阿里云
万网主机（轻云、云虚拟主机）

* 备案服务号：

获得备案服务号？

验证　返回

图 8-3 填写产品信息验证

（3）填写主体信息。主体信息中例如“主办单位证件住所”和“主办单位通信地址”这两项，其详细信息一定不能出错，必须真实有效。需要注意的是，如图 8-4 中的地址有部分不符合规范——多了一个“（-2）”，因为湖北的管局规定地址中不能带有特殊符号。

图 8-4 填写主体信息

注意：

① “主办单位通信地址”可填写证件上的地址，也可填写实际的办公或住所地址。

② “主办单位通信地址”与“主办单位证件住所”需在同一省份。

③ 如果地址无详细门牌号，需要在备注中进行说明。

（4）填写网站信息。如有多个网站提交申请，在填写完网站信息可单击“保存”按钮，并继续添加网站，如图 8-5 所示。特别提醒一下，如果网站名称不是公司的全称而是项目名称，需要在备注中写上“某某某是某公司旗下项目”（个人同样需要备注信息）。

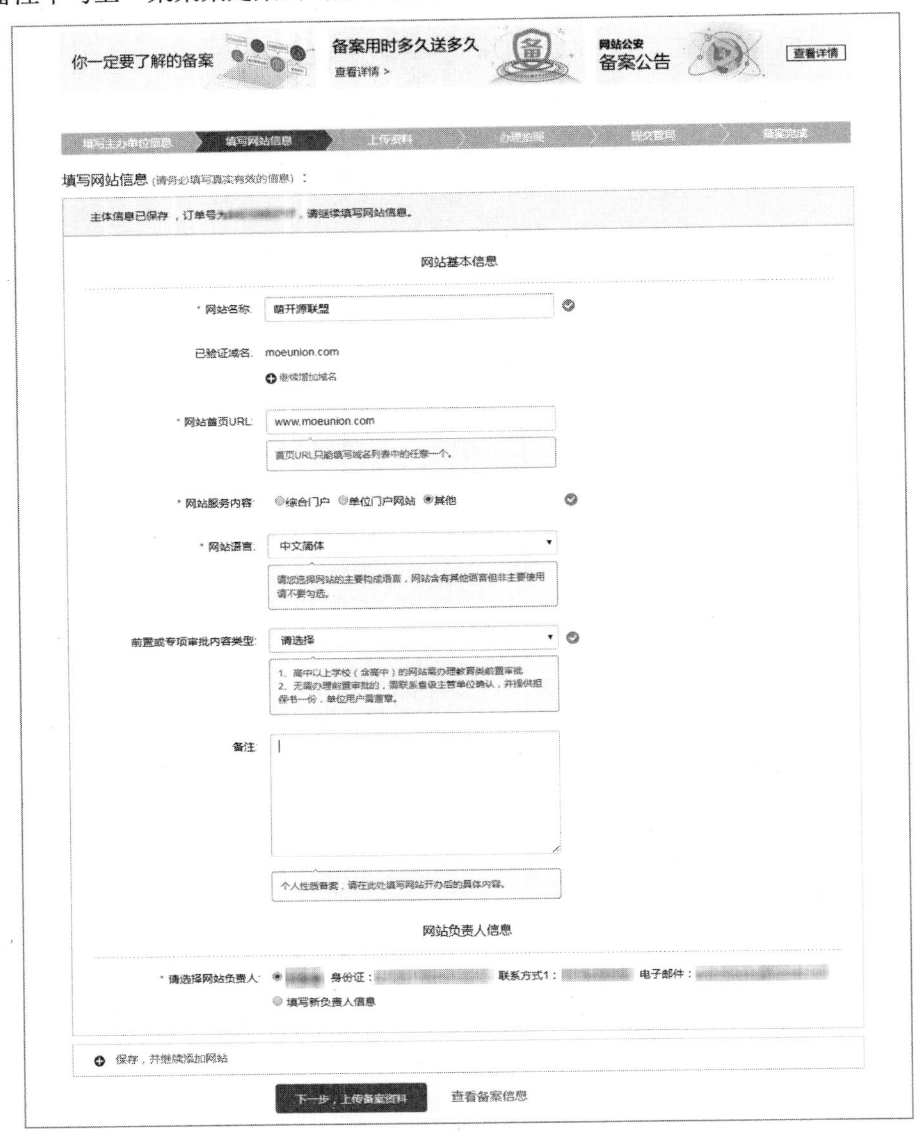

图 8-5　填写网站基本信息

（5）如无其他网站备案，直接上传备案资料，如图 8-6 所示。请上传与系统示例相一致的证件资料原件高清扫描文件或高清拍照文件。

（6）提交备案至初审，一般等待几个小时或者一两天即可完成初审。

云服务商的工作人员在审核期间如遇到问题，会拨打备案信息中的联系方式（如有手机号码，一般会优先拨打手机）进行沟通。在接下来的一两天里，必须保持手机（或电话）畅通，不要出现关机或者欠费等意外情况，否则可能会导致审核失败。如果备案信息中有部分瑕疵，不必担心，相关工作人员会帮助进行修改。

图 8-6　上传备案资料

8.3　上传核验资料

（1）初审通过后，登录备案系统申请幕布，收到幕布后自行拍照并上传照片审核（备案通过初审后，网站负责人需提供当面核验照片，可以登录备案系统后在首页申请邮寄幕布，申请时收件地址及联系方式必须填写真实有效信息，以便快递正常接收。一般来说，快递基本都是顺丰送的，非常快，不必担心浪费很长时间。更何况备案所花费的时间，云服务商都会进行相应的服务器时长补偿；拍照前请先查看拍照说明，请穿着当季服装，并避免身着红色或蓝色上衣进行拍照），如图 8-7 所示。

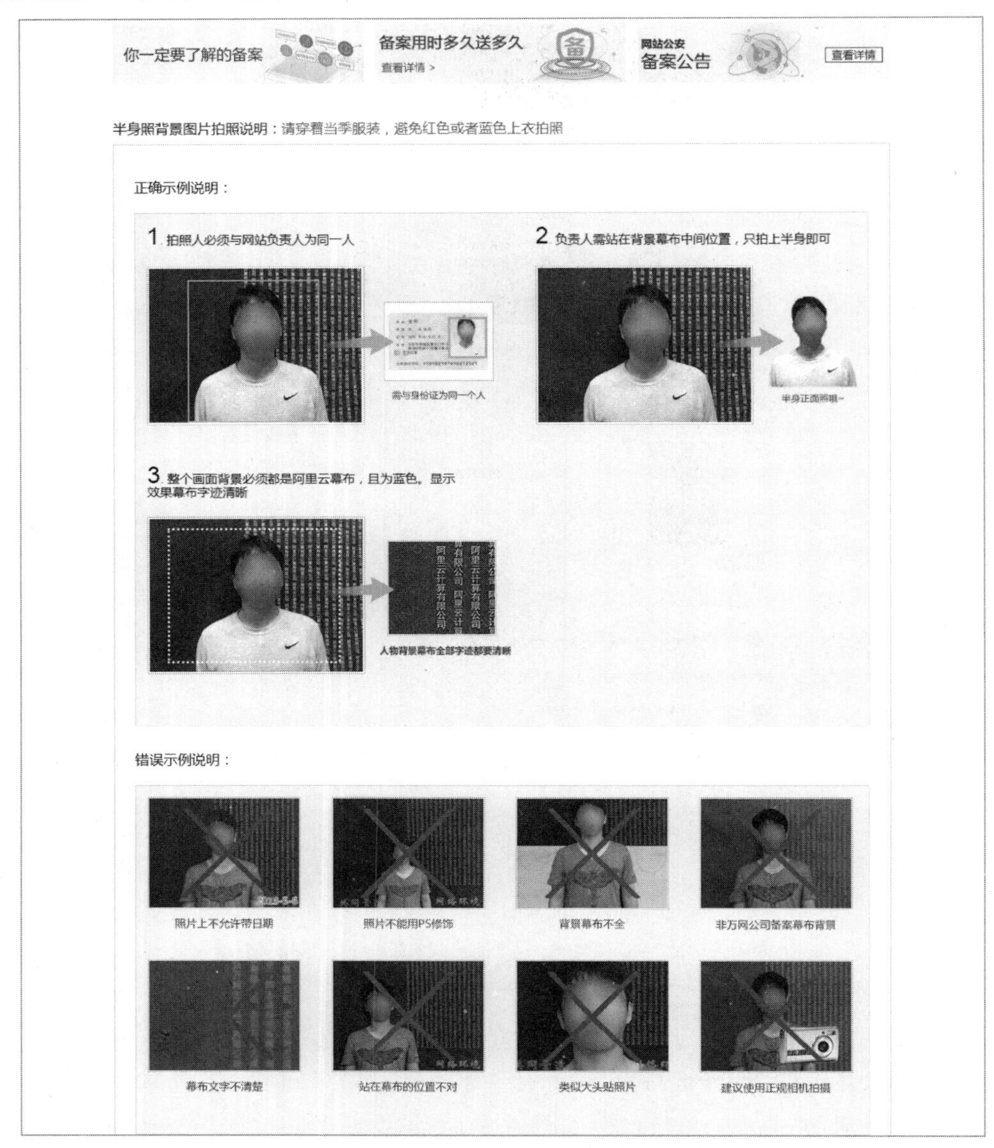

图 8-7　按照要求自行拍照并上传照片审核

（2）提交符合要求的照片，并将网站备案信息真实性核验单邮寄到云服务商提供的地址，等待云服务商的最终审核，如图 8-8 所示。

以上审核流程完成后（从 2017 年 12 月 18 日起，域名备案加入了一个手机号码短信核验的流程），云服务商会在一个工作日内把备案信息提交到相应的管局进行审核。

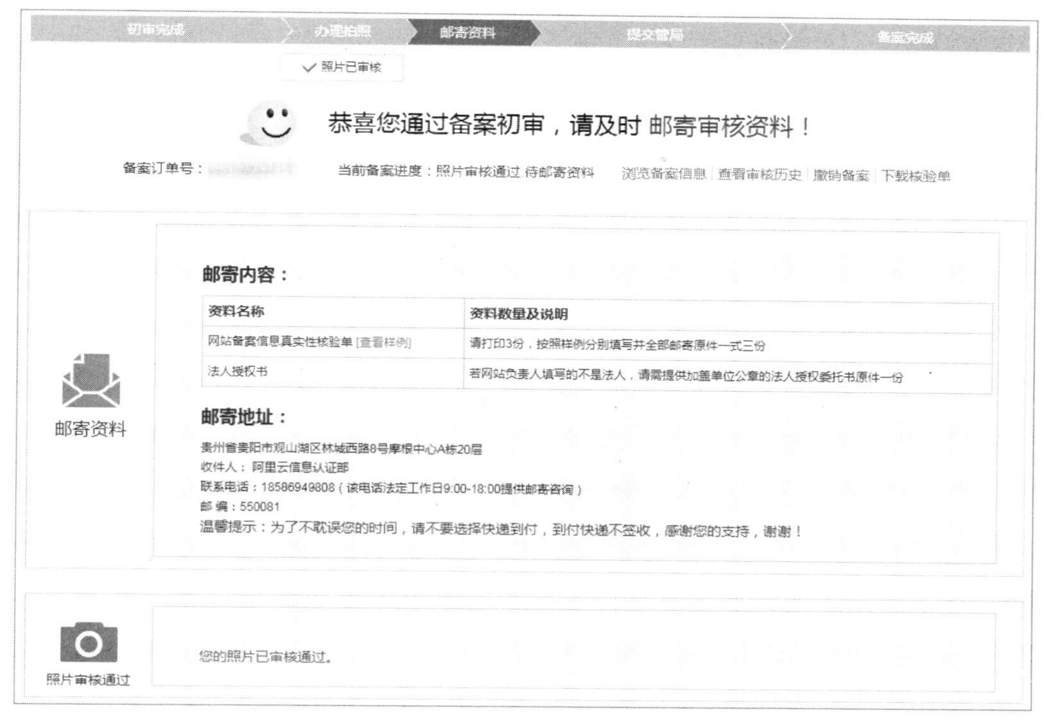

图 8-8　照片审核通过后及时邮寄审核资料

（3）手机号码短信核验。 天津、甘肃、西藏、宁夏、海南、新疆、青海为工信部要求的手机号码短信核验试点省份和地区，用户需完成手机号码短信验证后，备案申请才能成功提交管局审核；其他省份暂无短信核验要求。

试点 7 省份和地区的用户，需要在收到阿里云将备案申请提交管局审核的短信通知后，注意查收工信部发出的短信核验码，并根据短信提示登录备案所在省份管局网站完成核验。工信部验证短信会在阿里云向管局提交备案信息后，5 分钟内发送；请在 48 小时内完成短信验证。

目前试点 7 省份和地区的用户，需完成短信核验后，备案申请信息才能进入省管局审核系统。48 小时内未进行短信核验或短信核验失败，备案申请均会被退回。

8.4　管局审核

等待管局进行操作。各地管局审核时间不同，一般为 3～20 个工作日，信息提交管局后，备案系统首页会显示当地管局大概的审核时长（此时间为估算的大概时间），审核成功后会收到短信及邮件通知。备案速度最快的当属上海和江苏的管局，只需要一天。

8.5　通知备案结果

管局会直接用短信和邮件通知用户审核具体结果。一般会有以下两种结果。

（1）备案成功：请妥善保管好备案号和备案密码，以便以后修改备案信息和增加网站时用；

（2）备案失败：根据退回原因修改备案信息，修改后再重新提交备案信息。

拓展知识：

网站备案的具体规则，会随着工信部和公安部的政策调整而变动，上面所展示的流程细节可能会与实际情况不符。

想了解最新政策信息，请访问工信部备案系统 http://www.miibeian.gov.cn/和公安部备案系统 http://www.beian.gov.cn/。

阿里云云栖社区备案专题 https://yq.aliyun.com/topic/57

阿里云备案帮助文档 https://help.aliyun.com/product/35468.html

腾讯云备域名备案服务专区 http://bbs.qcloud.com/forum-52-1.html

腾讯云备案帮助文档 https://cloud.tencent.com/document/product/243

《关于网站备案的 44 个问题》 http://lusongsong.com/reed/1072.html

第 9 章　试着给域名进行解析

在购买了域名，且进行网站备案以后，差不多就要开始准备域名的解析工作了。

国内外的域名解析服务商所提供的解析服务基本上没有太大的差别。差别最大的唯一一点，可能就是国内的域名解析服务商所提供的域名解析记录类型可能比较少，都是些基本常用的，而国外的域名解析服务商则可能会全面一些。至于技术实力上的差异，作者本人不做过多评价。平均实力上，国外优于国内；但特定方面的实力，可能国内的一些服务商的技术实力更强，解决方案更适合国人。

下面将分别用一家国内域名解析服务商——CloudXNS（官网地址为 https://www.cloudxns.net/）与国外域名解析服务商——Hurricane Electric（官网地址为 https://dns.he.net/），来做域名解析方面的演示。

在正式进行域名解析以前，必须注册相关域名解析服务商的账号，并在域名注册商处把域名的 NS 服务器更换成相关域名解析服务商的 NS 服务器，并完成相关域名的添加。

9.1　NS 记录

（1）什么情况下会用到 NS 记录？

如果需要把子域名交给其他 DNS 服务商解析，就需要添加 NS 记录。

（2）记录的添加方式，如图 9-1 和图 9-2 所示。

图 9-1　在 CloudXNS 域名管理后台添加 NS 记录

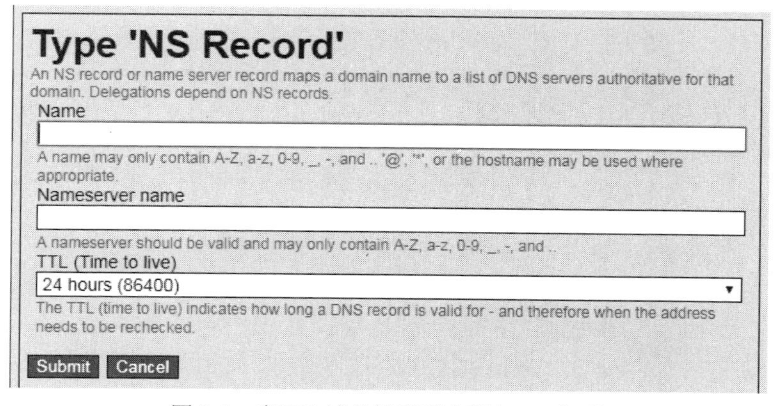

图 9-2　在 HE 域名管理后台添加 NS 记录

记录类型：选择“NS”选项（不用选择，单击 New NS 即可）。

主机记录：填写子域名，例如需要将 www.ipc.im 的解析授权给其他 DNS 服务器，只需要在主机记录处填写 www 即可，主机记录@即空记录不能做 NS 记录，授权出去的子域名不会影响其他子域名的正常解析（在 Name 下的空格填写 www 即可）。

线路类型：选择“全网默认”选项即可，否则会导致部分用户无法正常解析（国外域名解析服务商无此选择项）。

记录值：填写要授权的 DNS 服务器域名，记录生成后会自动在域名后面补一个“.”，这是正常现象（在 Nameserver name 下的空格填写要授权的 DNS 服务器域名即可）。

TTL：一般不需要填写，添加时系统会自动生成，各家服务商的默认值各不相同。TTL 为域名解析记录的存活时间，数值越小，修改记录后各地生效时间越快（在“TTL (Time to live)”下选择一个你喜欢的数值，一般数值在 600 至 3600 即可）。

此记录类型下无法自主定义优先级。以上步骤完成以后，单击“保存”（Submit）按钮提交即可。

在命令行下可以使用 nslookup -qt=ns www.yourdomain.com 来查看。在添加完 NS 记录后，可在命令行下使用 ipconfig /flushdns 来刷新本地 DNS 缓存。

9.2 A 记录/AAAA 记录

（1）什么情况下会用到 A 记录/AAAA 记录？

如果需要将域名指向一个 IPv4/IPv6 地址，就需要添加 A 记录/AAAA 记录。

（2）A 记录/AAAA 记录的添加方式，如图 9-3～图 9-6 所示。

图 9-3　在 CloudXNS 域名管理后台添加 A 记录

图 9-4　在 CloudXNS 域名管理后台添加 AAAA 记录

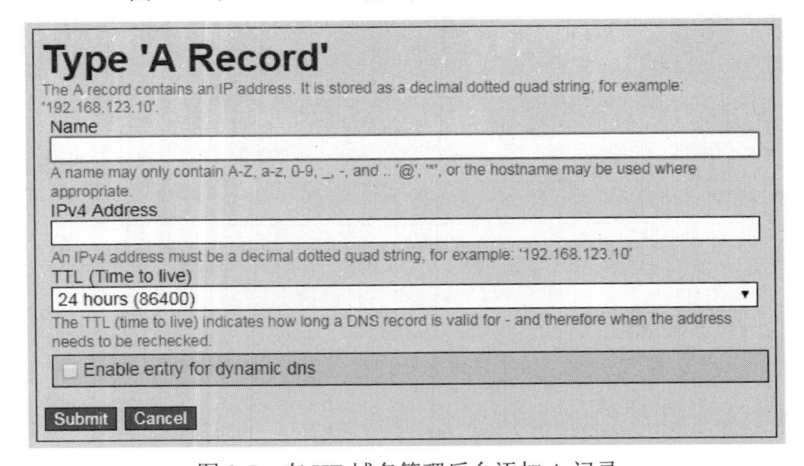

图 9-5　在 HE 域名管理后台添加 A 记录

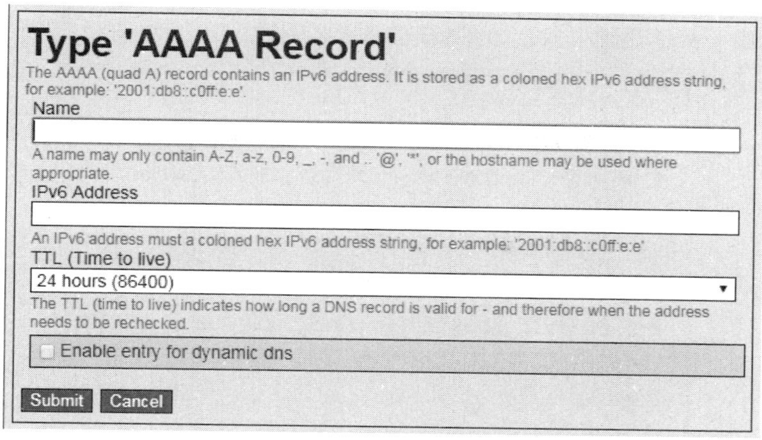

图 9-6　在 HE 域名管理后台添加 AAAA 记录

记录类型：根据 IP 地址类型选择“A”或者“AAAA”，大多数情况下都选择“A”（不用选择，单击 New A 或者 New AAAA 即可）。

主机记录：填写子域名，例如需要添加 www.ipc.im 的解析，只需要在主机记录处填写 www 即可；如果只是想添加 ipc.im 的解析，主机记录直接留空，系统会自动填一个@到输入框内（在 Name 下的空格填写 www 或者留空即可）。

线路类型：选择“全网默认”即可，否则会导致部分用户无法正常解析（国外域名解析服务商无此选择项）。

记录值：IPv4/IPv6 地址，这里手动填写要指向的公网 IP 地址即可（在 IPv4/IPv6 Address 下的空格填写要指向的 IPv4/IPv6 地址即可）。

TTL：一般不需要填写，添加时系统会自动生成，各家服务商的默认值各不相同。TTL 为域名解析记录的存活时间，数值越小，修改记录后各地生效时间越快（在“TTL (Time to live)”下选择一个你喜欢的数值，一般数值在 600 至 3600 即可）。

此记录类型下无法自主定义优先级。国外服务商的选择里有一个“Enable entry for dynamic dns”的选项，根据个人需要勾选，一般不需要勾选此选项。以上步骤完成以后，单击“保存”（Submit）按钮提交即可。

国内域名解析服务商——CloudXNS，还有一个自己研究的 AX 记录，此记录可以调整优先级，当优先级为 100%时，与 A 记录效果相同。与 A 记录不同的是，此记录可以添加多个主机记录相同的 A 记录，只需按照需要调节优先级即可；而 A 记录一般情况下只能添加一个。

在命令行下可以通过 nslookup -qt=a www.yourdomain.com 来查看 A 记录，可以使用 nslookup -qt=aaaa www.yourdomain.com 来查看 AAAA 记录。

9.3　CNAME 记录

（1）什么情况下会用到 CNAME 记录？

如果需要将域名指向另一个域名，再由另一个域名提供 IP 地址，就需要添加 CNAME 记录。最常用到 CNAME 解析的情况如使用 CDN。

（2）CNAME 记录的添加方式，如图 9-7 和图 9-8 所示。

主机记录	记录类型	线路类型	优先级	TTL	记录值	高级功能
	CNAME ▾	全网默认 ▾	-	3600		保存 取消

图 9-7　在 CloudXNS 域名管理后台添加 CNAME 记录

Type 'CNAME Record'

A CNAME record or canonical name record is an alias of one name to another. The A record to which the alias points can be either local or remote - on a foreign name server. This is useful when running multiple services (like an FTP and a webserver) from a single IP address. Each service can then have its own entry in DNS (like ftp.example.com. and www.example.com.)

Name

A name may only contain A-Z, a-z, 0-9, _, -, and .. '@', '*', or the hostname may be used where appropriate.

Hostname

A hostname should be valid and may only contain A-Z, a-z, 0-9, _, -, and ..

TTL (Time to live)

24 hours (86400) ▾

The TTL (time to live) indicates how long a DNS record is valid for - and therefore when the address needs to be rechecked.

Submit　Cancel

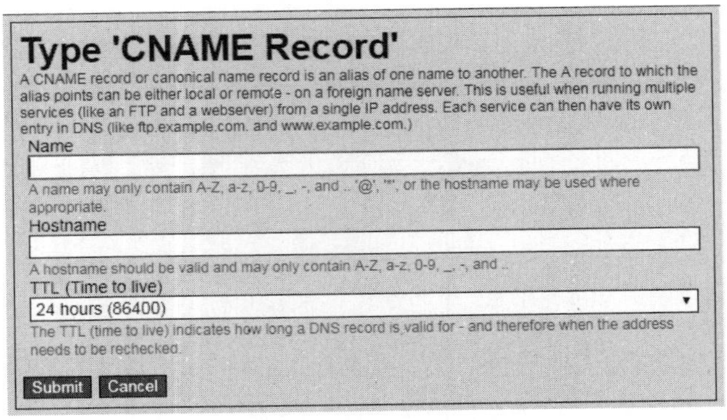

图 9-8　在 HE 域名管理后台添加 CNAME 记录

记录类型：选择“CNAME”选项（不用选择，单击 New CNAME 即可）。

主机记录：填写子域名，例如需要添加 www.ipc.im 的解析，只需要在主机记录处填写 www 即可；如果只是想添加 ipc.im 的解析，主机记录直接留空，系统会自动填一个@到输入框内，@的 CNAME 记录会影响到 MX 记录的正常解析，添加时慎重考虑（在 Name 下的空格填写 www 或者留空即可）。

线路类型：选择“全网默认”即可，否则会导致部分用户无法正常解析（国外域名解析服务商无此选择项）。

记录值：CNAME 记录指向的域名，只可以填写域名，记录生成后会自动在域名后面补一个“.”，这是正常现象（在 Hostname 下的空格填写 CNAME 记录指向的域名即可）。

TTL：一般不需要填写，添加时系统会自动生成，各家服务商的默认值各不相同。TTL 为域名解析记录的存活时间，数值越小，修改记录后各地生效时间越快（在“TTL (Time to live)”下选择一个你喜欢的数值，一般数值在 600 至 3600 即可）。

此记录类型下无法自主定义优先级。以上步骤完成以后，单击“保存”（Submit）按钮提交即可。

国内域名解析服务商——CloudXNS，还有一个自己研究的 CNAMEX 记录，此记录可以调整优先级，当优先级为 100%时，与 CNAME 记录效果相同。与 CNAME 记录不同的是，此记录可以添加多个主机记录相同的 CNAME 记录，只需按照需要调整优先级即可；而 CNAME 记录只能添加一个。

在命令行下可以使用 nslookup -qt=cname www.yourdomain.com 来查看 CNAME 记录。

9.4　MX 记录

（1）什么情况下会用到 MX 记录？

如果需要设置邮箱，让邮箱能收到邮件，就需要添加 MX 记录。

（2）MX 记录的添加方式，如图 9-9 和图 9-10 所示。

主机记录	记录类型	线路类型	优先级	TTL	记录值	高级功能
	MX ▾	全网默认 ▾	10	3600		保存　取消

图 9-9　在 CloudXNS 域名管理后台添加 MX 记录

Type 'MX Record'

An MX record or mail exchange record maps a domain name to a list of mail exchange servers for that domain.

Name

A name may only contain A-Z, a-z, 0-9, _, -, and .. '@', '*', or the hostname may be used where appropriate.

Priority

To differentiate them, each MX record has a priority (lower the number, higher the priority). The MX record with the highest priority is the actual target computer where mail boxes are located. '10' is a good default.

Hostname

A hostname should be valid and may only contain A-Z, a-z, 0-9, _, -, and .. An mx may never be an ip/ipv6 address, and must not point to a cname. Entering incorrect information here can negatively impact your ability to receive and in some cases send mail.

TTL (Time to live)

24 hours (86400)

The TTL (time to live) indicates how long a DNS record is valid for - and therefore when the address needs to be rechecked.

Submit　Cancel

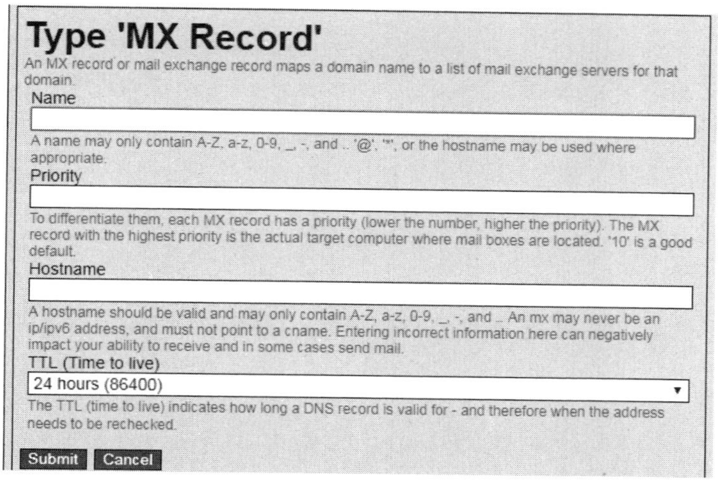

图 9-10　在 HE 域名管理后台添加 MX 记录

记录类型：选择“MX”选项（不用选择，单击 New MX 即可）。

主机记录：填写子域名，一般情况下是要做 xxx@ipc.im 的邮箱，所以主机记录一般是留空的；如果主机记录填 mail，邮箱地址会变为 xxx@mail.ipc.im（在 Name 下的空格填写 mail 或者留空即可）。

线路类型：选择“全网默认”，为必选项，否则会导致部分用户无法正常解析，邮件无法收取；MX 一般不需要做智能解析，直接默认即可（国外域名解析服务商无此选择项）。

记录值：可以是域名，也可以是一个 IP 地址。如果是域名的话，指向的域名必须要有 A 记录，如 mail.ipc.im，记录生成后会自动在域名后面补一个“.”，这是正常现象；如果是 IP 地址的话，直接填写邮件服务器 IP 地址即可，记录生成后同样会自动补一个“.”（在 Hostname 下的空格填写 CNAME 记录指向的域名或者 IP 地址即可）。

优先级：MX 记录优先级的数值越低，优先级别就越高。一般情况下会设置两条 MX 记录，如一条 MX 设置的为 5，另一条为 10，则邮件会先尝试发送到 MX 优先级为 5 的，如果尝试失败，才会发送到 MX 优先级为 10（在 Priority 下的空格填写 MX 记录的优先级数值即可）。

TTL：一般不需要填写，添加时系统会自动生成，各家服务商的默认值各不相同。TTL 为域名解析记录的存活时间，数值越小，修改记录后各地生效时间越快（在“TTL (Time to live)”下选择一个你喜欢的数值，一般数值在 600 至 3600 即可）。

以上步骤完成以后，单击“保存”（Submit）按钮提交即可。

在命令行下可以通过 nslookup -qt=mx www.yourdomain.com 来查看 MX 记录。

9.5 其他记录

（1）TXT 记录。TXT 记录一般指为某个主机名或域名设置的说明。在实际使用过程中，一般做域名归属权验证；或者提升域名邮箱发送外域邮件的成功率，之所以会提升成功率，是因为对方的邮箱会把你的域名加入白名单，以可信邮箱的名义发送邮件，邮箱系统之间不会互相屏蔽的。这种效果一般称为“反垃圾邮件”，如果希望对域名进行标识和说明，可以使用 TXT 记录，绝大多数的 TXT 记录是用来做 SPF 记录（反垃圾邮件）。

在命令行下可以使用 nslookup -qt=txt www.yourdomain.com 来查看 TXT 记录。

（2）显性 URL 记录和隐性 URL 记录。说得通俗点就是域名转发。显性和隐性的区别，就在于转发的目标 URL，是否跟当前域名的 URL 一致。显性的就是不一致的，从当前域名的 URL 跳转到了目标域名的 URL；反之，隐性的就是把目标 URL 隐藏了起来，表面看起来和当前域名一致。

而显性 URL 转发，又分为 301 临时性跳转和 302 永久性跳转，这就是为什么有的服务商把显性 URL 记录分为 301 跳转和 302 跳转的原因。

这两种域名解析记录，基本上都只有国内的域名解析服务商才有，而国外的服务商基本上都没有。

要使用这两种域名解析记录，域名必须经过备案或者经过严格审核。

注意：不要随意使用域名的泛解析，如果自身技术水平不能确保泛解析安全的话。千万不能为了增加在百度里的网页收录数量或者其他目的，而随意启用泛解析。

具体缘由这里就不做长篇大论，有兴趣的读者请访问国内互联网安全媒体 FreeBuf 的一篇相关文章：《见缝插针：DNS 泛解析是怎么被黑客玩坏的》，文章具体地址 http://www.freebuf.com/news/133873.html。

拓展知识：

域名解析记录互斥表 https://www.cloudxns.net/Index/mutex.html

DNS 体系中的标准资源记录类型及表示法集合如表 9-1 所示。

表 9-1　DNS 体系中的标准资源记录类型及表示法集合

类　型	RFC 来源	描　述	功　能
A	RFC 1035	IP 地址记录	传回一个 32 比特的 IPv4 地址，最常用于映射主机名称到 IP 地址，但也用于 DNSBL（RFC 1101）等
AAAA	RFC 3596	IPv6 IP 地址记录	传回一个 128 比特的 IPv6 地址，最常用于映射主机名称到 IP 地址
AFSDB	RFC 1183	AFS 文件系统	（Andrew File System）数据库核心的位置，于域名以外的 AFS 客户端常用来联系 AFS 核心。这个记录的子类型是被过时的 DCE/DFS（DCE Distributed File System）所使用

续表

类　型	RFC 来源	描　述	功　能
APL	RFC 3123	地址前缀列表	指定地址列表的范围，例如：CIDR 格式为各个类型的地址（试验性）
CERT	RFC 4398	证书记录	存储 PKIX、SPKI、PGP 等
CNAME	RFC 1035	规范名称记录	一个主机名字的别名：域名系统将会继续尝试查找新的名字
DHCID	RFC 4701	DHCP（动态主机设置协议）识别码	用于将 FQDN 选项结合至 DHCP
DLV	RFC 4431	DNSSEC（域名系统安全扩展）来源验证记录	为不在 DNS 委托者内发布 DNSSEC 的信任锚点，与 DS 记录使用相同的格式，RFC 5074 介绍了如何使用这些记录
DNAME	RFC 2672	代表名称	DNAME 会为名称和其子名称产生别名，与 CNAME 不同，在其标签别名不会重复。但与 CNAME 记录相同的是，DNS 将会继续尝试查找新的名字
DNSKEY	RFC 4034	DNS 关键记录	于 DNSSEC 内使用的关键记录，与 KEY 使用相同格式
DS	RFC 4034	委托签发者	此记录用于鉴定 DNSSEC 已授权区域的签名密钥
HIP	RFC 5205	主机鉴定协议	将端点标识符及 IP 地址定位的分开的方法
IPSECKEY	RFC 4025	IPSEC 密钥	与 IPSEC 同时使用的密钥记录
KEY	RFC 2535 和 RFC 2930	关键记录	只用于 SIG(0)（RFC 2931）及 TKEY（RFC 2930、RFC 3455 否定其作为应用程序键及限制 DNSSEC 的使用。RFC 3755 指定了 DNSKEY 作为 DNSSEC 的代替
LOC	RFC 1876	位置记录	将一个域名指定地理位置
MX	RFC 1035	电邮交互记录	引导域名到该域名的邮件传输代理（MTA，Message Transfer Agents）列表
NAPTR	RFC 3403	命名管理指针	允许基于正则表达式的域名重写使其能够作为 URI、进一步域名查找等
NS	RFC 1035	名称服务器记录	委托 DNS 域（DNS zone）使用已提供的权威域名服务器
NSEC	RFC 4034	下一代安全记录	DNSSEC 的一部分；用来验证一个未存在的服务器，使用与 NXT（已过时）记录的格式
NSEC3	RFC 5155	NSEC 记录第三版	用作允许未经允许的区域行走以证明名称不存在性的 DNSSEC 扩展

续表

类　型	RFC 来源	描　述	功　能
NSEC3PARAM	RFC 5155	NSEC3 参数	与 NSEC3 同时使用的参数记录
PTR	RFC 1035	指针记录	引导至一个规范名称（Canonical Name）。与 CNAME 记录不同，DNS“不会”进行进程，只会传回名称。最常用来运行反向 DNS 查找，其他用途包括引作 DNS-SD
RRSIG	RFC 4034	DNSSEC 证书	DNSSEC 安全记录集证书，与 SIG 记录使用相同的格式
RP	RFC 1183	负责人	有关域名负责人的信息，电邮地址的 @ 通常写为 a
SIG	RFC 2535	证书	SIG(0)（RFC 2931）及 TKEY（RFC 2930）使用的证书。RFC 3755 designated RRSIG as the replacement for SIG for use within DNSSEC
SOA	RFC 1035	权威记录的起始	指定有关 DNS 区域的权威性信息，包含主要名称服务器、域名管理员的电邮地址、域名的流水式编号、和几个有关刷新区域的定时器
SPF	RFC 4408	SPF 记录	作为 SPF 协议的一部分，优先作为先前在 TXT 存储 SPF 数据的临时做法，使用与先前在 TXT 存储的格式
SRV	RFC 2782	服务定位器	广义为服务定位记录，被新式协议使用而避免产生特定协议的记录，例如：MX 记录
SSHFP	RFC 4255	SSH 公共密钥指纹	DNS 系统用来发布 SSH 公共密钥指纹的资源记录，以用作辅助验证服务器的真实性
TA	无	DNSSEC 信任当局	DNSSEC 一部分无签订 DNS 根目录的部署提案，使用与 DS 记录相同的格式
TKEY	RFC 2930	秘密密钥记录	为 TSIG 提供密钥材料的其中一类方法，that is 在公共密钥下加密的 accompanying KEY RR
TSIG	RFC 2845	交易证书	用以认证动态更新（Dynamic DNS）是来自合法的客户端，或与 DNSSEC 同样是验证回应是否来自合法的递归名称服务器
TXT	RFC 1035	文本记录	最初是为任意可读的文本 DNS 记录。自 1990 年起，这些记录更经常地带有机读数据（区别于“人读数据”），以 RFC 1464 指定：Opportunistic Encryption、Sender Policy Framework（虽然这个临时使用的 TXT 记录在 SPF 记录推出后不被推荐）、DomainKeys、DNS-SD 等

其他伪资源记录类型如表 9-2 所示。

表 9-2　其他伪资源记录类型

类　型	RFC 来源	描　述	功　能
*	RFC 1035	所有缓存的记录	传回所有服务器已知类型的记录。如果服务器未有任何关于名称的记录，该请求将被转发。而传回的记录未必完全完成，例如：当一个名称有 A 及 MX 类型的记录时，但服务器已缓存了 A 记录，就只有 A 记录会被传回
AXFR	RFC 1035	全域转移	由主域名服务器转移整个区域文件至二级域名服务器
IXFR	RFC 1995	增量区域转移	请求只有与先前流水式编号不同的特定区域的区域转移。此请求有机会被拒绝，如果权威服务器由于配置或缺乏必要的数据而无法履行请求，一个完整的（AXFR）会被发送以作回应
OPT	RFC 2671	选项	这是一个“伪 DNS 记录类型”以支持 EDNS

相关 RFC 来源链接示例，如 RFC 2671 的 URL 为 https://tools.ietf.org/html/rfc2671，其他 RFC 依次类推。此外，还有一些过时的记录类型，这里就不展示了。

第 10 章　Linux 基础概览

撰写这章的内容以前，作者本人咨询了不少业内外的相关人士，尽管不少人建议优先写关于 Windows 服务器操作系统的知识，以适合新手学习使用。但作者本人在详细思考查证以后，还是决定只写 Linux 方面的基础知识，尽管它表面上看起来对新手不友好。

大致理由有如下原因：第一，用 Windows 做操作系统的服务器的售价大部分都比用 Linux 的要贵（国内不一定，可能价格相同）。因为使用 Windows 作系统，云服务商家需要向微软缴纳不菲的授权费用，所以导致使用 Windows 的服务器相对来说比较贵。不过，贵也是有贵的道理。一般来说，使用有微软授权的产品，可以得到微软官方的技术支持，不想自己解决问题的人适合选择它；第二，Windows 服务器的优秀运维人员少。下面只说国内的情况，目前使用 Windows 作服务器的人里面，新手基数大、门槛低，且平均水平不高。他们使用的服务器版本通常比较陈旧，而且也没有给系统打安全补丁的习惯，另外喜欢使用开发环境下的软件，而不是使用生产环境下的软件（大多数人喜欢使用如 phpStudy 等类似的软件集成包）；第三，使用 Windows 做服务器系统，其资源利用率没有 Linux 服务器的资源利用率高。由于众所周知的原因，Windows 为了易用性采用图形操作界面耗费了不少服务器的资源，而 Linux 采用命令行操作节省了这部分资源，故资源利用率相对来说比较高。

10.1　Linux 常规学习路径及学习方法浅谈

大多数情况下，学习 Linux 的过程应该是以下列举出来的五大步骤：基础知识→设施搭建→系统管理→性能优化→虚化集群，这是一个由浅入深、由点及面、循序渐进的注重实践、学做结合的学习路径。

这五大步骤来源于《循序渐进 Linux（第二版）》，它从基础知识入手，系统讲解了 Linux 系统结构、Shell、主流服务器搭建及故障排除、用户权限管理、磁盘存储管理、文件系统管理、内存管理和系统进程管理等关键技术，深入研究了系统性能优化思路、系统性能评估与优化、集群技术、负载均衡等 Linux 热点主题。学习完这本书后，相信读者们应该可以初步了解所谓的云计算是什么，如果对这些知识有强烈的兴趣，继续深入学习，相信聪明可爱的读者都能去云计算领域创业创新了。

但是，作者想说的是，按照上面的步骤来写相关内容，这是不可能的。正如本书一开始所说，我们不想写成一本《银河系漫游指南》，本书的定位是那些新手和初学者，而且更重要的是，如果按照这个五个步骤来写，本书的厚度将会十分惊人，最终图书售价会非常高昂，其价格超出相关爱好者的承受能力，致使图书覆盖人群大大缩小，作为一个文字工作者，这是我不能忍受的。

所以，Linux 部分的内容会大大地删减，只保留一些必要内容，至于进阶版的相关知识，作者会推荐一些个人觉得不错的图书和其他资源，以供有兴趣的读者自行进行参考学习。以下是一些可能涉及到的必须要学习的知识点：LAMP/LEMP 环境的搭建，HTTPS 与 HTTP2 的配置，Linux 文件与目录权限的管理，yum 和 systemctl 等命令的使用，iptables 防火墙的配置，以及 MySQL 数据库的基础知识等。不过，这些必学的知识点还是有重心的，其重心在于安全，如果安全得不到保障，其他事情无从谈起。

Linux 作为一个开源的操作系统，有着自己独特的魅力，作为一个 Linux 初学者，掌握一个合理有效的学习方法是至关重要的。关于如何学习这点，《循序渐进 Linux（第二版）》里也说出了我的心声，特别是最后一点。只不过别人总结得更好，作者在这里就不全文引用了，只提及一下其中的精华。

（1）多动手实践，理论实际相结合；

（2）一定要习惯使用命令行方式工作；

（3）选择一个适合自己的 Linux 发行版本；

（4）学会使用 Linux 的联机帮助；

（5）学会利用网络资源。

特别是最后一点，鼓励大家到 Linux 相关的社区里提问题，作者也会为大家邀请一些相关领域的高手入驻本书的官方社区，以便有兴趣的人少走一些弯路。不过有一个问题必须要提醒一下，就是初学者提出的大部分问题并不是一个好问题，也就是说——缺乏“提问的智慧”。

10.2 提问的智慧

1. 弃权申明

许多项目的网站在如何取得帮助的部分链接了本文，这没有关系，也正是我们想要的。但如果你是该项目生成此链接的网管，请在链接附近显著位置注明：我们不提供该项目的服务支持！

我们已经领教了没有此说明带来的痛苦，他们认为既然我们发布了本文，那么我们就有责任解决世上所有的技术问题。

如果你是因为需要帮助正在阅读本文，然后就带着可以直接从作者那取得帮助的印象离开，那么很抱歉，别向我们提问，我们不会理睬的。我们只是在这教你如何从那些真正懂得你软硬件问题的人那里取得帮助，但 99.9%的时间我们不会是那些人。除非你非常地确定本文的作者是你遇到问题方面的专家，请不要打搅，这样大家都更开心一点。

2. 引言

在黑客的世界里，你所提技术问题的解答很大程度上取决于你提问的方式与解决此问题的难度，本文将教你如何提问才更有可能得到满意的答复。

开源程序的应用已经很广，你通常可以从其他更有经验的用户而不是黑客那里得到解答。这是好事，他们一般对新手常有的毛病更容忍一点。然而，使用我们推荐的方法，像对待黑客那样对待这些有经验的用户，通常能最有效地得到问题的解答。

第一件需要明白的事是黑客喜欢难题和激发思考的好问题。假如不是这样，我们也不会写本书了。如果你能提出一个有趣的问题让我们咀嚼玩味，我们会感激你。好问题是种激励与礼物，帮助我们开阔认知，揭示没有注意或想到的问题。在黑客中，“好问题！”是非常热烈而真挚的赞许。

此外，还有黑客遇到简单问题就表现出敌视或傲慢的态度。有时，我们看起来还对新手有条件反射式的无礼，但事情并不真是这样。

我们只是毫无歉意地敌视那些提问前不愿思考、不做自己家庭作业的人。这种人就像时间无底洞——他们只知道索取，不愿意付出，他们浪费了时间，这些时间本可用于其他更有趣的问题或更值得回答的人。我们将这种人叫作“失败者（loser）”（由于历史原因，我们有时将 loser 拼写为 lusers）。

我们意识到许多人只是想使用我们写的软件，他们对学习技术细节没有兴趣。对大多数人而言，计算机只是种工具，是达到目的的手段而已。他们有自己的生活并且有更要紧的事要做，我们承认这点，也从不指望每个人都对这些让我们着迷的技术问题感兴趣。不过，我们回答问题的风格是为了适应那些真正对此有兴趣并愿意主动参与解决问题的人，这一点不会变，也不该变。如果连这都变了，我们就会在自己能做得最好的事情上不再那么犀利。

我们（大多数）是志愿者，从自己繁忙的生活中抽时间来回答问题，有时会力不从心。因此，我们会毫不留情地滤除问题，特别是那些看起来像是失败者提的，以便更有效地把回答问题的时间留给那些胜利者。

如果你认为这种态度令人反感、以施惠者自居或傲慢自大，请检查你的假设，我们并未要求你屈服——事实上，假如你做了该做的努力，我们中的大多数将非常乐意平等地与你交流，并欢迎你接纳我们的文化。试图去帮助那些不愿自救的人对我们简直没有效率。

所以，你不必在技术上很在行才能吸引我们的注意，但你必须表现出能引导你在行的姿态——机敏、有想法、善于观察、乐于主动参与问题的解决。如果你做不到这些使你与众不同的事情，我们建议你付钱跟别人签商业服务合同，而不是要求黑客无偿帮助。

如果你决定向我们求助，你不会想成为一名失败者，你也不想被看成一个失败者。得到快速有效回答的最好方法是使提问者看起来像个聪明、自信和有想法的人，并且暗示只是碰巧在某一特别问题上需要帮助。

（欢迎对本文指正，可以将建议发至 esr@thyrsus.com 或 respond-auto@linuxmafia.com。请注意，本文不想成为一般性的网络礼仪指南，我一般会拒绝那些与引出技术论坛中有用的回答不特别相关的建议。）

3. 提问前

在通过电邮、新闻组或论坛提技术问题以前，需要做以下事情。

（1）尝试在你准备提问论坛的历史文档中搜索答案；

（2）尝试搜索互联网以找到答案；

（3）尝试阅读手册以找到答案；

（4）尝试阅读“常见问题文档”（FAQ）以找到答案；

（5）尝试自己检查或试验以找到答案；

（6）尝试请教懂行的朋友以找到答案；

（7）如果你是程序员，尝试阅读源代码以找到答案。

提问时，请先表明你已做了上述事情，这将有助于建立你不是寄生虫与浪费别人时间的印象。最好再表述你从中学到的东西 ，我们喜欢回答那些表现出能从答案中学习的人。

运用某些策略，例如用谷歌（Google）搜索你遇到的各种错误提示（既搜索谷歌论坛，也搜索网页），这样很可能直接就找到了解决问题的文档或邮件列表线索。即使没有结果，在邮件列表或新闻组寻求帮助时提一句“我在谷歌中搜过下列句子但没有找到什么有用的东西”也是件好事，至少它表明了搜索引擎不能提供哪些帮助。将搜索关键词与你的问题及可能的解决方案联系起来，还有助于引导其他有类似问题的人。

别着急，不要指望几秒钟的谷歌搜索就能解决一个复杂的问题。读一下常见问题文档。在向专家提问之前，先向后靠靠放松一下，再思考一下问题。相信我们，他们能从你的提问看出你做了多少阅读与思考，如果你是有备而来，将更有可能得到解答。不要将所有问题一股脑抛出，只因你的第一次搜索没有结果（或者结果太多）。

认真地思考，准备好你的问题。轻率地提问只能得到轻率的回答，或者根本没有。在提问时，你越是表现出在此前做过思考与努力去解决自己的问题，你越有可能得到真正的帮助。

注意别提错问题。如果提问基于错误的假设，某黑客多半会一边想“愚蠢的问题……”，一边按将错就错的答案回复你，并且希望这种只是得到你自己“问的问题”而非真正所需的解答，以此给你一个教训。

永远不要假设你有资格得到解答。你没有这种资格，毕竟你没有为此服务付费。如果你能够提出有内容、有趣和激励思考的问题——那毫无疑问能够向社区贡献经验，而不仅仅是消极地要求从别人那获取知识的问题，你将“挣到”答案。

另一方面，表明你有能力也乐意参与问题的解决是个很好的开端。“有没有人能指个方向？”“我这还差点什么？”“我应该查哪个网站？”，通常要比“请给出我可以用的完整步骤”更容易得到回复，因为你表明了只要有人能指个方向，你就很乐意完成剩下的过程。

4. 提问时

1）仔细挑选论坛

要对在哪提问留心，如果你做了下述事情，多半会被一笔勾销或被看成“失败者”。

①张贴与论坛主题无关的问题；

②在面向高级技术问题的论坛上张贴肤浅的问题，或者反之；

③在太多不同的新闻组同时张贴；

④给既非熟人也没有义务解决你问题的人发送你私人的电邮。

为保护通信的渠道不被无关的东西淹没，黑客会除掉那些没有找对地方的问题，你不会想让这种事落到自己头上的。

因此，第一步是找对论坛。谷歌和其他搜索引擎还是你的朋友，可以用它们搜索你遇到困难的软硬件问题最相关的项目网站。那里通常都有项目的常见问题（FAQ）、邮件列表及文档的链接。如果你的努力（包括阅读 FAQ）都没有结果，这些邮件列表就是最后能取得帮助的地方。项目的网站也许还有报告 Bug 的流程或链接，如果是这样，去看看。

向陌生的人或论坛发送邮件极有可能是在冒险。例如，不要假设一个内容丰富的网页的作者想充当你的免费顾问，不要对你的问题是否会受到欢迎做太乐观的估计——如果你不确定，向别处发或者别发。

在选择论坛、新闻组或邮件列表时，别太相信名字，先看看 FAQ 或者许可书以明确你的问题是否切题。发帖前先翻翻已有的帖子，这样可以让你感受一下那里行事的方式。事实上，张贴前在新闻组或邮件列表的历史文档中搜索与你问题相关的关键词是个极好的主意，也许就找到答案了。即使没有，也能帮助你归纳出更好的问题。

别像机关枪似的一次性“扫射”所有的帮助渠道，这就像大喊大叫一样会令人不快，温柔地一个一个来。

弄懂主题！最典型的错误之一是在某种致力于跨平台可移植的语言、库或工具的论坛中提关于 UNIX 或 Windows 操作系统程序接口的问题。如果你不明白为什么这是大错，最好在搞清楚概念前什么也别问。

一般来说，在仔细挑选的公共论坛中提问比在私有论坛中提同样的问题更容易得到有用的回答。有几个道理支持这点，一是看潜在的回复者有多少，二是看论坛的参与者有多少，黑客更愿回答能启发多数人的问题。

可以理解，老练的黑客和一些流行软件的作者正在承受过多的不当消息。就像那根最后压垮骆驼背的稻草一样，你的加入也有可能使情况走向极端——已经有几次了，一些流行软件的作者退出了对自己软件的支持，因为伴随而来的涌入其私人邮箱的垃圾邮件变得无法忍受。

面向新手的论坛和互联网中继聊天（IRC）通常响应最快。

本地的用户组织或者你所用的 Linux 发行版也许正在宣传新手取得帮助的论坛或 IRC 通道（在一些非英语国家，新手论坛很可能还是邮件列表），这些地方是开始提问的好去处，特别是当你觉得遇到的也许只是相对简单或者很普通的问题时。经过宣传的 IRC 通道是公开邀请提问的地方，通常可以得到实时的回复。

事实上，如果出问题的程序来自某发行版（这很常见），最好先去该发行版的论坛或邮件列表中提问，再到程序本身的项目论坛或邮件列表，（否则）该项目的黑客可能仅仅回复“用我们的代码”。

在任何论坛发帖以前，先看看有没有搜索功能。如果有，就试着用问题的几个关键词搜索一下，也许就有帮助。如果在此之前你已做过全面的网页搜索（你应该这样去做），还是再搜索一下论坛，搜索引擎有可能没来得及索引此论坛的全部内容。

通过论坛或 IRC 通道提供项目的用户支持有增长的趋势，电子邮件交流则更多地为项目开发者保留。所以先在论坛或 IRC 中寻求与该项目相关的帮助。

第二步，使用项目的邮件列表。

当某个项目存在开发者邮件列表时，要向列表而不是其中的个别成员提问，即使你确信他能最好地回答你的问题。查一查项目的文档和主页，找到项目的邮件列表并使用它。采用这种办法有以下几个很好的理由。

①向个别开发者提的问题（如果）足够好，也将对整个项目组有益。相反，如果你认为自己的问题对整个项目组来说太愚蠢，这也不能成为骚扰个别开发者的理由；

②向列表提问可以分散开发者的负担，个别开发者（尤其是项目领导）也许太忙以至于没法回答你的问题；

③大多数邮件列表都要存档，那些存档将被搜索引擎索引，如果你向列表提问并得到解答，将来其他人可以通过网页搜索找到你的问题和答案，也就不用再次发问了；

④如果某些问题经常被问道，开发者可以利用此信息改进文档或软件本身，以使其更清楚。如果只是私下提问，就没有人能看到最常见问题的完整场景。

如果一个项目既有“用户”也有“开发者”（或“黑客”）邮件列表或论坛，而你又不摆弄那些代码，向“用户”列表或论坛提问。不要假设自己会在开发者列表中受到欢迎，那些人多半会遭受你的噪音干扰。

然而，如果你确信你的问题不一般，而且在“用户”列表或论坛中几天都没有回复，可以试试“开发者”列表或论坛。建议你在张贴前最好先暗暗地观察几天，至少看看最近几天保存的帖子，以了解那里的行事方式（事实上这是参与任何私有或半私有列表的好主意）。

如果你找不到一个项目的邮件列表，而只能查到项目维护者的地址，只管向其发信。即便在这种情况下，也别假设（项目）邮件列表不存在。在你的电子邮件中陈述你已经试过但没有找到合适的邮件列表，也提及你不反对将自己的邮件转发给他人（许多人认为，即使没什么秘密，私人电子邮件也不应该被公开。通过允许将你的电子邮件转发他人，你给了相应人员处置你邮件的选择）。

2）使用有意义且明确的主题

在邮件列表、新闻组或论坛中，主题是你在五十个或更少的字以内吸引专家注意的黄金机会，不要用诸如“请帮我”（更别提大写的“请帮我！！！！”，这种主题的消息会被条件反射式地删掉）之类的唠叨浪费机会。不要用你痛苦的深度来打动他们，相反，要在这点空间中使用超级简明扼要的问题描述。

使用主题的好惯例是“对象——偏差”（式的描述），许多技术支持组织就是这样做的。在“对象”部分指明是哪一个或哪一组东西有问题，在“偏差”部分则描述与期望的行为不一致的地方。

愚蠢：

救命啊！我的笔记本视频工作不正常！

明智：

X.org 6.8.1 扭曲鼠标光标，MV1005 型号的某显卡芯片组。

更明智：

使用 MV1005 型号的某显卡芯片组在 X.org 6.8.1 的鼠标光标被扭曲。

编写“对象——偏差”式描述的过程有助于你组织对问题的细致思考。是什么被影响了？仅仅是鼠标光标或者还有其他图形？只在 X.org 中出现？或只是在其 6.8.1 版中？是针对某显卡芯片组？或者只是其中的 MV1005 型号？一个黑客只需描一眼就能够立即明白什么是你遇到的问题，什么是你自己的问题。

更一般地，想象一下在一个只显示主题的文档索引中查找。让你的主题更好地反映问题，可以使下一个搜索类似问题的人能够在文档中直接就找到答案的线索，而不用再次发帖提问。

如果你想在回复中提问，确保改变主题以表明你是在问一个问题，一个主题像“Re:测试”或者“Re:新 Bug”的消息不太可能引起足够的注意。同时，将回复中与新主题不甚相关的引用内容尽量删除。

对于列表消息，不要直接单击“回复”按钮来开始一个全新的线索，这将限制你的观众。有些邮件阅读程序，例如 Mutt，允许用户按线索排序并通过折叠线索来隐藏消息，这样做的人永远看不到他发的消息。

仅仅改变主题还不够。Mutt 和其他一些邮件阅读程序还要检查邮件头主题以外的其他信息，以便为其指定线索，所以宁可发一个全新的邮件而不采用在回复中提问的方式。

在论坛，因为消息与特定的线索紧密结合，并且通常在线索之外不可见，好的提问方式略有不同，通过回复提问并不要紧。不是所有论坛都允许在回复中出现分离的主题，而且这样做了基本上没有人会去看。不过，通过回复提问本身就是令人怀疑的做法，因为它们只会被正在查看该线索的人读到。所以，除非你只想在该线索当前活跃的人群中提问，否则还是另起炉灶比较好。

3）使问题容易回复

以“请向……回复”来结束问题多半会使你得不到回答。如果你觉得花几秒钟在邮件客户端设置一下回复地址都麻烦，我们也觉得花几秒钟考虑你的问题更麻烦。如果你的邮件客户端程序不支持这样做，换个支持的；如果是操作系统不支持所有这种邮件客户端程序，也换个支持的。

在论坛，要求通过电子邮件回复是完全无礼的，除非你确信回复的信息也许是敏感的（而且有人会为了某些未知的原因，只让你而不是整个论坛知道答案）。如果你只是想在有人回复线索时得到电子邮件提醒，可以要求论坛发送。几乎所有论坛都支持诸如“留意本线索”“有回复发送邮件”等功能。

4）用语法和拼写正确的清晰的语句书写

经验告诉人们，粗心与草率的作者通常也粗心与草率地思考和编程。为这些粗心与草率的思考者回答问题没有什么好处，人们宁可将时间花在其他地方。

清楚、良好地表达你的问题非常重要。如果你觉得这样做麻烦，别人也觉得注意（你的问题）麻烦。花点额外的精力斟酌一下字句，不必太僵硬与正式——事实上，黑客文化很看重能准确地使用非正式、俚语和幽默的语句。但它必须很准确，而且有迹象表明你是在思考和关注问题。

正确地拼写、使用标点和大小写，不要将 its 混淆为 it's，loose 搞成 lose 或者将 discrete 弄成 discreet。不要全部用大写，这会被视为无礼的大声嚷嚷（全部小写也好不到哪去，因为不易阅读。Alan Cox [注：著名黑客，Linux 内核的重要参与者] 也许可以这样做，但你不行）。

一般而言，如果你写得像个半文盲似的傻子，多半得不到理睬。也不要使用即时通讯中的简写，如将“you”简化为“u”会使你看起来像一个为了节约二次击键的半文盲式的傻子。更糟的是，如果像个小孩似地乱画乱写那绝对是不行的，可以肯定没人会理你（或者最多是给你一大堆指责与挖苦）。

如果在非母语论坛提问，你的拼写与语法错误会得到有限的宽容，但懒惰完全不会被容忍（是的，我们通常看得出其中的差别）。同时，除非你知道回复者使用的语言，请使用英语书写。繁忙的黑客一般会直接删除用他们看不懂的语言写的消息。在互联网上英语是工作语言，用英语书写可以将你的问题不被阅读就被直接删除的可能性降到最低。

如果你用英语书写但它是你的第二语言，最好提醒潜在的回复者语言上可能的困难以便绕过这个问题，例如添加以下提醒内容。

①英语不是我的母语，请谅解拼写错误；

②如果您使用某某语言，请电邮/私聊我，也许我需要您的协助翻译我的问题；

③对于这个技术术语本身我很熟悉，但对于它的一些俚语或习惯表达方式就不太明白了；

④我已经同时用某某语及英语提问，如果您使用两者之一回复，我很乐意翻译。

5）使用易于读取且标准的文件格式发送问题

如果你人为地将问题搞得难以阅读，它多半会被忽略，人们更愿读易懂的问题，所以需要注意以下问题。

①使用纯文本而不是 HTML（超文本标注语言）（关闭 HTML“http://www.birdhouse.org/etc/evilmail.html”并不难）；

②使用 MIME（多用途互联网邮件扩展）附件通常没有问题，前提是真正有内容（例如附带的源文件或补丁），而不仅仅是邮件客户端程序生成的模板（例如只是消息内容的副本）；

③不要发送整段只是单行句子但多次折回的邮件（这使得回复部分内容非常困难）。设想你的读者是在 80 个字符宽的文本终端阅读邮件，设置你的行折回点小于 80 列；

④但是，也不要用任何固定列折回数据（例如日志文件副本或会话记录）。数据应该原样包含，使回复者确信他们看到的是与你看到的一样的东西；

⑤在英语论坛中，不要使用“Quoted-Printable”MIME 编码发送消息。这种编码对于张贴非 ASCII 语言可能是必需的，但很多邮件程序并不支持。当它们分断时，那些文本中四处散布的“=20”符号既难看也分散注意力，甚至有可能破坏内容的语意；

⑥永远不要指望黑客们阅读使用封闭的专用格式编写的文档，诸如微软公司的 Word 或 Excel 文件等。即使他们能够处理，也很厌恶这么做；

⑦如果你从使用视窗的计算机发送电子邮件，关闭问题颇多的微软“聪明引用”功能（在“工具”→“自动纠正选项”选项的“输入时自动格式化”选项下去掉聪明引用的复选框），以免在你的邮件中到处散布垃圾字符；

⑧在论坛，勿滥用“表情符号”和“HTML”功能（当它们提供时）。使用一两个表情符号通常没有问题，但过多地使用花哨的彩色文本给人印象并不太好。

如果你使用图形用户界面的邮件客户端程序（如网景公司的 Messenger、微软公司的 Outlook 或者其他类似的），注意它们的默认配置不一定满足这些要求。大多数这类程序有基于菜单的“查看源码”命令，用它来检查发送文件夹中的消息，以确保发送的是没有多余杂质的纯文本文件。

6）描述问题应准确且有内容

①仔细、清楚地描述问题的症状；

②描述问题发生的环境（主机、操作系统、应用程序，任何相关的），提供销售商的发行版和版本号（如：“Fedora Core 7”“Slackware 9.1”等）；

③描述提问前做过的研究及其理解；

④描述提问前为确定问题而采取的诊断步骤；

⑤描述最近对计算机或软件配置的任何相关改变；

⑥如果可能，提供在可控环境下重现问题的方法；

⑦尽最大努力预测黑客会提到的问题，并提前备好答案。

如果你认为是代码有问题，向黑客提供在可控环境下重现问题的方法尤其重要。当你这么做时，得到有用且及时回复的可能性将大大增加。

西蒙.泰瑟姆（Simon Tatham）写过一篇“如何有效报告 Bug”（http://www.chiark.greenend.org.uk/~sgtatham/bugs.html）的文章，作者我强烈推荐各位阅读。

在提问时需注意以下问题。

①量不在多，精炼则灵。

你应该将问题写得精练且有内容，简单地将一大堆代码或数据罗列在求助消息中达不到目的。如果你有一个很大且复杂的测试样例让程序崩溃，尝试将其裁剪得越小越好。

至少有三个理由支持这点。第一，让别人看到你在努力简化问题使你更有可能得到回复。第二，简化问题使你更有可能得到有用的回复。第三，在提纯 Bug 报告的过程中，你可能自己就找到了解决办法或权宜之计。

②别急于宣称找到 Bug。

当你在一个软件中遇到问题，除非你非常有根据，不要动辄声称找到了 Bug。提示：除非你能提供解决问题的源代码补丁，或者对前一版本的回归测试表现出不正确的行为，否则你都多半不够完全确信。对于网页和文档也如此，如果你（声称）发现了文档的 Bug，你应该能提供相应位置的替代文本。

记住，还有许多其他用户并未经历你遇到的问题，否则你在阅读文档或搜索网页时就应该发现了（你在抱怨前已经做了这些，是吧？）。这也意味着很有可能是你弄错了而不是软件本身有问题。

编写软件的人总是非常辛苦地使它尽可能完美。如果你声称找到了 Bug，也就置疑了他们的能力，即使你是对的，也有可能会使其中的部分人感到不快。此外，在主题中嚷嚷 Bug 也是特别不老练的。

提问时，即使你私下非常确信已经发现一个真正的 Bug，最好写得像是你做错了什么。如果真的有 Bug，你会在回复中看到这点。这样做的话，如果真有 Bug，维护者就会向你道歉，这总比你弄砸了然后欠别人一个道歉要强。

③低声下气解决不了问题。

有些人明白他们不应该粗鲁或傲慢地行事并要求得到答复，但他们退到相反的低声下气的极端：“我知道我只是个可怜的新丁，一个失败者，但……”。这既使人困扰，也没有用，当伴随着对实际问题含糊的描述时还特别令人反感。相反，我们要尽可能清楚地描述背景情况和你的问题，这比低声下气更好地摆正了你的位置。

有时，论坛设有单独的初学者提问版面，如果你真的认为遇到了肤浅的问题，到那去就是了，但一样别低声下气。

④描述问题症状而不是猜测。

告诉黑客是什么导致了问题是没用的（如果你的诊断理论是了不起的东西，你还会向别人咨询求助吗？），所以，确保只是告诉他们问题的原始症状，而不是你的解释和理论，让他们来解释和诊断。如果你认为陈述自己的猜测很重要，应清楚地说明这只是你的猜测并描述为什么它们不起作用。

愚蠢：

我在编译内核时接连遇到 SIG11 错误，怀疑主板上的某根电路丝断了，找到它们的最好办法是什么？

明智：

我组装的计算机（K6/233 CPU、FIC-PA2007 主板[威盛 Apollo VP2 芯片组]、Corsair PC133 SDRAM 256Mb 内存）最近在开机 20 分钟左右、做内核编译时频繁地报 SIG11 错，但在头 20 分钟内从不出问题。重启动不会复位时钟，但整夜关机会。更换所有内存未解决问题，相关的典型编译会话日志附后。

由于以上这点许多人似乎难以掌握，这里有句话可以提醒你："所有的诊断专家都来自密苏里州"。美国国务院的官方座右铭则是"让我看看"（出自国会议员威勒德.D.范迪弗［Willard D.Vandiver］在 1899 年时的讲话："我来自一个出产玉米、棉花、牛蒡和民主党人的国家，滔滔雄辩既不能说服我，也不会让我满意。我来自密苏里州，你必须让我看看。"）。针对诊断者而言，这并不是怀疑，而只是一种真实而有用的需求，以便让他们看到与你看到的原始证据尽可能一致的东西，而不是你的猜测与总结。所以，让我们看看。

⑤按时间先后罗列问题症状。

刚出问题之前发生的事情通常包含有解决问题最有效的线索。所以，记录中应准确地描述你、计算机和软件在崩溃前都做了什么。在命令行处理的情况下，有会话日志（如运行脚本工具生成的）并引用相关的若干（如 20）行记录会非常有帮助。

如果崩溃的程序有诊断选项（如"-v"详述开关），试着选择这些能在记录中增加排错信息的选项。记住，"多"不等于"好"。试着选取适当的排错级别以便提供有用的信息而不是将阅读者淹没在垃圾中。

如果你的记录很长（如超过四段），在开头简述问题随后按时间先后罗列详细过程也许更有用。这样，黑客在读你的记录时就知道该注意哪些内容了。

⑥描述目标而不是过程。

如果你想弄清楚如何做某事（而不是报告一个 Bug），在开头就描述你的目标，然后才陈述遇到问题的特定步骤。

经常出现这种情况，寻求技术帮助的人在脑袋里有个更高层次的目标，他们在自以为能达到目标的特定道路上被卡住了，然后跑来问该怎么走，但没有意识到这条路本身有问题，结果要费很大的劲才能通过。

愚蠢：

我怎样才能让某图形程序的颜色拾取器取得十六进制的 RGB 值？

明智：

我正试着用自己选定数值的颜色替换一幅图片的色表，我现在知道的唯一方法是编辑每个表槽，但却无法让某图形程序的颜色拾取器取得十六进制的 RGB 值。

第二种提法是明智的，它使得建议采用更合适的工具以完成任务的回复成为可能。

⑦别要求私下回复电邮。

黑客们认为问题的解决过程应该公开、透明，此过程中如果更有才能的人注意到不完整或者不当之处，最初的回复才能够、也应该被纠正。同时，作为回复者也因为能力和学识被其他同行看到而得到某种回报。

当你要求私下回复时，此过程和回报都被中止。别这样做，让回复者来决定是否私下回答——如果他真这么做了，通常是因为他认为问题编写太差或者太肤浅，以至于对其他人毫无意义。

对这条规则存在一条有限的例外，如果你确信提问可能会引来大量雷同的回复时，那么“向我发电邮，我将为论坛归纳这些回复”将是神奇的句子。试着将邮件列表或新闻组从洪水般雷同的回复中解救出来是非常有礼貌的——但你必须信守诺言。

⑧提问应明确。

漫无边际的问题通常也被视为没有明确限制的时间无底洞。最有可能给你有用答案的人通常也是最忙的人（假如只是因为他们承担了太多工作的话），这些人对于没有止境的时间无底洞极其敏感，所以他们也倾向于讨厌那些漫无边际的问题。

如果你明确了想让回复者做的事如指点方向、发送代码、检查补丁或其他，你更有可能得到有用的回复。因为这样可以让他们集中精力并间接地设定了他们为帮助你需要花费的时间和精力上限，这很好。

要想理解专家生活的世界，可以这样设想：那里有丰富的专长资源但稀缺的响应时间。你暗中要求他们奉献的时间越少，你越有可能从这些真正懂行也真正很忙的专家那里得到解答。

所以限定你的问题以使专家回答时需要付出的时间最少——这通常与简化问题还不太一样。举个例，“请问可否指点一下哪有好一点的 X 解释？”通常要比“请解释一下 X”明智。如果你的代码不运行了，通常请别人看看哪有问题比叫他们帮你改正更明智。

⑨关于代码的问题。

别要求他人给你出问题的代码排错而不提及应该从何入手。张贴几百行的代码，然后说一声“它不能运行”会让你得不到理睬。只贴几十行代码，然后说一句“在第七行以后，本应该显示<x>，但实际出现的是<y>”非常有可能让你得到回复。

最精确描述代码问题的方法是提供一个能展示问题的最小测试样例。什么是最小测试样例？它是对问题的展现，只需要刚好能够重现非预期行为的代码即可。如何生成一个最小测试样例？如果你知道哪一行或哪一段代码会产生问题，将其复制并提供刚好够用的外围支撑代码以构成一个完整的样例（够用是指源码刚好能被编译器、解释器或任何处理它的程序所接受）。如果你不能将问题缩小到特定的段落，复制源码并去除那些与问题无关的代码段。你能提供的最小测试样例越小越好（参见“量不在多，精炼则灵”）。

生成一个非常小的最小测试样例并不总是可能，但尽力去做是很好的锻炼，这有可能帮助你找到需要自己解决的问题。即使你找不到，黑客们喜欢看到你努力过，这将使他们更愿意合作。

如果你只是想让别人帮忙审一下代码，在最开头就要说出来，并且一定要提到你认为哪一部分特别需要关注以及为什么。

⑩别张贴家庭作业式问题。

黑客们善于发现“家庭作业”式的问题。我们中的大多数人已经做了自己的家庭作业，那是该你做的，以便从中学到东西。向别人请求一些帮助没有问题，但不要试图要求别人给出完整的解决方案。

如果你怀疑自己碰到了一个家庭作业式的问题，但仍然无法解决，试试在用户组、论坛或（作为最后一招）在项目的“用户”邮件列表或论坛中提问。尽管黑客们会看出来，一些老用户也许仍会给你提示。

⑪删除无意义的要求。

抵制这种诱惑，即在求助消息末尾加上诸如“有人能帮我吗？”或“有没有答案？”之类在语义上毫无意义的东西。第一，如果问题描述还不完整，这些附加的东西最多也只能是多余的。第二，因为它们是多余的，黑客们会认为这些东西烦人——就很有可能用逻辑上无误但打发人的回复，诸如“是的，你可以得到帮助”和“不，没有给你的帮助”。

一般来说，避免提“是或否”类型的问题，除非你想得到“是或否”类型的回答（http://homepage.ntlworld.com./jonathan.deboynepollard/FGA/questions-with-yes-or-no-answers.html）。

⑫不要把问题标记为“紧急”，即使对你而言的确如此。

这是你的问题，不要我们的。宣称“紧急”极有可能事与愿违：大多数黑客会直接删除这种消息，他们认为这是无礼和自私地企图得到即时与特殊的关照。而且“紧急”或其他有类似含义的主题有可能触发垃圾过滤规则，潜在的回复者可能永远看不到你的问题！

有一点点局部的例外，如果你是在一些知名度很高、会使黑客们激动的地方使用程序，也许值得这样去做。在这种情况下，如果你有期限压力，也很有礼貌地提到这点，人们也许会有足够的兴趣快一点回答。

当然，这是非常冒险的，因为黑客们对什么是令人激动的标准多半与你的不同。例如从国际空间站这样张贴没有问题，但代表感觉良好的慈善或政治原因这样做几乎肯定不行。事实上，张贴诸如“紧急：帮我救救这个毛茸茸的小海豹！”肯定会被黑客回避或光火，即使他们认为毛茸茸的小海豹很重要。

如果你觉得这不可思议，再把剩下的内容多读几遍，直到弄懂了再发帖也不迟。

⑬礼貌总是有益的。

礼貌问题需注意一点，尽量使用“请”和“谢谢你的关注”或者“谢谢你的关照”等词汇或语句，让别人明白你感谢他们无偿花时间帮助你。

坦率地讲，这一点没有语法正确、文字清晰、准确、有内容和避免使用专用格式重要（同时也不能替代它们）。黑客们一般宁可读有点唐突但技术鲜明的 Bug 报告，而不是那种有礼但含糊的报告（如果这点让你不解，记住此处是按问题能教人们什么来评价它的）。

然而，如果你已经谈清楚了技术问题，客气一点肯定会增加你得到有用回复的机会。（必须指出，本文唯一受到一些老黑客认真反对的地方是以前曾经推荐过的“提前谢了”，一些黑客认为这隐含着事后不用再感谢任何人的暗示。在此的建议是要么先说“提前谢了”，事后再对回复者表示感谢，要么换种方式表达，例如用“谢谢你的关注”或“谢谢你的关照”。）

7）问题解决后追加一条简要说明

问题解决后向所有帮助过的人追加一条消息，让他们知道问题是如何解决的并再次感谢。如果问题在邮件列表或新闻组中受到广泛关注，在那里追加此消息比较恰当。

最理想的方式是向最初提问的线索回复此消息，并在主题中包含“已解决”“已搞定”或其他同等含义的明显标记。在人来人往的邮件列表里，一个看见线索“问题 X”和“问题 X 已解决”的潜在回复者就明白不用再浪费时间了（除非他个人觉得“问题 X”有趣），因此可以利用此时间去解决其他问题。

追加的消息用不着太长或太复杂，一句简单的“你好——是网线坏了！谢谢大家——比尔”就比什么都没有要强。事实上，除非解决问题的技术真正高深，一条简短而亲切的总结比长篇大论要好。说明是什么行动解决了问题，用不着重演整个排错的故事。

对于有深度的问题，张贴排错历史的摘要是恰当的。描述问题的最终状态，说明是什么解决了问题，在此之后才指明可以避免的弯路。应避免的弯路部分应放在正确的解决方案和其他总结材料之后，而不要将此消息搞成侦探推理小说。列出那些帮助过你的名字，那样你会交到朋友的。

除了有礼貌、有内容以外，这种类型的追帖将帮助其他人在邮件列表、新闻组或论坛文档中搜索到真正解决你问题的方案，从而也让他们受益。

最后，此类追帖还让每位参与协助的人因问题的解决而产生一种满足感。如果你自己不是技术专家或黑客，这种感觉对于你寻求帮助的老手和专家是非常重要的。问题叙述到最后不知所终总是令人沮丧的，黑客们急切地渴望它们被解决。他们为你挣到的信誉将对你下次再次张贴提问非常非常的有帮助。

考虑一下怎样才能避免他人将来也遇到类似的问题，问问自己编一份文档或 FAQ 补丁会不会有帮助，如果有帮助的话就将文档或 FAQ 补丁发给维护者。

在黑客中，这种良好的后继行动实际上比传统的礼貌更重要，也是你善待他人而赢得声誉的方式，这是非常有价值的财富。

8）如何解读回答

“读读该死的手册”（RTFM）和“搜搜该死的网络”（STFW）：如何明白你已完全搞砸。

有一个古老而神圣的传统：如果你收到“读读该死的手册”（RTFM）的回复，发信人认为你应该去“读读该死的手册”。他多半是对的，去读一下吧。

“读读该死的手册”（RTFM）有个年轻一点的亲戚，如果你收到“搜搜该死的网络”（STFW）的回复，发信人认为你应该“搜搜该死的网络”。那人多半也是对的，去搜一下吧。(更温和一点的说法是“谷歌是你的朋友！”)

在论坛，你也可能被要求去搜索论坛的文档。事实上，有人甚至可能热心地为你提供以前解决此问题的线索。但不要依赖这种关照，提问前应该先搜索一下文档。

通常，让你搜索的人已经打开了能解决你问题的手册或网页，正在一边看一边敲键盘。这些回复意味着他认为：第一，你要的信息很容易找到。第二，自己找要比别人喂到嘴里能学得更多。

你不应该觉得这样就被冒犯了，按黑客的标准，回复者没有不理你就是在向你表示某种尊敬，你反而应该感谢他热切地想帮助你。

如果你仍旧看不懂回答，不要马上回复一个要求说明的消息，先试试那些最初提问时用过的相同工具（如手册、FAQ、网页、懂行的朋友等）试着搞懂回答。如果还是需要说明，展现你已经明白的内容。

例如，假如我告诉你：“看起来像是某输入项有问题，你需要清除它”，接着是个不好的回帖：“什么是某输入项？”。而这是一个很好的跟帖：“是的，我读了手册，某某输入项只在“-z”和“-p”开关中被提到，但都没有涉及如何清除它们，你指的是哪一个还是我弄错了什么？”

9）对待无礼

很多黑客圈子中看似无礼的行为并不是存心冒犯。相反，它是直截了当、一针见血式的交流风格，这种风格对于更关注解决问题而不是使别人感觉舒服而混乱的人是很自然的。

如果你觉得被冒犯了，试着平静地反应。如果有人真的做了过格的事，邮件列表、新闻组或论坛中的前辈多半会提醒他。如果这种情况没有发生而你却光火了，那么你发火对象的言语可能在黑客社区中看起来是正常的，而你将被视为有错的一方，这将伤害到你获取信息或帮助的机会。

另一方面，你会偶尔真的碰到无礼和无聊的言行。与上述相反，对真正的冒犯者狠狠地打击、用犀利的语言将其驳得体无完肤都是可以接受的。然而，在行事之前一定要非常有根据。纠正无礼的言论与开始一场毫无意义的口水战仅一线之隔，黑客们自己莽撞地越线的情况并不鲜见。如果你是新手或外来者，避开这种莽撞的机会并不多。如果你想得到的是信息而不是消磨时光，这时最好不要回击以免冒险。

在接下来的部分，会谈到另一个问题，当你行为不当时会受到的“冒犯”。

别像失败者那样反应。在黑客社区的论坛中有那么几次你可能会搞砸——以本文描述或类似的方式。你会被示众是如何搞砸的，也许言语中还会带点颜色。

这种事发生以后，你能做得最糟糕的事莫过于哀号你的遭遇、宣称被口头攻击、要求道歉、高声尖叫、憋闷气、威胁诉诸法律、向其雇主报怨等。相反，你该这样去做：熬过去，这很正常。事实上，它是有益健康与恰当的。

社区的标准不会自己维持，它们是通过参与者积极而公开地执行来维持的。不要哭嚎所有的批评都应该通过私下的邮件传送，这不是事情运作的方式。当有人评论你的一个说法有误或者提出不同看法时，坚持声称受到个人攻击也毫无益处，这些都是失败者的态度。

也有其他的黑客论坛，受过高礼节要求的误导，禁止参与者张贴任何对别人帖子挑毛病的消息，并声称“如果你不想帮助用户就闭嘴”。有思路的参与者纷纷离开的结果只会使它们变成了毫无意义的唠叨与无用的技术论坛。

是夸张的“友谊”（以上述方式）还是有用？挑一个。

记着：当黑客说你搞砸了，并且无论多么刺耳地告诉你别再这样做时，他正在为关心你和他的社区而行动。对他而言，不理你并将你从他的生活中滤除要容易得多。如果你无法做到感谢，至少要有点尊严，别大声哀号，也别因为自己是个有戏剧性超级敏感的灵魂和自以为有资格的新来者，就指望别人像对待脆弱的洋娃娃那样对你。

有时候，即使你没有搞砸或者只是别人想象你搞砸了，有些人也会无缘无故地攻击你本人。在这种情况下，报怨倒是真的会把问题搞砸。

尽量别让自己卷入口水战，大多数口水战最好不要理睬——当然，是在你核实它们只是口水战、没有指出你搞砸的地方，而且没有巧妙地将问题真正的答案藏于其中之后（这也是可能的）。

10）提问禁忌

下面是些典型的愚蠢问题和黑客不回答它们时的想法。

问：

我安装 Linux 或 X 遇到困难，你能帮忙吗？

问：

我如何才能破解超级用户口令/盗取通道操作员的特权/查看某人的电子邮件？

问：

我到哪可以找到某程序或 X 资源？

答：

在我找到它的同样地方，笨蛋——在网页搜索引擎上。上帝啊，难道还有人不知道如何使用谷歌吗？

问：

我怎样用 X 做 Y？

答：

如果你想解决的是 Y，提问时别给出可能并不恰当的方法。这种问题说明提问者不但对 X 完全无知，也对要解决的 Y 问题糊涂，还被特定形势禁锢了思维。等他们把问题弄好再说。

问：

如何配置我的 Shell 提示？

答：

如果你有足够的智慧提这个问题，你也该有足够的智慧去“读读该死的手册”（RTFM），然后自己去找出来。

问：

我可以用 Bass-o-matic 文件转换工具将 AcmeCorp 文档转为 TeX 格式吗？

答：

试试就知道了。如果你试过，你既知道了答案，又不用浪费我的时间了。

问：

我的{程序、配置、SQL 语句}不运行了。

答：

这不是一个问题，我也没有兴趣去猜你有什么问题——我有更要紧的事要做。看到这种东西，我的反应一般如下：

①你还有什么补充吗？

②噢，太糟了，希望你能搞定。

③这跟我究竟有什么关系？

问：

我的视窗计算机出问题了，你能帮忙吗？

答：

是的，把视窗垃圾删了，装个像 Linux 或 BSD 的开源操作系统吧。

注意：如果程序有官方的视窗版或者与视窗有交互(如 Samba)，你可以问与视窗相关的问题，只是别对问题是由视窗操作系统而不是程序本身造成的回复感到惊讶，因为视窗一般来说太差，这种说法一般都成立。

问：

我的程序不运行了，我认为系统工具 X 有问题。

答：

你完全有可能是第一个注意到被成千上万用户反复使用的系统调用与库文件有明显缺陷的人，更有可能的是你完全没有根据。不同凡响的说法需要不同凡响的证据，当你这样声称时，你必须有清楚而详尽的缺陷说明文档作后盾。

问：

我安装 Linux 或 X 遇到困难，你能帮忙吗？

答：

不行，我需要亲手操作你的计算机才能帮你排错，去向当地的 Linux 用户组寻求方便的帮助（你可以在这里“http://www.linux.org/groups/index.html”找到用户组列表）。

注意：如果安装问题与某 Linux 发行版有关，在针对它的邮件列表、论坛或本地用户组织中提问也许是恰当的。此时，应描述问题的准确细节。在此之前，先用“Linux”和所有被怀疑的硬件做关键词仔细搜索。

问：

我如何才能破解超级用户口令/盗取通道操作员的特权/查看某人的电子邮件？

答：

想做这种事情说明你是个卑劣的家伙，想让黑客教你做这种事情说明你是个白痴。

11）好问题与坏问题

最后，将通过举例来演示提问的智慧。同样的问题两种提法，一种不明智，另一种明智。

不明智：我在哪能找到关于 Foonly Flurbamatic 设备的东西？

这个问题在乞求得到“搜搜该死的网络”（STFW）式的回复。

明智：我用谷歌搜索过“Foonly Flurbamatic 2600”，但没有找到什么有用的，有谁知道在哪能找到这种设备的编程信息？

说明这个人已经搜索过网络了，而且听起来他可能真的遇到了问题。

不明智：我不能编译某项目的源代码，它为什么这么破？

提问者假设是别人搞砸了，太自大了。

明智：某项目的源代码不能在某 Linux 6.2 版下编译。我读了常见问题文档，但其中没有与某 Linux 相关的内容。这是编译时的记录，我做错了什么吗？

提问者已经指明了运行环境，读了常见问题文档（FAQ），列出了错误，也没有假设问题是别人的过错，这家伙值得注意。

不明智：我的主板有问题，谁能帮我？

某黑客对此的反应可能是：“是的，还需要帮你拍背和换尿布吗？”，然后是按删除键。

明智：我在 S2464 主板上试过 X、Y 和 Z，当它们都失败后，又试了 A、B 和 C。注意我试 C 时的奇怪症状，显然某某东西正在做某某事情，这不是期望的行为。通常在 Athlon MP 主板上导致某某事情的原因是什么？有谁知道我还能再试点什么以确定问题？

相反地，这个人看来值得回答。他展现了解决问题的能力而不是坐等天上掉馅饼。

在最后那个问题中，注意“给我一个回答”与“请帮我看看我还能再做点什么测试以得到启发”之间细微但重要的差别。

12）如果得不到回答

如果得不到回答，请不要认为黑客不想帮你，有时只是因为被问到的小组成员的确不知道答案。没有回复不等于不被理睬，当然必须承认从外面很难看出两者的差别。

一般而言，直接将问题再张贴一次不好，这会被视为毫无意义的骚扰。耐心一点，知道你问题答案的人可能生活在不同的时区，有可能正在睡觉，也有可能你的问题一开始就没有组织好。

还有其他资源可以寻求帮助，通常是在一些面向新手的资源中。

有许多在线与本地的用户组织，虽然它们自己不编写任何软件，但是对软件很热心。这些用户组通常因互助和帮助新手而形成。

还有众多大小商业公司提供签约支持服务，别因为要付点钱才有支持就感到沮丧。毕竟，如果你车子的汽缸垫烧了，你多半还得花钱找个修理店把它弄好。即使软件没花你一分钱，你总不能指望服务支持都是免费的。

像 Linux 这样流行的软件，每个开发者至少有一万个以上的用户，一个人不可能应付这么多用户的服务要求。记住，即使你必须付费才能得到支持，也比你还得额外花钱买软件要少得多，而且对封闭源代码软件的服务支持与开源软件相比通常还要贵一点，也要差一点。

13）如何更好地回答

态度和善一点。问题带来的压力常使人显得无礼或愚蠢，其实并不是这样。

对初犯者私下回复。对那些坦诚犯错之人没有必要当众羞辱，一个真正的新手也许连怎么搜索或在哪找 FAQ 都不知道。

如果你不确定，一定要说出来!一个听起来权威的错误回复比没有还要糟，不要给别人乱指路。要谦虚和诚实，给提问者与同行都树个好榜样。

如果帮不了忙，别妨碍。不要在具体步骤上开玩笑，那样也许会毁了用户的安装——有些可怜的呆瓜会把它当成真的指令。

探索性的反问以引出更多的细节。如果你做得好，提问者可以学到点东西——你也可以。试试将很差的问题转变成好问题，别忘了大家都曾是新手。

尽管对那些懒虫抱怨一声“读读该死的手册”（RTFM）是正当的，指出文档的位置（即使只是建议做个谷歌关键词搜索）会更好。

如果你决意回答，给出好的答案。当别人正在用错误的工具或方法时别建议笨拙的权宜之计，应推荐更好的工具，重新组织问题。

请回答真正的问题！如果提问者已经做了自己该做的研究，并且说明尝试过 X、Y、Z、A、B 与 C 都没有得到想要的结果，那么回复“试试 A 或 B” 或者给出一个内容为“试一下 X、Y、Z、A、B 或 C”的链接将极其无益！

帮助你的社区从中学习。当回复一个好问题时，问问自己“如何修改相关文件或 FAQ 文档以免再次解答同样的问题？”，接着再向文档维护者发一份补丁。

如果你是在研究一番后才做出的回答，展现你的技巧而不是直接端出结果。毕竟“授人以鱼，不如授人以渔”。

14）相关资源

如果需要个人计算机、UNIX 和互联网如何工作的基础知识，参阅 UNIX 和互联网工作的基本原理（http://en.tldp.org/HOWTO/Unix-and-Internet-Fundamentals-HOWTO/）。

当你发布软件或补丁时，试着按软件发布实践（http://en.tldp.org/HOWTO/Software-Release-Practice-HOWTO/index.html）操作。

15）鸣谢

伊夫林·米切尔（Evelyn Mitchell）贡献了一些愚蠢问题例子并启发了编写“如何更好地回答”这部分内容，米哈伊尔·罗门迪克（Mikhail Ramendik）贡献了一些特别有价值的建议和改进。

拓展知识：

由于此文档经常更新，故在下面放上原文档的网址链接，以供有兴趣的读者自行查阅。

《提问的智慧》线上英文版 http://www.catb.org/~esr/faqs/smart-questions.html

作者我按照上面文档中的建议，提了一个个人计算机配置升级方面的问题，如图 10-1 所示。原帖链接为 https://linustechtips.com/main/topic/811326-hp-z220-sff-d9l32pa-hardware-upgrade-consulting/。

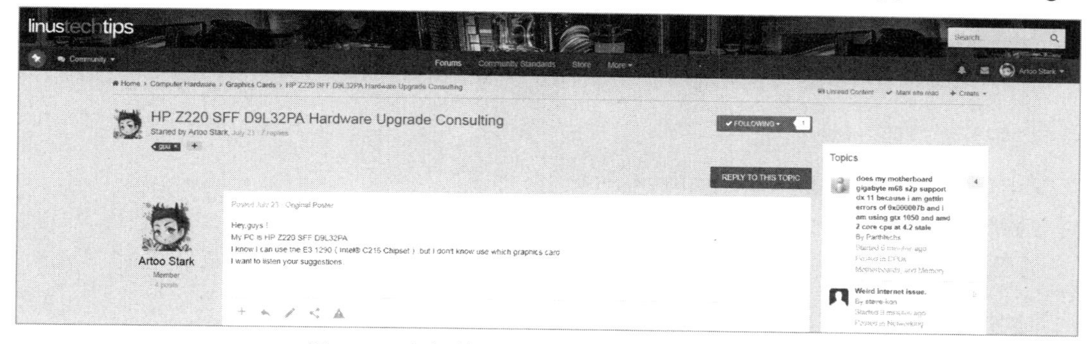

图 10-1 在相关社区正确提问以寻求他人帮助

第 11 章　开始使用服务器

在正式使用服务器以前，必须挑选购买一款合适的服务器！

首先需要问自己一个问题，我们接不接受备案这个步骤？如果接受备案制度，可以自由购买国内的服务器；如果不接受，那么只能购买境外服务商的服务器进行使用。

首先来谈谈购买境外服务商产品的事。一般来说，购买免备案的服务器，地理位置的优先度大致为非大陆地区（中国香港、澳门特别行政区和中国台湾地区等）>东亚和东南亚地区（日本、韩国、新加坡等）>北美洲地区（加拿大、美国等）>欧洲地区>其他地区。有一点需要特别注意，香港地区的服务器等云服务，有可能在未来被工信部纳入国家的备案管理体系之中；其中有一个很重要的原因，在于有非常多的人喜欢使用中国香港地区的服务器，去进行一些违反国家意志的事情。

使用境外的服务器有一个很重要的先决条件，必须选择国际带宽充足的商家的产品，最好是和境内的电信运营商有直接合作（有 CN2 光纤直连线路）的商家。另外很重要的一点，要尽量选择知名商家的产品，虽然可能出现用户逐渐变多致使线路质量变差一些的情况，但是其产品的基本质量还是有一定保证的，基本上不会出现今天热销明天倒闭的恶性事件。永远要记住一件事，一分价钱一分货，不要贪便宜购买不知名商家（全公司上下只有一个人）的产品，不过如果钱多还是可以试一试的。

本章节主要以境内服务商——阿里云为主要的讲述对象，故不重点描写境外服务商。但是它们的基本流程和操作步骤，大致情况相同，故可以举一反三、灵活变通。

拓展知识：

世界海底光缆分布图，官网地址为 http://www.cablemap.info/

境内云服务商

阿里云中文官网 https://www.aliyun.com/

腾讯云中文官网 https://cloud.tencent.com/

小鸟云中文官网 https://www.niaoyun.com/

境外云服务商

DigitalOcean 国际官网 https://www.digitalocean.com/

Vultr 国际官网 https://www.vultr.com/

ConoHa 中文官网 https://www.conoha.jp/zh/

更多云服务商的相关信息，请参考 https://www.hostucan.cn/cloud-hosting，作者本人不对网站所列的云服务商排名数据的真实性作担保，请自行辨别。

11.1　开始准备

11.1.1　购买阿里云云服务器 ECS

（1）登录阿里云中文官网 https://www.aliyun.com/，进入用户管理后台，如图 11-1 所示。

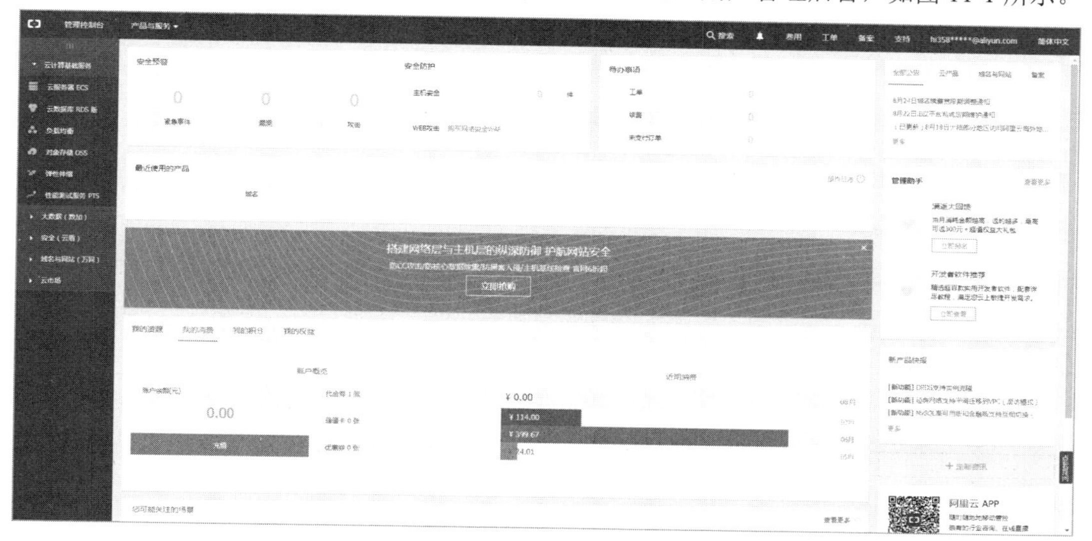

图 11-1　进入用户管理后台

（2）单击左上角的“云服务器 ECS”选项，进入云服务器管理控制台，如图 11-2 所示。这个控制台上会大致展示所拥有的实例的综合情况，如实例数量、运行实例数量、安全情况、实例资源地域分布等（此界面概况可能会随着官方界面改版发生变化）。

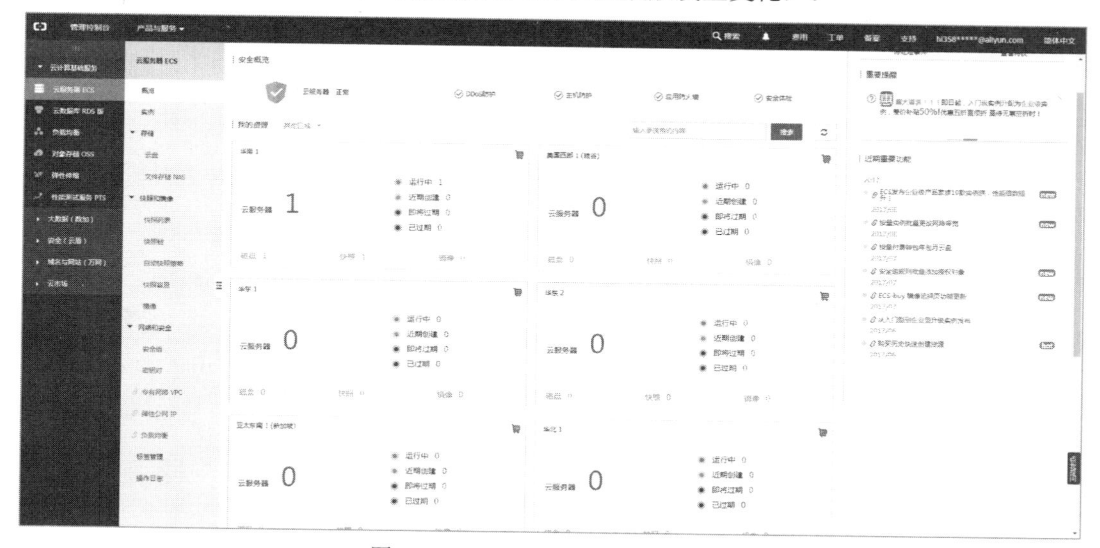

图 11-2　进入云服务器管理控制台

得益于阿里巴巴的强大实力，阿里云的机房遍布全球，让我们选择起来十分有压力。不过我们的目标用户主要在国内，所以选择一台国内的服务器比较适合。不过即使是这样，选择起来依然很有压力，阿里云在国内的机房依然有华北、华东、华南这三大区域，而像华北区域这种发展比较早的，还分成华北 1、华北 2、华北 3 这三大块，这究竟该怎么选呢？

且听作者我细细道来——阿里云的华北机房，一部分是原万网的机房，另外一部分则是阿里云自己的机房。华北 1 区域的机房在青岛，华北 2 区域的机房在北京，华北 3 区域的机房在张家口。华北 1 和华北 2 是两个建设得比较早的机房，换句话说就是机房负载比较高、客户数量比较多，所以不太建议大家选择这两个区域，而是选择年份比较短的华北 3 机房；华东 1 区域的机房在杭州，华东 2 区域的机房在上海。大家一听到杭州这两个字，可能就明白了，这肯定是阿里云自己的机房，也是年份比较长的机房；最后说的华南 1 区域，则是在深圳，相对来说比较新，上线时间不长。

介绍了上面这些信息，我们选择时头脑就清晰很多了，优先购买华北 3、华东 2、华南 1 这三个区域的机房中的任意一个。如果实在拿不准，可以单击用户管理后台的“工单”命令，向客服人员进行咨询，询问各个机房的大致情况，以加大购买到优质机房的服务器的概率。前面所说的这三个优先购买区域的机房情况，可能会随时间的变化而变化，不要过于死板，根据自己的需要灵活选择不同的机房。

在这个步骤中，暂时假设我们根据自身需求选择了华南 1 区域的机房。

（3）单击华南 1 区域的购物车图标，开始根据需求挑选服务器。

首先会看到一个付费方式的二选一选项，包年包月和按量付费，如图 11-3 所示。包年包月就是先付费后使用，不要求必须有余额，选择好心仪规格的产品，支付完成后，可以在接下来以月或者年为单位的时间里不用操心付费的事。通常来说如果使用时间较长的话就比较划算，购买一年的服务器只按照十个月的费用收费。这种计费方式购买的服务器拿去做网站能正常备案；按量付费就是先使用后付费。按量付费的服务器，如果只是用来进行性能测试等偶发性需求，价格还是相当便宜的，如果时间够短，用完销毁后基本上不需要支付钱（注意，用完一定要把服务器销毁，以免被恶意攻击而产生大量的流量费用）。不过使用按量付费有一定限制，例如 2017 年就要求必须预存至少 100 元人民币。另外选择这种计费方式的服务器，不能进行备案。

图 11-3　付费方式的二选一选项

接下来我们根据需求选择了华南 1 区域的机房（假设我们的目标用户大多数来自深圳、广州等南方地区的城市），如图 11-4 所示，在华南 1 区域的选项里还有一个可用区的选择项。如果该区域的机房资源充足，一般来说是随机分配的，反之则会默认选择某个可用区。

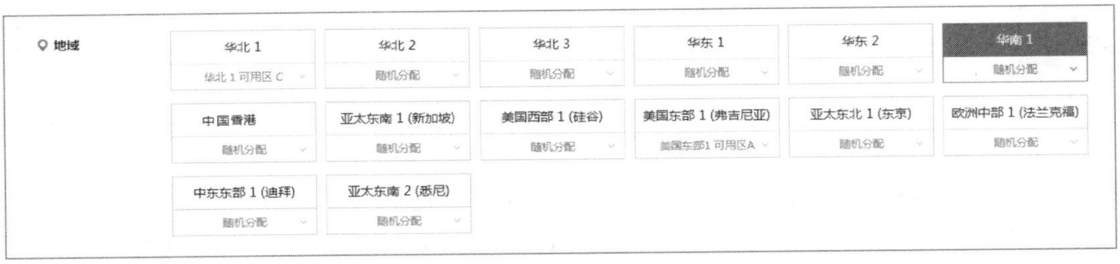

图 11-4　根据自身需求选择机房

接下来，进行到了选择服务器网络的步骤，如图 11-5 所示。一般来说，经典网络与专有网络的具体线路，并不会有本质上的差别。主要的差别在于，经典网络自由程度适中，适合不爱折腾的懒人。在购买时只需要选择合适的安全组即可，当然事后选择也可以；而专有网络，则需要进行细致的配置，否则可能会出现服务器访问失败的情况。在购买时，需要选择具体的专有网络和交换机。还可以选择是否配置公网 IP 地址，如果需要更加灵活的静态公网 IP 方案，建议选择“不分配”公网 IP 地址，而是选择配置并绑定弹性公网 IP 地址——也就是 EIP。EIP 有什么作用呢？——假设我们的服务器的网络出现了某种暂时不能解决的麻烦，我们可以迅速把这台服务器做成镜像移动到新买的服务器上，并把 EIP 绑定到新服务器上，而不用修改 DNS 解析慢慢等待解析生效，从而快速恢复我们网站的服务。最后一步则与经典网络的选项相同，都是选择安全组。当然，这里的某些选项我们也可以暂时不管，以后再去设置。

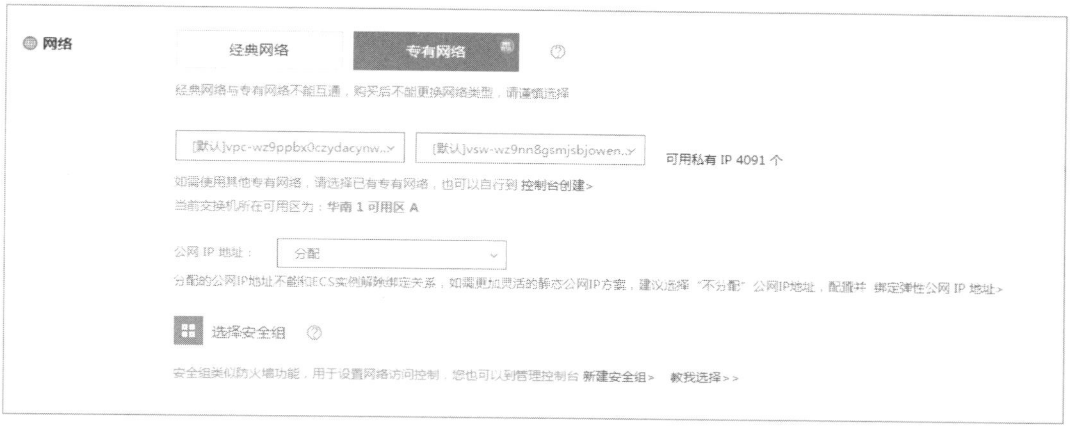

图 11-5　根据自身需求选择服务器网络

然后，选择实例类型了。阿里云默认选择了 I/O 优化实例，当然我们也可以不选择，不过基于性能以及价格等其他方面的考虑，还是建议选择默认选项，如图 11-6 所示。如果我们只是拿来做个人网站，阿里云默认选择的 1 核 1GB 的实例基本上就够用了，需求更高的我们建议选择其他合适的实例规格，如图 11-7 所示。

图 11-6　阿里云默认选择的 I/O 优化实例

然后，选择合适的公网带宽，如图 11-8 所示。由于我国特殊的国情，致使 5MB 以下的公网带宽都比较便宜，而 5MB 以上的则相对来说较为昂贵了。个人博客选择系统默认的按固定带宽下的 1Mb/s 即可，即 125KB/s（下载上传速度）。另外一种则是按使用流量来计算费用，这种模式的费用分成两部分，一部分是服务器的配置费用，另外一部分则是服务器的公网流量费用。

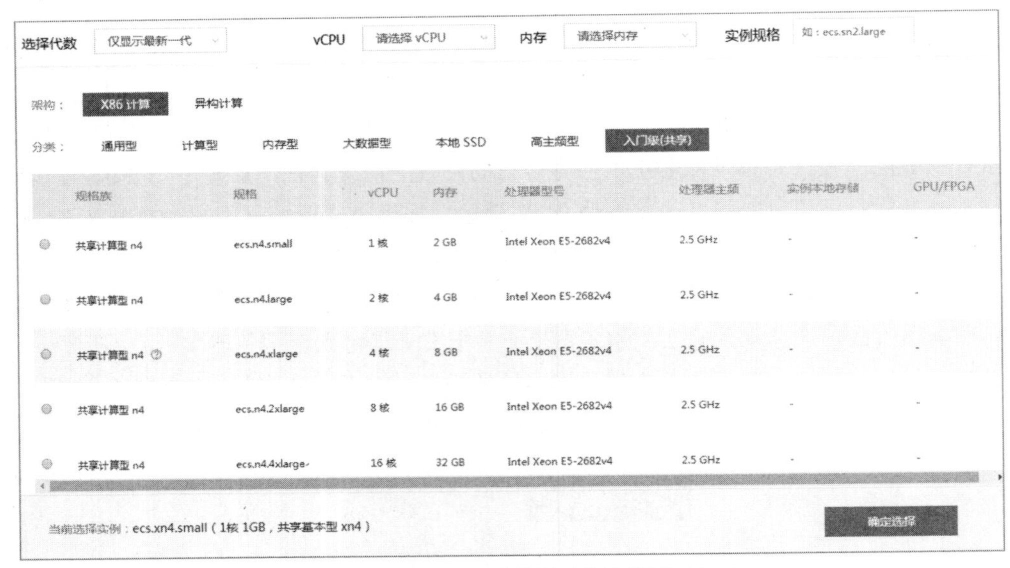

图 11-7　阿里云其他的实例规格选项

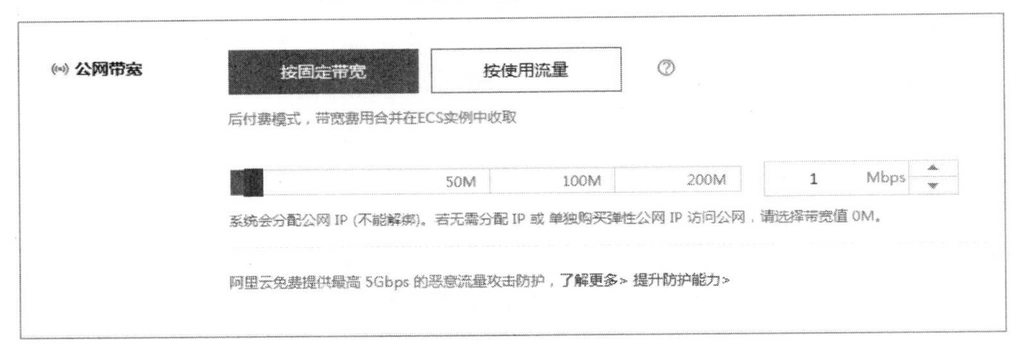

图 11-8　根据自身需求选择公网带宽

选择完公网带宽后，接着选择服务器使用的系统镜像——也就是操作系统，镜像的来源有四种：公共镜像、自定义镜像、共享镜像和镜像市场，如图 11-9 所示。一般来说，从公共镜像里选择适合自己的操作系统，在这里，选择 CentOS 的较新的版本，例如 CentOS 7.3 64 位版本。下面有一个默认选择的安全加固选项，这个选项的服务在用户管理后台叫作“安骑士”，是一个安全方面的服务组件。如果对自己的技术实力有信心，这里可以不选择，稍后进行自主设置，反之则不建议这么做。

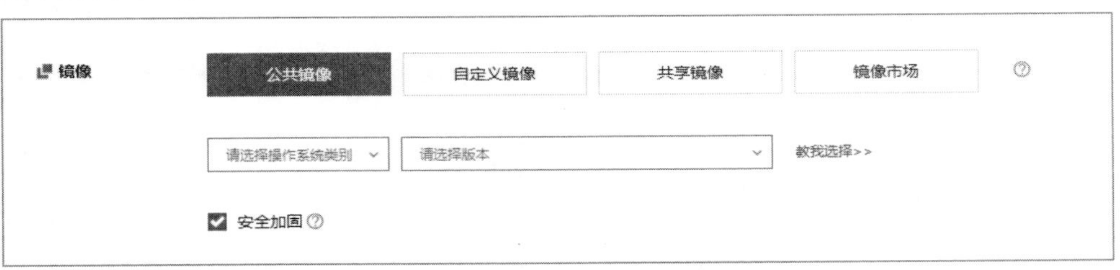

图 11-9　根据自身需求选择合适的镜像

选择完带宽大小后，该自主选择存储也就是服务器硬盘的大小了，阿里云的默认最低选项为 40GB 的高效云盘，如图 11-10 所示。也可以自主添加数据盘，阿里云最大支持 16 块数据盘。

不过对于个人博客来说，默认配置的 40GB 的高效云盘已经绰绰有余，如果对性能要求高可以选择 SSD 云盘，根据个人需求量力而行即可。

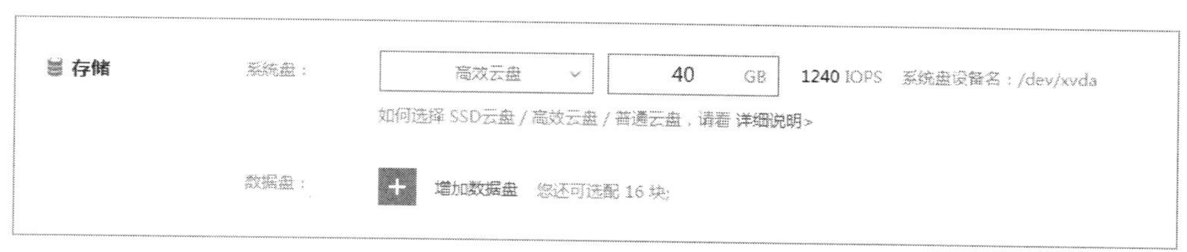

图 11-10　根据自身需求选择合适的存储

接下来，选择一年的服务时长，并设置服务器的 root 用户的登录密码，如图 11-11 所示。官方的建议是自行设置一个包含大写字母、小写字母、数字、特殊符号（特殊符号指()`~!@#$%^&*-+=|{}[]:;'<>,.?/这些符号）这四项中的至少三项的 8～30 个字符长度的密码。如果想不出来或者懒得想可靠的登录密码，可以使用在线密码工具如 Vultr Secure Password Generator（网址链接为 https://www.vultr.com/tools/secure-password-generator/）或者本地密码工具如 KeePass（官网地址为 http://keepass.info/）生成符合条件的密码。关于密码方面的管理，会在后面专门讲述。密码下还有一个“实例名称”的命名框，可以先暂时不管它。安全设置中还有“设置密码”和“创建后设置”这两个选项，这个后面再讲。

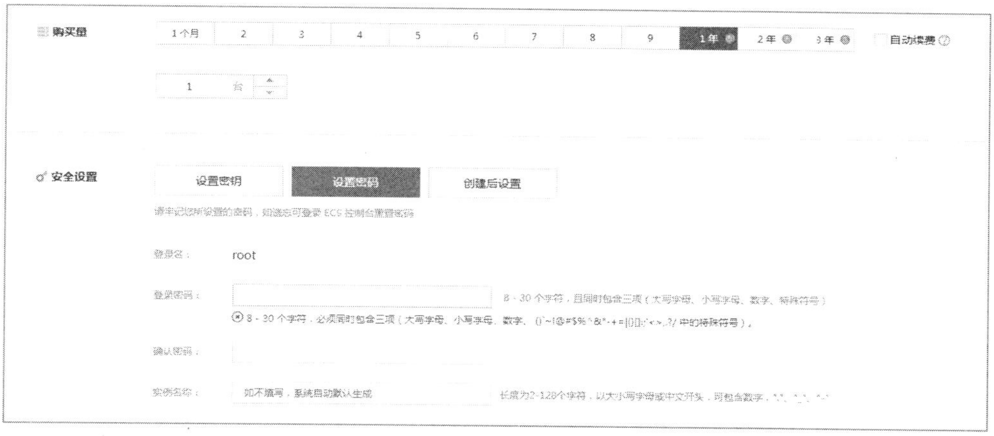

图 11-11　根据自身需求选择服务时长并设置服务器的登录密码

最后一步相当简单——就是付钱，如图 11-12 所示。这里就不浪费篇章了。

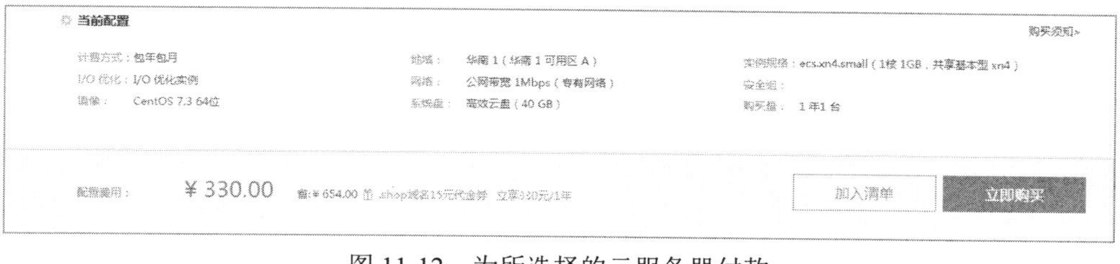

图 11-12　为所选择的云服务器付款

11.1.2　远程控制 Linux 系统的服务器

购买完服务器以后，阿里云会将服务器的相关信息发到注册的手机号上。然后登录用户管理后台，在云服务器管理后台找到所购买的服务器，单击实例 ID，查看服务器的详细情况，如图 11-13 所示。

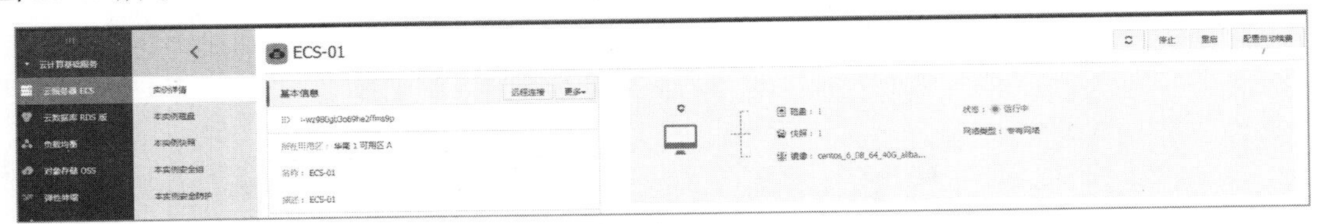

图 11-13　查看服务器的详细情况

接下来要介绍两种远程控制服务器的方式。

1. 使用阿里云自带的远程连接管理终端

单击如图 11-13 中的“远程连接”命令，输入服务器默认给出的远程连接密码（这个密码在初次访问管理终端时可以自行修改，请妥善保存），如图 11-14 所示，登录服务器终端。如果登录后持续出现黑屏的情况，按任意键将系统激活。

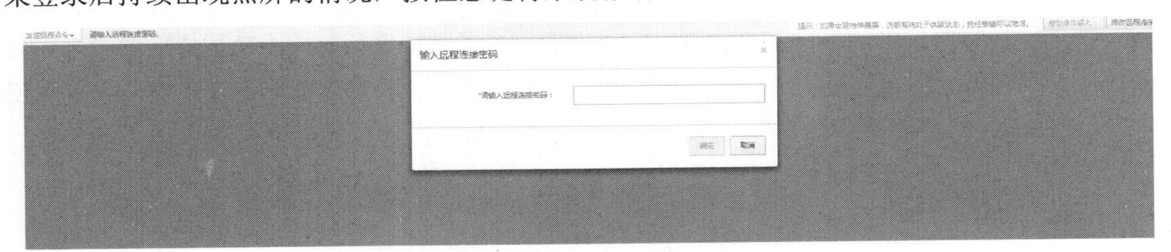

图 11-14　输入默认的远程连接密码

登录成功后的管理终端如图 11-15 所示。在第三行后输入当前的初始的超级管理员账号名 root，然后输入先前设置的密码。在这里输入密码是没有即时提示的，只有在按 Enter 键确认后才会有相应提示，若输入错误就直接提示密码错误，输入正确就会直接登录。登录后，输入 pwd 命令，反馈回“/root”，表明是在根目录下的 root 目录里面；然后输入 ls 命令，系统会列出当前目录里的东西。

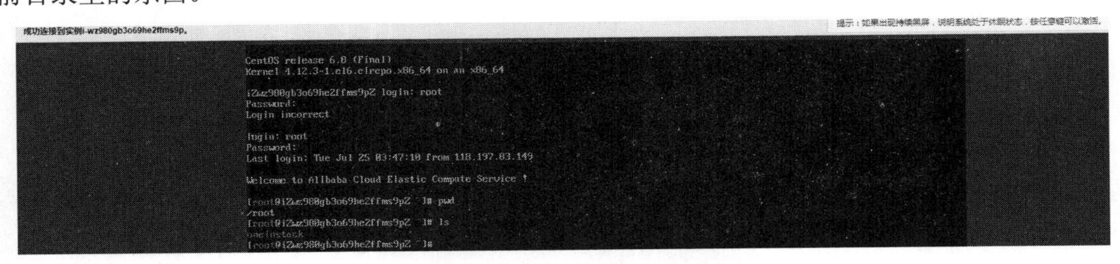

图 11-15　登录成功后的管理终端

2. Windows 下使用 Xshell 远程控制服务器

首先，先去 Xshell 的官网把安装文件下载到本地计算机（其产品网址链接为 http://www.netsarang.com/products/xsh_overview.html），安装到合适的盘符，例如 D 盘下的 Program Files，新建一个文件夹并命名为 Xshell 或 Netsarang，如图 11-16 所示。Xshell 对教育和家庭用户免费，如果通过国内的其他非官方渠道下载软件，可能会遇到必须强制购买授权的盗版（同类型的工具还有 Putty 等其他软件）。

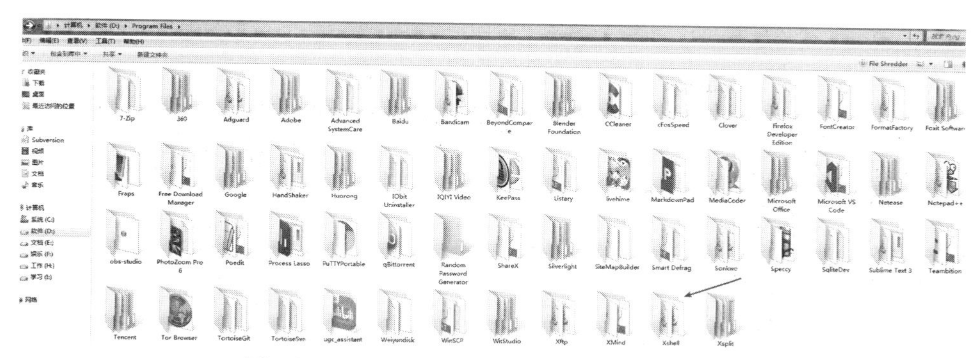

图 11-16　将软件安装到合适的盘符并正确命名

安装好之后，桌面上会生成软件的快捷方式，双击启动软件，进入软件的主界面，如图 11-17 所示。

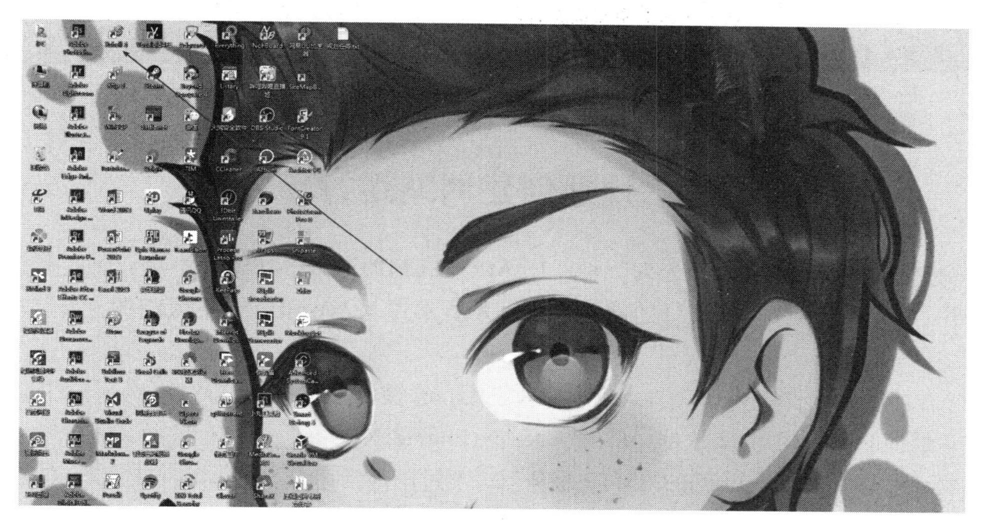

图 11-17　软件主界面

单击 Xshell 左上角的“文件”命令，然后单击“新建”命令或按 Alt+N，打开新建会话属性界面，如图 11-18 所示。在“名称”后的输入框里输入一个自己喜欢或者记得住的有意义的名字，如“Aliyun-Huanan-A-1”；“协议”默认选项为 SSH 协议，暂时不用管；从阿里云的云服务器管理后台，找到购买的服务器的公网 IP 地址，复制下来，然后粘贴到“主机”后的输入框中；服务器一开始默认的端口号为 22，暂时不用改动；“说明”可填可不填，若为了以后管理方便，可填入适当提示信息；最后选择“重新连接”和“TCP 选项”这两个复选框。

全部填好以后单击“确定”按钮，选择会话对话框中的服务器，单击“连接”按钮，开始连接服务器。等待几秒后，连接成功，会弹出一个 SSH 安全警告对话框，单击“一次性接受”选项。然后弹出一个 SSH 用户名对话框，填入超级管理员的账号名 root，选择“记住用户名”复选框。接着会弹出一个 SSH 用户身份验证对话框，在第一项的 Password 空栏输入服务商给的密码，不选择“记住密码”复选框，然后单击“确定”按钮后，就真正远程连接进入服务器了。登录服务器后，输入 pwd 命令，反馈回“/root”，表明是在根目录下的 root 目录里面；然后输入 ls 命令，系统会列出当前目录里的东西。

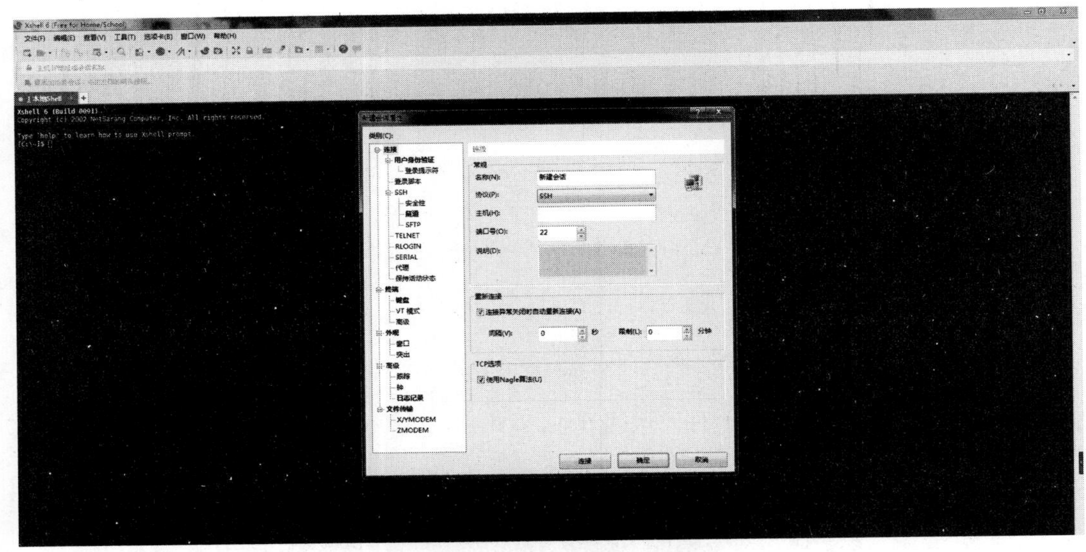

图 11-18　打开新建会话属性界面

11.2　快速创建网站运行环境

常用的网站运行环境大致分为三种：LAMP、LEMP、LAEMP，其中第三种是前两种的混合使用体。当然还有其他流行的网站运行环境，不过与 WordPress 不太相关，所以不多做介绍。

接下来，一个一个字地解释其含义。L 代表 Linux 操作系统；A 代表 Apache，它是互联网上使用量最多的 Web 服务器软件；E 代表 Nginx(Engine X)，是一个高性能的 HTTP 和反向代理服务器，也是一个 IMAP/POP3/SMTP 服务器，不过国内常用 N 代指；M 代表 MySQL，是一款常用的关系型开源数据库管理系统，现已被甲骨文公司收购。由 MySQL 衍生出的 MariaDB 和 Percona Server，这两款数据库也可以用 M 代指，其中 MariaDB 是由 MySQL 原生团队开发的，支持的平台较多；P 代表 PHP/Perl/Python，大多数情况下指的是 PHP。PHP 原始名为 Personal Home Page，已经正式更名为 PHP: Hypertext Preprocessor，中文名称为“超文本预处理器”，是一种常用的开源脚本语言。

接下来，使用 OneinStack 一款开源的一键安装工具，来快速创建所需要的网站运行环境。上面列出的三种环境，都可以运行 WordPress。不过 LAMP 是 WordPress 官方推荐的环境；LEMP 更轻量高效，但是对新手来说相对较为复杂，要想顺畅使用还得稍作调整；LAEMP 综合了前面两种的优点，最大的缺点就是对服务器有性能要求。前面所购买的服务器的配置，可以保证 LAEMP 环境顺畅运行。在这里，只演示 LAEMP 环境创建的流程，如果想安装其他两种环境，可以在安装时选择不进行安装的选项。

登录 OneinStack 这款开源工具的官网，单击查看安装指导，网址链接为 https://oneinstack.com/install/。然后会看到一些安装命令，读不懂没关系，接下来作者我将对它进行解读。具体的细节可能会根据软件版本的不同而有所变动，请以官方文档给出的资料为准，其网址链接为 https://oneinstack.com/docs/。

第一行命令：

以下两行命令根据具体情况任选一行复制粘贴，此行命令一般情况下可跳过。

```
yum -y install wget screen python #for CentOS/Redhat
```

（这一步可省略，#号后的内容可以不用复制，此处代表 CentOS/Redhat 系统下的命令）

```
apt-get -y install wget screen python #for Debian/Ubuntu
```

（这一步可省略，#号后的内容可以不用复制，此处代表 Debian/Ubuntu 系统下的命令）

第二行命令：

以下四行命令根据具体情况任选一行复制粘贴，更多线路请自行前往官网下载页面查看。

```
wget http://aliyun-oss.linuxeye.com/oneinstack-full.tar.gz
#阿里云用户下载（阿里云内网线路，包含源码。经典网络可用，专用网络不可用。）
wget http://mirrors.linuxeye.com/oneinstack-full.tar.gz
#包含源码，国内外均可下载（国外线路，包含源码。）
wget http://mirrors.linuxeye.com/oneinstack.tar.gz
#不包含源码，建议仅国外主机下载（国外线路，不包含源码。）
wget http://downloads.sourceforge.net/project/oneinstack/oneinstack-full.tar.gz
#包含源码，国内外均可下载（sourceforge 线路，包含源码。）
```

第三行命令：

```
tar xzf oneinstack-full.tar.gz
#解压源码压缩包
```

一般情况下不用修改。如是不包含源码的压缩包，请根据源码压缩包名自行修改。

第四行命令：

```
cd oneinstack
#如果需要修改目录（安装、数据存储、Nginx 日志），请修改 options.conf 文件
```

第五行命令：

```
screen -S oneinstack
#如果网路出现中断，可以执行命令 screen -r oneinstack 重新连接安装窗口
```

此行命令一般情况下可以省略。

第六行命令：

```
./install.sh
#注：请勿 sh install.sh 或者 bash install.sh 这样执行
```

正式开始安装操作。

注意：以上每行命令输入后请按 Enter 键。

上面六个命令按步骤完成后，正式进入安装程序。

首先系统会询问是否修改默认端口，如图 11-19 所示。Linux 系统里 1～1 024 端口是保留端口，不可随意使用，1024 以后的部分端口如 3306 端口是 MySQL 的默认端口，为了保险起见，使用 10 000 以后的端口。这里我们假设使用 10 101 端口作为新的 SSH 服务端口。接下来会询问是否开启 iptables，这里可以选择开启，也可以以后再单独开启。

```
#######################################################################
#       OneinStack for CentOS/RadHat 5+ Debian 6+ and Ubuntu 12+      #
#       For more information please visit https://oneinstack.com      #
#######################################################################

Please input SSH port(Default: 22): 10101

Do you want to enable iptables? [y/n]: y
```

图 11-19　询问是否修改默认端口

接着是询问是否安装 Web 服务，如图 11-20 所示。选择安装，会出现三种可选安装项：Nginx、Tengine 和 OpenResty。第一种是 Nginx 原版，第二种和第三种是 Nginx 分支。三种各有不同，具体差异可自行百度。假设选择安装第三项。接下来是选择安装 Apache 的版本，一个较新一个较旧。具体差异也不多说，不过依照用新不用旧原则，为了以后能使用 HTTP/2 协议，选择第一个选项。然后会询问是否安装 Tomcat 服务，这里不需要，所以选择第四项不进行安装。

```
Do you want to enable iptables? [y/n]: y

Do you want to install Web server? [y/n]: y

Please select Nginx server:
        1. Install Nginx
        2. Install Tengine
        3. Install OpenResty
        4. Do not install
Please input a number:(Default 1 press Enter) 3

Please select Apache server:
        1. Install Apache-2.4
        2. Install Apache-2.2
        3. Do not install
Please input a number:(Default 3 press Enter) 1
```

图 11-20　询问是否安装 Web 服务

接下来询问是否安装数据库，如图 11-21 所示，这里选择安装，出现了大致四种数据库和十来个可选项。不过无须担心，随意选择一个即可。因为它们本质上都是 MySQL，只不过略有差异。这里同样选择第一个选项，如果喜欢其他类型的数据库，也可以安装另外三种数据库中的一种。接下来输入数据库的超级管理员的密码并妥善保存。输入完以后会询问数据库的安装方式：二进制安装或者源代码安装。一般来说，如果对数据库不是很熟悉且没有具体的配置要求，还是使用默认的二进制安装为妥，使用这种安装方式系统会根据服务器配置自动调整。

```
Do you want to install Database? [y/n]: y

Please select a version of the Database:
        1. Install MySQL-5.7
        2. Install MySQL-5.6
        3. Install MySQL-5.5
        4. Install MariaDB-10.2
        5. Install MariaDB-10.1
        6. Install MariaDB-10.0
        7. Install MariaDB-5.5
        8. Install Percona-5.7
        9. Install Percona-5.6
       10. Install Percona-5.5
       11. Install AliSQL-5.6
Please input a number:(Default 2 press Enter) 1
Please input the root password of database: dd5jZTc3cjsdz2G9AN9S...

Please choose installation of the database:
        1. Install database from binary package.
        2. Install database from source package.
Please input a number:(Default 1 press Enter) 1
```

图 11-21　询问是否安装数据库

完成上面的选择后，会询问是否安装 PHP，如图 11-22 所示，这里选择安装，然后会看到两大版本及六个选项。为了稳妥起见，选择默认选项即第四个选项，而不是一味求新，各种缘由请自行百度。PHP 版本选择完成以后，会询问是否安装 PHP 代码缓存组件，这里我们选择默认选项——第一个选项。然后会询问我们是否安装 PHP 加解密组件，这里选择安装。然后会询问是否安装 PHP 图像处理工具，这里选择默认的第一个选项。

```
Do you want to install PHP? [y/n]: y

Please select a version of the PHP:
        1. Install php-5.3
        2. Install php-5.4
        3. Install php-5.5
        4. Install php-5.6
        5. Install php-7.0
        6. Install php-7.1
Please input a number:(Default 4 press Enter) 4

Do you want to install opcode cache of the PHP? [y/n]: y
Please select a opcode cache of the PHP:
        1. Install Zend OPcache
        2. Install XCache
        3. Install APCU
Please input a number:(Default 1 press Enter) 1

Do you want to install ionCube? [y/n]: y

Do you want to install ImageMagick or GraphicsMagick? [y/n]: y
Please select ImageMagick or GraphicsMagick:
        1. Install ImageMagick
        2. Install GraphicsMagick
Please input a number:(Default 1 press Enter) 1
```

图 11-22 询问是否安装 PHP 以及相关组件

接下来的四个选项，都选择进行安装，只有最后一个不安装，如图 11-23 所示。因为最后一个组件——HHVM，其作用与 PHP 相似，安装它是多余的，而且这个组件出现的时间比较短，为了保险起见，应该选择不安装。不过要是喜欢，还是可以稍微尝试一下的，只不过要做好解决随后出现的一些小问题的心理准备。

```
Do you want to install Pure-FTPd? [y/n]: y

Do you want to install phpMyAdmin? [y/n]: y

Do you want to install redis? [y/n]: y

Do you want to install memcached? [y/n]: y

Do you want to install HHVM? [y/n]: n
```

图 11-23 询问是否安装其他常用组件

所有选项选择完成以后，将启动正式的安装程序。这期间的代码翻飞如浪，会花费一段不短的时间，所以不必过于着急，拿瓶维 C 柠檬茶一边喝一边等待即可。具体花费时间大约在半个小时到两个小时不等，具体速度看服务器的性能，不过大部分情况下只需半个小时就完成了。

如图 11-24 所示，当看到这些信息时，说明网站运行环境已经配置完成了，应将这些信息妥善保存。接下来会询问是否需要重启系统，这里选择是或者否都可以，如果选择否，接下来应去服务器管理界面中进行重启操作，使当前配置生效。

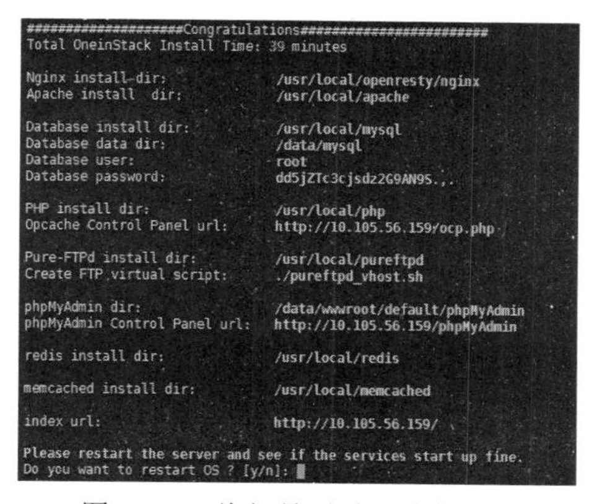

图 11-24 询问是否需要重启系统

第 12 章　服务器安全基础

本章介绍的是基本的服务器安全措施。用户可以根据个人需要对服务器进行个性化的设置。不过，有两项工作是必须要做的：一项是修改 SSH 服务的默认端口号；另一项是使用密钥对登录服务器，至于加不加密码，依据个人想法进行设置。如果对权限把控很严，建议添加一个新用户并分享 root 权限给它（建议为每一个用户配一个相对应的密钥对），然后再把 root 禁用，需要时再临时恢复权限。

12.1　初始化设置

12.1.1　添加新用户并分配 root 权限

超级管理员 root 可以在服务器里做任何事情，为了安全起见，一般不直接使用它来管理服务器。可以使用超级管理员来创建一个新用户，然后再给这个新用户分享超级管理员的权限。也就是说，需要使用 root 的时候才会有这个权限。

在正式操作以前，先按照前文中所写的方法，使用超级管理员 root 登录服务器。

先使用 adduser 添加新用户，例如添加一个名为 ipc 的新用户。然后再输入 passwd ipc，给这个新用户设置一个密码，强度必须够好，具体设置方案将在第 17 章给出。输入的密码中，如果有字段与用户名相似或相同，系统会提示这个密码不够好，不过系统还是会要求重新确认一次这个密码。如果重新确认时错误，系统会告诉两次输入的密码不相同，并要求重新输入并确认一次，成功后会提示口令更新成功。若删除这个新用户，则使用 deluser 命令；其实，使用 useradd 和 userdel 命令也能达到同样的效果，只不过在不同的 Linux 系统会有些许差异，这里不多做探讨，如图 12-1 所示。

```
[    @VM_56_159_centos  ]# adduser ipc
[    @VM_56_159_centos  ]# passwd ipc
Changing password for user ipc.
New password:
BAD PASSWORD: The password contains the user name in some form
Retype new password:
Sorry, passwords do not match.
New password:
Retype new password:
passwd: all authentication tokens updated successfully.
```

图 12-1　添加新用户并为其设置密码

接着给这个新添加的用户分享 root 用户的权限，当需要使用这种权限时，在需要操作的命令前添加 sudo 就可以了。输入 gpasswd -a ipc wheel，将新创建的用户 ipc 加入到 wheel 管理员用户组（用户组的普通成员在大多数情况下拥有与 root 用户一样的权限）。然后使用 su ipc，将正在操作的 root 用户切换到新创建的用户 ipc，如图 12-2 所示。

然后使用 cat /etc/sudoers 尝试输出根目录下/etc/sudoers 这个文件，系统会告诉这个文件的拥有者是 root 用户，当前用户的权限不够，所以被拒绝操作。于是，输入 sudo cat /etc/sudoers 来暂时获取 root 用户的权限，以输出这个文件。系统会要求输入当前用户的密码，输入后按 Enter 键，就会看到系统这次会输出的文件里的内容了，如图 12-2 所示。

```
[    @VM_56_159_centos  ]# gpasswd -a ipc wheel
Adding user ipc to group wheel.
[    @VM_56_159_centos  ]# su ipc
[   @VM_56_159_centos     ]$ cat /etc/sudoers
cat: /etc/sudoers: Permission denied
[   @VM_56_159_centos     ]$ sudo cat /etc/sudoers

We trust you have received the usual lecture from the local System
Administrator. It usually boils down to these three things:

    #1) Respect the privacy of others.
    #2) Think before you type.
    #3) With great power comes great responsibility.

[sudo] password for ipc:
```

图 12-2　为新用户分配 root 权限

输入 exit 命令，系统会退回到 root 用户，然后再输入一个同样的命令，会退出系统，与服务器失去连接，如图 12-3 所示。

```
[   @VM_56_159_centos     ]$ exit
exit
[    @VM_56_159_centos  ]# exit
logout
Connection closing...Socket close.
```

图 12-3　退出系统

拓展知识：

更安全的做法：只允许非 root、非 wheel 用户组登录。不过这种限制只能使用在不需要超级管理员权限的服务中，使用范围有限，在不清楚业务需求的情况下，不建议使用这种做法。

12.1.2　Windows 下使用密钥加密码登录服务器

1. 生成密钥

（1）第一种方法是通过阿里云自带的创建密钥对功能生成密钥。登录阿里云用户管理后台，单击进入云服务管理控制台，然后单击“网络和安全”选项下的“密钥对”选项，如图 12-4 所示。如图 12-5 所示，单击“创建密钥对”选项，然后在“密钥对名称”后的输入框中输入一个与购买的服务器相关的方便管理的好记的名称，单击“确定”按钮，阿里云将自动为用户生成一个密钥对，并自动将对应的带有.pem 后缀的私钥下载到用户的计算机中。请记得妥善保管这个私钥（阿里云目前只有 I/O 优化实例能使用密钥对）。

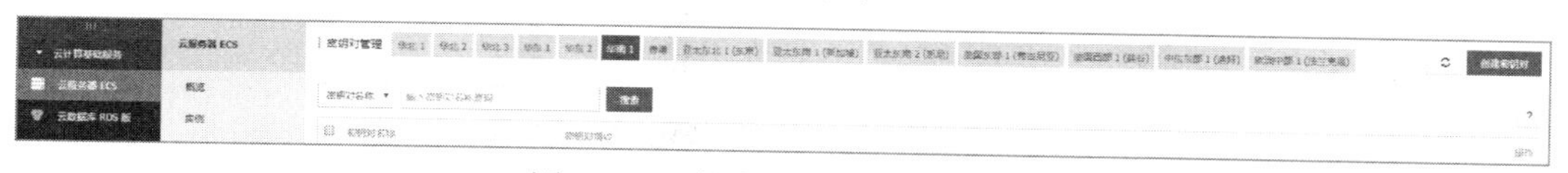

图 12-4　“创建密钥对”相关页面

图 12-5　“创建密钥对”操作界面

（2）第二种方法是使用开源软件 PuTTY 生成密钥。第二种方法相对复杂也更实用一些，如果购买的是阿里云的非 I/O 优化实例，只能用这种方法来使用密钥对。

登录开源软件 PuTTY 的官网，其英文国际官网的网址链接为 http://www.putty.org/，单击进入其下载页面 https://www.chiark.greenend.org.uk/~sgtatham/putty/latest.html，如图 12-6 所示，选择合适的 puttygen.exe 进行下载（Windows 系统是 32 位的只能选 32 位版本使用，64 位的则可以同时使用 32 位或 64 位的版本，这个工具无需安装即可使用）。这个密钥对生成工具被内置在了一款 Windows 环境下使用的 SSH 的开源图形化 SFTP 客户端——WinSCP 中，如果想同时使用这两款开源软件，则只需要下载 WinSCP 即可，其中文官网地址为 https://winscp.net/eng/docs/lang:chs，此软件在前文展示的作者的个人计算机桌面的截图中有展示。

Alternative binary files

The installer packages above will provide all of these (except PuTTYtel), but you can download them one by one if you prefer.

(Not sure whether you want the 32-bit or the 64-bit version? Read the FAQ entry.)

putty.exe (the SSH and Telnet client itself)

32-bit:	putty.exe	(or by FTP)	(signature)
64-bit:	putty.exe	(or by FTP)	(signature)

pscp.exe (an SCP client, i.e. command-line secure file copy)

32-bit:	pscp.exe	(or by FTP)	(signature)
64-bit:	pscp.exe	(or by FTP)	(signature)

psftp.exe (an SFTP client, i.e. general file transfer sessions much like FTP)

32-bit:	psftp.exe	(or by FTP)	(signature)
64-bit:	psftp.exe	(or by FTP)	(signature)

puttytel.exe (a Telnet-only client)

32-bit:	puttytel.exe	(or by FTP)	(signature)
64-bit:	puttytel.exe	(or by FTP)	(signature)

plink.exe (a command-line interface to the PuTTY back ends)

32-bit:	plink.exe	(or by FTP)	(signature)
64-bit:	plink.exe	(or by FTP)	(signature)

pageant.exe (an SSH authentication agent for PuTTY, PSCP, PSFTP, and Plink)

32-bit:	pageant.exe	(or by FTP)	(signature)
64-bit:	pageant.exe	(or by FTP)	(signature)

puttygen.exe (a RSA and DSA key generation utility)

32-bit:	puttygen.exe	(or by FTP)	(signature)
64-bit:	puttygen.exe	(or by FTP)	(signature)

putty.zip (a .ZIP archive of all the above)

32-bit:	putty.zip	(or by FTP)	(signature)
64-bit:	putty.zip	(or by FTP)	(signature)

图 12-6　puttygen.exe 下载页面

单击下载下来的 PuTTY 密钥对生成工具，单击 Generate 按钮，并随意移动鼠标，开始生成密钥，生成过程完成后停止移动鼠标。单击 Save public key 按钮和 Save private key 按钮，将公钥和私钥分别对应命名，并妥善保存，如图 12-7 所示。

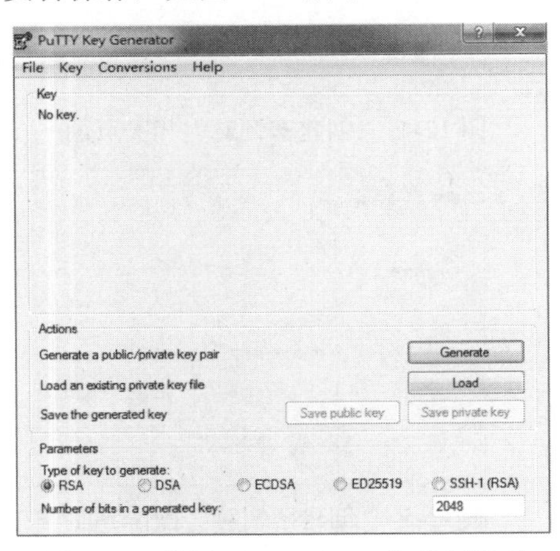

图 12-7　使用 puttygen.exe 生成密钥对

2. 把密钥保存在服务器里

（1）第一种方式是通过阿里云自带的绑定密钥对功能将密钥导入服务器。第一种方式与前面的生成密钥的第一种方法相关联。在创建密钥对时，在“创建类型”中选择“导入已有密钥对”选项，然后将公钥里的文本内容复制粘贴到相应的输入框中，单击“确认”按钮后即创建成功。然后，将新创建的密钥对与服务器进行绑定，单击“确认”按钮后密钥就被保存到了服务器里，如图 12-8 所示。

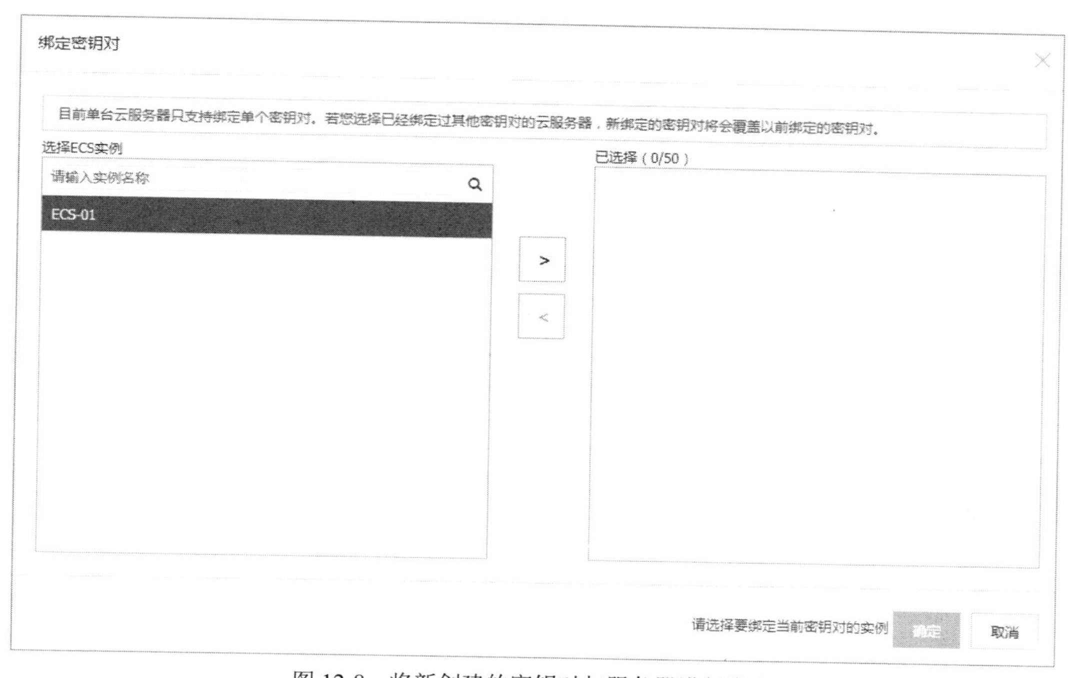

图 12-8　将新创建的密钥对与服务器进行绑定

（2）第二种方式是使用开源软件 WinSCP 将密钥导入服务器。第二种方式与前面的生成密钥的第二种方法相关联。先使用 WinSCP 登录服务器，登录服务器后默认情况下是看不到相关的目录以及文件的。单击 WinSCP 主界面上的“选项”菜单，然后在“界面”下的“通用”选项组选择“显示隐藏文件 Ctrl+Alt+H”复选框后就可以看到根目录下 root 目录里的隐藏文件夹和文件了，如图 12-9 和图 12-10 所示。如果没有在里面发现.ssh 目录以及相应的 authorized_keys 文件就手动创建，创建完成后，将目录的权限设置为 700，文件的权限设置为 600。如图 12-11 所示，将存放公钥的文件 authorized_keys 打开，把公钥的文本内容复制粘贴进去，并单击“保存”按钮。

找到/etc/ssh/路径下的 sshd_config 文件，如图 12-12 所示，将“#AuthorizedKeysFile.ssh/authorized_keys”前的#号注释掉，如图 12-13 所示。如果不想在登录时输入密码，将“#RSAAuthentication yes”和“#PubkeyAuthentication yes”前的#号也注释掉就行了。完成以上步骤后退出服务器，使用 Xshell 登录服务器，输入命令 service sshd restart 或 systemctl restart sshd.service 后按 Enter 键确认（将 restart 替换成 reload 也可以使配置生效，不过两者之间有细小差别），使配置生效，然后输入 exit 命令退出服务器。

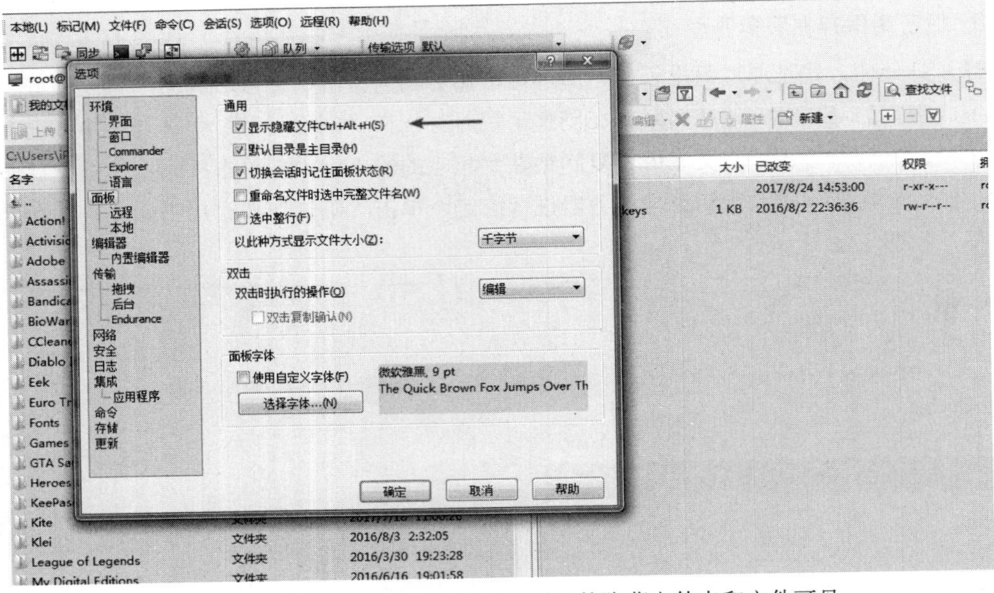

图 12-9　更改 WinSCP 选项中的设置以使隐藏文件夹和文件可见

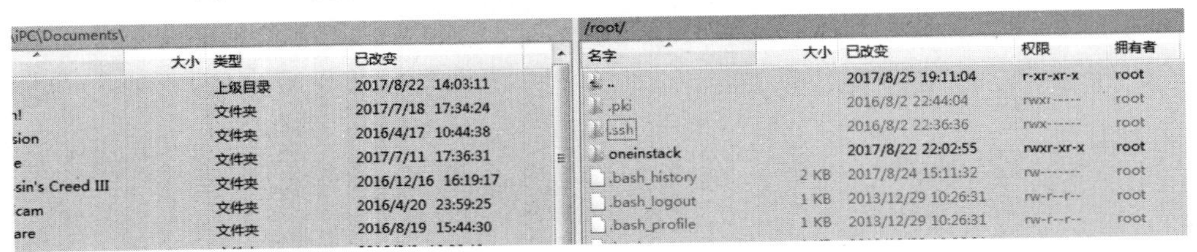

图 12-10　设置更改完成以后可见的隐藏文件夹和文件

图 12-11　存放公钥的文件 authorized_keys

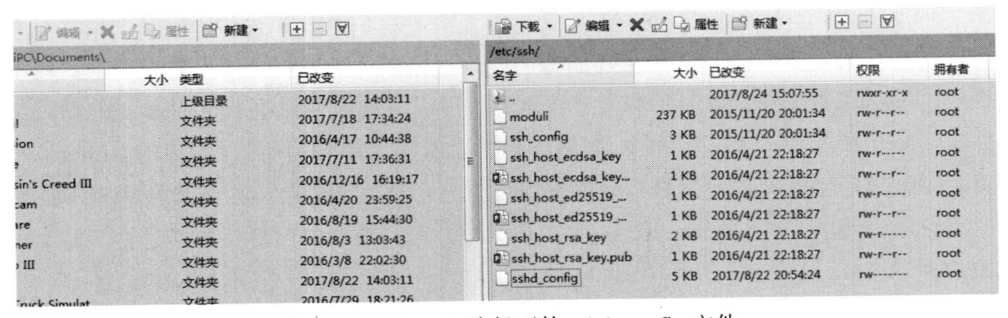

图 12-12　/etc/ssh/路径下的 sshd_config 文件

```
#RSAAuthentication yes
#PubkeyAuthentication yes

# The default is to check both .ssh/authorized_keys and .ssh/authorized_keys2
# but this is overridden so installations will only check .ssh/authorized_keys
AuthorizedKeysFile      .ssh/authorized_keys
```

图 12-13　注释配置中的#号

3. 配置 Xshell

打开 Xshell，单击“工具”下的“用户密钥管理者”选项，将所生成的密钥对的私钥导入到其中，如图 12-14 和图 12-15 所示。

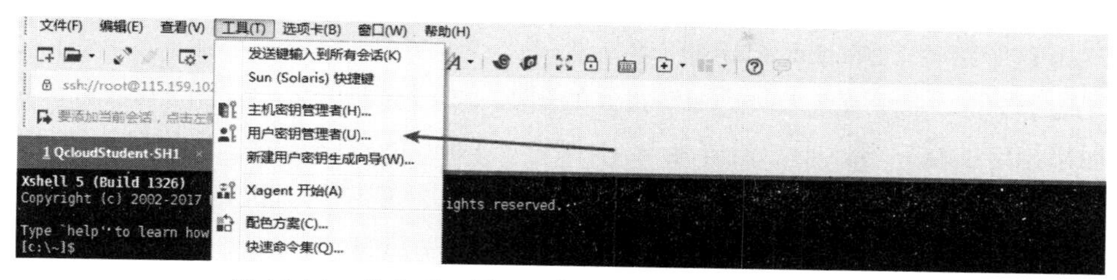

图 12-14　单击“工具”下的“用户密钥管理者”选项

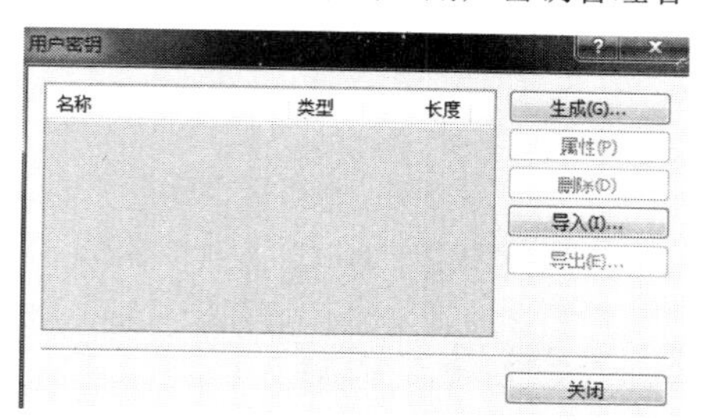

图 12-15　“用户密钥”操作界面

然后单击“文件”下的“打开”选项，如图 12-16 所示，选择之前保存的相应的服务器会话，右击打开属性设置。如图 12-17 所示，选择“连接”下的“用户身份验证”选项，方法选择“Public Key”选项，用户密钥选择刚才导入到用户密钥管理者中的私钥，如果有密码就输入相应密码保存、没有就留空，最后单击“确定”按钮即可。至此，一键快捷登录服务器的设置方案就完成了。

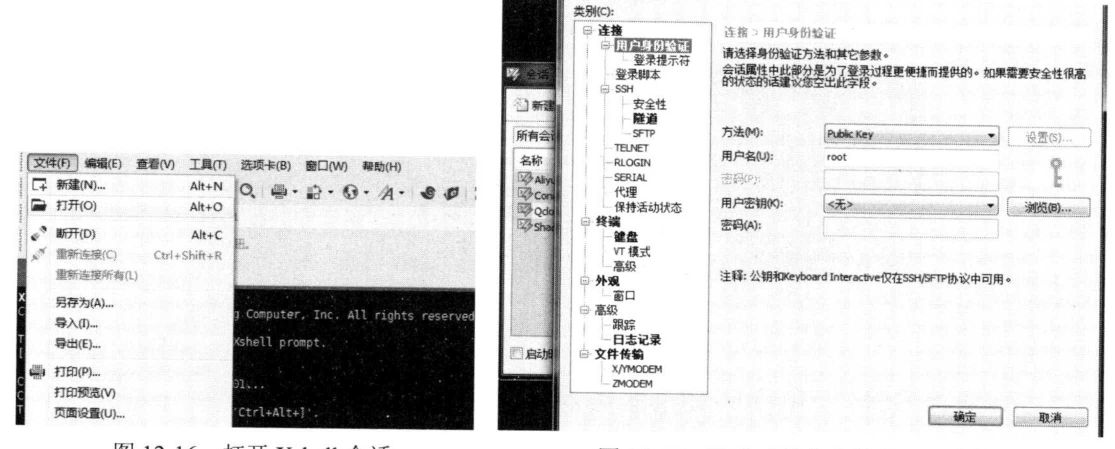

图 12-16　打开 Xshell 会话　　　　图 12-17　设置“用户身份验证”连接属性

12.1.3　修改 SSH 服务的端口号

1. 自动修改 SSH 服务端口号

第一种方法在第 11 章的快速创建网站运行环境这部分讲到过，具体方法是在一开始就用

OneinStack 自动把端口修改掉。

2. 手动修改 SSH 服务端口号

第二种方法则比较通用，具体方法是手动修改配置文件。首先，使用 WinSCP 登录服务器，找到/etc/ssh 这个路径下的 sshd_config 配置文件。

打开这个文件，搜索关键字“Port”找到如图 12-18 所示的位置。可以直接在“#Port 22”下方添加想指定的端口号，不过最好是在 10 000～65 536 的范围之内。也可以直接注释#号，修改默认端口号 22 为其他数字。修改完成后保存退出。然后使用 Xshell 登录服务器，输入命令 service sshd restart 或 systemctl restart sshd.service 后按 Enter 键确认，使配置生效，然后退出服务器。

```
# If you want to change the port on a SELinux system, you have to tell
# SELinux about this change.
# semanage port -a -t ssh_port_t -p tcp #PORTNUMBER
#
#Port 22
Port 10101
#AddressFamily any
```

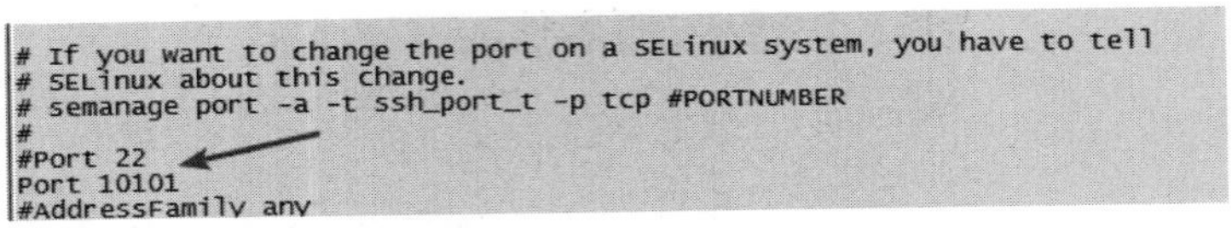

图 12-18　搜索关键字“Port”找到并修改相关配置

12.1.4　使用 fail2ban 阻止 SSH 暴力破解

fail2ban 是由 Python 语言开发的一款开源监控软件，它通过监控系统日志的登录信息来调用 iptables 屏蔽相应登录 IP，以阻止某个 IP（fail2ban 读取对应日志文件，Debian/Ubuntu 系统下为/var/log/auth.log，CentOS/Redhat 系统下为/var/log/secure）不停尝试密码。fail2ban 在防御对 SSH 服务的暴力密码破解上非常有用。经过大量用户的强烈要求，开发者 yeho 已经将其集成到了 OneinStack。

如果想一键安装使用 fail2ban，建议先安装 OneinStack。安装好之后登录服务器，输入 cd oneinstack 进入相应目录，然后输入./addons.sh 并按 Enter 键，进入组件选择过程，如图 12-19 所示。安装好按 q 键退出组件选择过程，然后退出服务器即可。

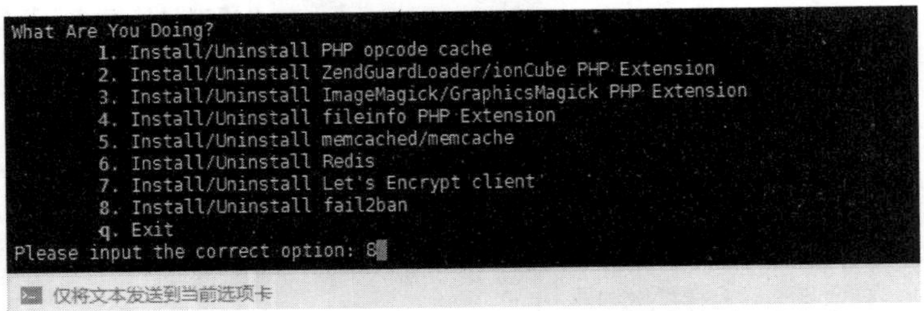

```
What Are You Doing?
        1. Install/Uninstall PHP opcode cache
        2. Install/Uninstall ZendGuardLoader/ionCube PHP Extension
        3. Install/Uninstall ImageMagick/GraphicsMagick PHP Extension
        4. Install/Uninstall fileinfo PHP Extension
        5. Install/Uninstall memcached/memcache
        6. Install/Uninstall Redis
        7. Install/Uninstall Let's Encrypt client
        8. Install/Uninstall fail2ban
        q. Exit
Please input the correct option: 8
```

仅将文本发送到当前选项卡

图 12-19　选择 fail2ban 组件过程

12.1.5　禁止 SSH 使用密码登录服务器

首先，使用 WinSCP 登录服务器，找到/etc/ssh 这个路径下的 sshd_config 配置文件。然后打开这个配置文件，搜索关键字“PasswordAuthenticationno”和“ChallengeResponseAuthenticationno”，找到如图 12-20 所示的位置。可以直接注释掉#号，将“yes”改为“no”，修改完成后保存退出。

使用 Xshell 登录服务器，输入命令 service sshd restart 或 systemctl restart sshd.service 后按 Enter 键确认，使配置生效，然后退出服务器。

```
# To disable tunneled clear text passwords, change to no here!
#PasswordAuthentication no
#PermitEmptyPasswords no
PasswordAuthentication no

# Change to no to disable s/key passwords
#ChallengeResponseAuthentication yes
ChallengeResponseAuthentication no
```

图 12-20　搜索关键字找到后修改相关配置

12.1.6　禁止 root 用户远程登录

首先，使用 WinSCP 登录服务器，找到/etc/ssh 这个路径下的 sshd_config 配置文件。打开这个配置文件，搜索关键字“PermitRootLoginno”，找到如图 12-21 所示的位置，可以直接注释掉#号，将“yes”改为“no”，修改完成后保存退出。

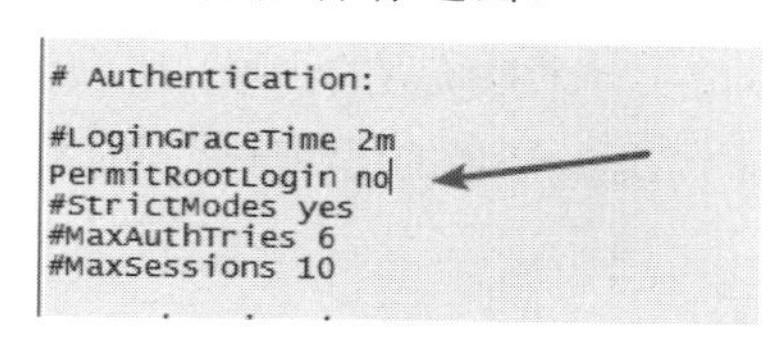

图 12-21　搜索关键字“PermitRootLogin”找到并修改相关配置

使用 Xshell 登录服务器，输入命令 service sshd restart 或 systemctl restart sshd.service 后按 Enter 确认，使配置生效，然后退出服务器。配置生效后，尝试使用 root 用户登录服务器，会发现此操作被系统拒绝。

禁用 root 用户之后，在使用之前自己创建的具有 root 权限的新用户，来作为等同于超级管理员的存在使用，需要更高权限时则用 sudo 命令提权。如果以后有需要使用到 root 用户的时候，再对此配置文件进行反向操作即可。

如果对系统权限有更高的要求，可以使用 chroot 监狱来达到这个目的，具体请访问参考链接 https://linux.cn/article-8313-1.html。不过这个操作对于新手来说要求很高，而且不是非做不可。

12.2　快照与镜像

12.2.1　实例快照

实例的快照就是服务器在某一个时间点的状态。可以对实例的系统盘或者数据盘创建一些快照，每一个快照都保存着服务器当时的状态，也可以把它当作服务器数据的备份。当碰到一些特殊原因，例如数据被破坏或者丢失了，就可以使用快照，把服务器上的数据恢复成当时的状态。

首先登录阿里云的用户管理后台，单击“云服务器 ECS”命令，打开服务器所在的区域，找到想要创建快照的服务器实例并单击查看详情，单击边栏上的“本实例磁盘”命令，在这里会列出服务器所使用的磁盘，大致分成两种：系统盘和数据盘。

如图 12-22 所示，如果想给这个磁盘创建一个快照，则单击后面的“创建快照”，然后再给快照命名一个相对应的名字，单击“确定”按钮，快照工作将开始进行，具体的进度可以单击“本实例快照”命令进行查看。快照完成以后，可以基于这个快照回滚数据，把服务器恢复到创建快照时的状态。由于这个磁盘是一个系统盘，也可以用它创建一个自定义的镜像，这样在购买了其他服务器后，可以基于这个镜像快速部署系统。

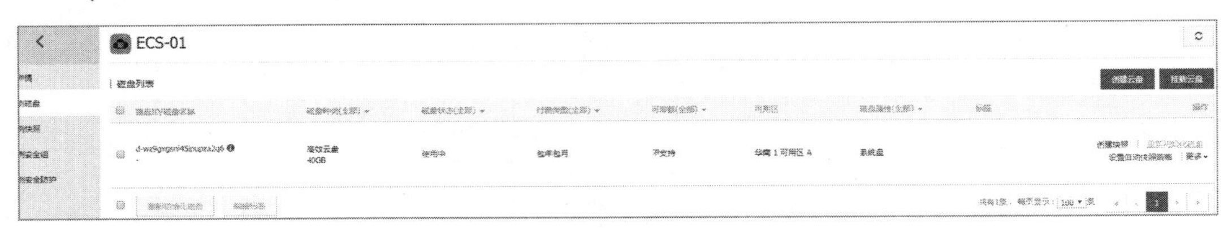

图 12-22　为实例磁盘创建快照

如果想偷懒，不想经常手工进行，创建快照的流程可以用“设置自动快照策略”来指定相关的时间和频率等，设置完成后将按照策略自动进行。

12.2.2　自定义系统镜像

如图 12-23 所示，由于刚才创建了一个系统盘的快照，所以现在可以单击后面的“创建自定义镜像”命令，来创建一个包含完整网站运行环境的已经部署好的系统镜像，以方便快速部署服务器。

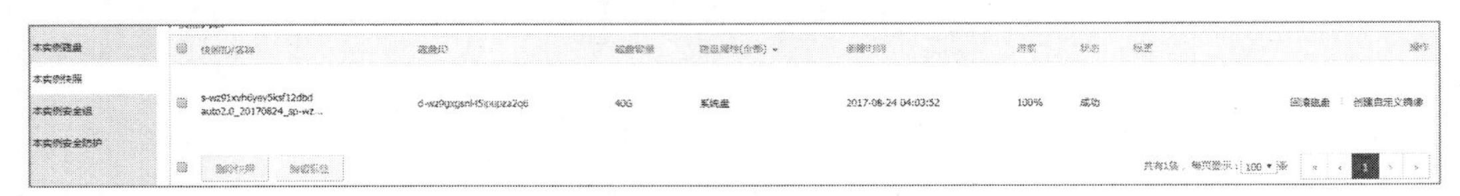

图 12-23　使用系统快照创建自定义镜像

创建完成后，可以返回实例列表，在“快照和镜像”下的“镜像”命令中，可以找到刚才创建的自定义系统镜像，如图 12-24 所示。这样，以后在快速部署服务器时，就可以在购买服务器时选择自己创建的自定义镜像，如图 12-25 所示，从而节省时间。

图 12-24　创建完成的自定义系统镜像

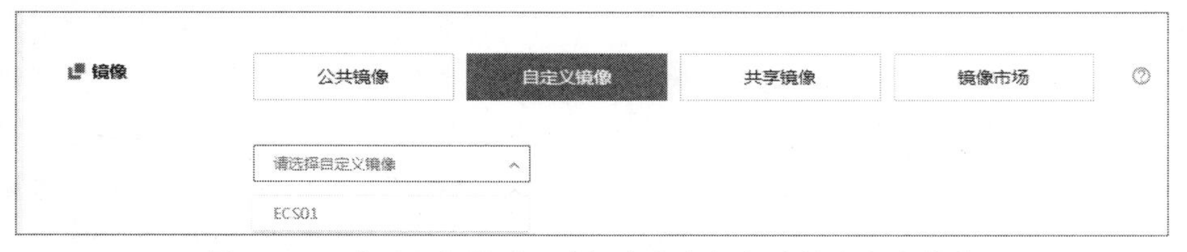

图 12-25　购买服务器时可选择个人自行创建的自定义镜像

拓展知识：

更多详细信息，请访问：

创建快照 https://help.aliyun.com/document_detail/25455.html

使用快照策略和镜像备份数据 https://help.aliyun.com/document_detail/52134.html

使用快照创建自定义镜像 https://help.aliyun.com/document_detail/25460.html

12.3　安全组

12.3.1　安全组介绍

安全组其实就是一个防火墙，它与后面要介绍的 iptables 的功能差不多，只不过要比 iptables 简单易用许多。它主要负责管理流量的进出：公网流进服务器以及服务器流出到公网。换句话说，就是流量的上行和下行。

可以在云服务器管理控制台下“网络与安全”的“安全组”来查看安全组的详情。

12.3.2　创建安全组

找到位于云服务器控制台下“网络与安全”下的“安全组”选项，会看到系统给服务器创建了一个默认的安全组，如图 12-26 所示。这个默认的安全组的规则是十分宽容的，基本不会对进进出出服务器的流量做出限制。可以修改系统默认的安全组；如图 12-27 所示，也可以自定义安全组：单击右上角的“创建安全组”命令，在“安全组名称”后的输入框中输入一个有意义的名字，接着输入一段大致描述，然后在网络类型中选择专有网络（根据自己服务器的网络类型选择），接着选定与服务器相关的专有网络，单击“确定”按钮后一个新的安全组就创建成功了。

图 12-26　系统为服务器创建的默认安全组

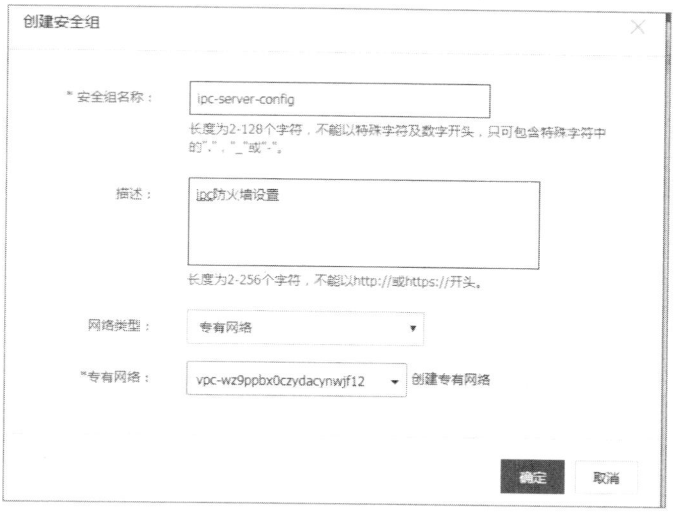

图 12-27　个人为服务器创建自定义安全组

如图 12-28 所示，创建完成后，单击实例详情下的“安全组配置”命令，将新创建的安全组添加进去，然后将默认的安全组移出即可。

图 12-28　配置个人创建的自定义安全组

12.3.3　安全组规则配置

接下来配置安全组的具体规则，以保证服务器的流量安全。一般来说，只需要在公网入方向配置规则就行了，如果有更高要求，则可以限制下行的流量。

单击进入云服务器管理控制台，找到安全组列表。单击相应的安全组后的“配置规则”命令，进入安全组规则列表。单击“添加安全组规则”命令，弹出如图 12-29 所示的操作界面。一般情况，“协议类型”选择“自定义 TCP”选项，如果需要用到如 ICMP 下的 Ping 命令，则选择“全部 ICMP”选项；“端口范围”后的输入框中，假设这里定义的是 SSH 服务的端口，就填写默认端口 22/22，端口修改后添加新规则，同时把原来的规则删除掉；“优先级”处可不管，一般情况下，数字越小级别越高；“授权类型”处，大多数情况下选择“地址段访问”选项；“授权对象”后的输入框中，如果没有固定的 IP 地址，则填写 0.0.0.0/0 即可，这里代表的是所有 IP 地址。如果有固定的公网 IP，则填写固定的公网 IP。当然大多数情况下，家用宽带是没有固定公网 IP 的，不过在拨号上网的一段时间内，公网 IP 地址是固定或者在一定范围内的，这时可以百度搜索“IP”这个关键词，如图 12-30 所示，得知自己此时上网的 IP 地址，然后填入 183.240.195.0/24 这个地址段，这个地址段代表 183.240.195.0～183.240.195.255 这 256 个 IP 地址。最后在“描述”后的输入框中填写“默认 SSH/SFTP 端口为 22”或者其他的提示文字。

图 12-29　“添加安全组规则”操作界面

IP
百度一下
网页
新闻
贴吧
知道
音乐
图片
视频
地图
文库
更多»
百度为您找到相关结果约50,600,000个
搜索工具
为您推荐
ip是什么意思
ip是什么
ip地址查询
网速测试
电影ip
ip剧
IP地址查询
本机IP: 183.240.195.191 广东省深圳市 移动
请输入ip地址
查询
本机IP查看方法
IP地址设置方法
www.ip138.com/
IP.cn - IP 地址查询 | 地理位置 | 手机归属地

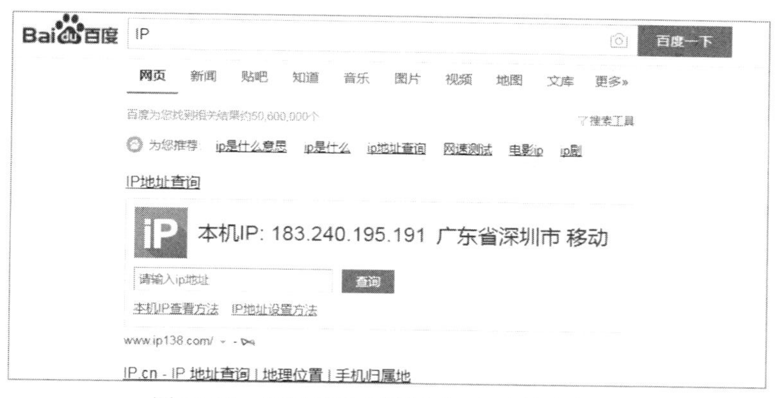

图 12-30　百度搜索关键词“IP”查询本机 IP

如图 12-31 所示，如果想偷懒，则可以单击“快速创建规则”命令来创建需要的具体规则，以下是经常用到的一些规则的例子。这些例子不必全部照抄，按照自己服务器的配置设置具体规则即可，如图 12-32 所示，默认 SSH 服务端口为 22 的规则，可以在端口号修改完成后删除。

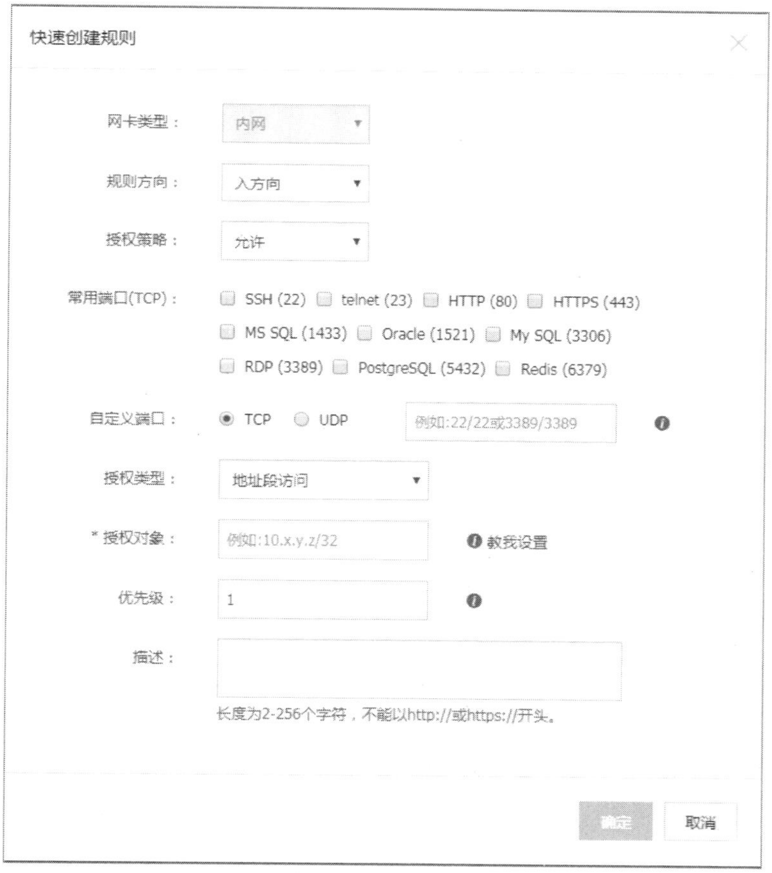

快速创建规则
网卡类型：
内网
规则方向：
入方向
授权策略：
允许
常用端口(TCP)：
SSH (22)
telnet (23)
HTTP (80)
HTTPS (443)
MS SQL (1433)
Oracle (1521)
My SQL (3306)
RDP (3389)
PostgreSQL (5432)
Redis (6379)
自定义端口：
TCP
UDP
例如:22/22或3389/3389
授权类型：
地址段访问
* 授权对象：
例如:10.x.y.z/32
教我设置
优先级：
1
描述：
长度为2-256个字符，不能以http://或https://开头。
确定
取消

图 12-31　“快速创建规则”操作界面

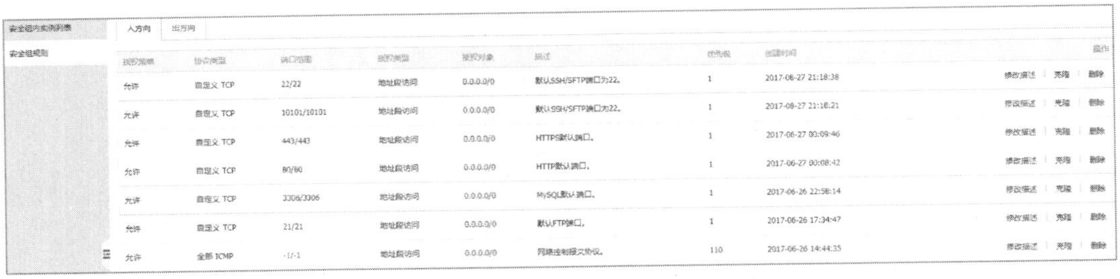

授权策略	协议类型	端口范围	授权类型	授权对象	描述	优先级	创建时间	操作
允许	自定义 TCP	22/22	地址段访问	0.0.0.0/0	默认SSH/SFTP端口为22。	1	2017-08-27 21:18:38	修改描述 | 克隆 | 删除
允许	自定义 TCP	10101/10101	地址段访问	0.0.0.0/0	默认SSH/SFTP端口为22。	1	2017-08-27 21:18:21	修改描述 | 克隆 | 删除
允许	自定义 TCP	443/443	地址段访问	0.0.0.0/0	HTTPS默认端口。	1	2017-06-27 00:09:46	修改描述 | 克隆 | 删除
允许	自定义 TCP	80/80	地址段访问	0.0.0.0/0	HTTP默认端口。	1	2017-06-27 00:08:42	修改描述 | 克隆 | 删除
允许	自定义 TCP	3306/3306	地址段访问	0.0.0.0/0	MySQL默认端口。	1	2017-06-26 22:58:14	修改描述 | 克隆 | 删除
允许	自定义 TCP	21/21	地址段访问	0.0.0.0/0	默认FTP端口。	1	2017-06-26 17:34:47	修改描述 | 克隆 | 删除
允许	全部 ICMP	-1/-1	地址段访问	0.0.0.0/0	网络控制报文协议。	110	2017-06-26 14:44:35	修改描述 | 克隆 | 删除

图 12-32　常用的安全组规则

12.4　服务器管理

12.4.1　修改主机名

有时候为了管理方便，需要对服务器默认的名字修改一下，改成一个有一定意义的名字。

如图 12-33 所示，使用 Xshell 登录服务器，输入命令 hostname，可以查看服务器的当前主机名。然后使用 WinSCP 登录服务器，找到位于/etc/sysconfig/目录下的 network 文件，将主机名修改为想改的名字，如图 12-34 所示，保存好后退出服务器，然后在管理控制台重启服务器，使该配置生效。

```
[root@VM_56_159_centos ~]# hostname
VM_56_159_centos
```

图 12-33　查看服务器当前主机名

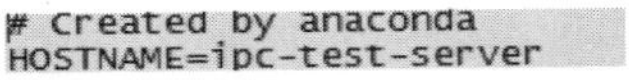

```
# Created by anaconda
HOSTNAME=ipc-test-server
```

图 12-34　修改 network 文件中的主机名

不过这种方法只在 CentOS 7 之前的系统中生效，而且有的云服务商如腾讯云不支持修改主机名，修改后其用户管理后台会出现报警信息，所以在修改以前可以先咨询一下客服。

12.4.2　挂载数据盘

在为服务器购买一个额外的数据盘后，需要将数据盘格式化并挂载上去。

在阿里云购买的服务器里面，内置了一个挂载数据盘的脚本 auto_fdisk.sh，可以直接使用；但是如果没有这个脚本，则需要下载后再使用了。

如图 12-35 所示，使用 Xshell 登录服务器，输入如下代码块，可以快速挂载数据盘。此工具也内置到了一键工具 OneinStack 中。

```
wget http://mirrors.linuxeye.com/scripts/auto_fdisk.sh
chmod +x ./auto_fdisk.sh
./auto_fdisk.sh
```

```
[root@VM_56_159_centos ~]# wget http://mirrors.linuxeye.com/scripts/auto_fdisk.sh
--2017-08-28 07:58:27--  http://mirrors.linuxeye.com/scripts/auto_fdisk.sh
Resolving mirrors.linuxeye.com (mirrors.linuxeye.com)... 114.55.94.193, 121.196.203.66
Connecting to mirrors.linuxeye.com (mirrors.linuxeye.com)|114.55.94.193|:80... connected.
HTTP request sent, awaiting response... 200 OK
Length: 5644 (5.5K) [application/octet-stream]
Saving to: 'auto_fdisk.sh'

100%[======================================================================>]

2017-08-28 07:58:27 (540 MB/s) - 'auto_fdisk.sh' saved [5644/5644]

[root@VM_56_159_centos ~]# chmod +x ./auto_fdisk.sh
[root@VM_56_159_centos ~]# ./auto_fdisk.sh
```

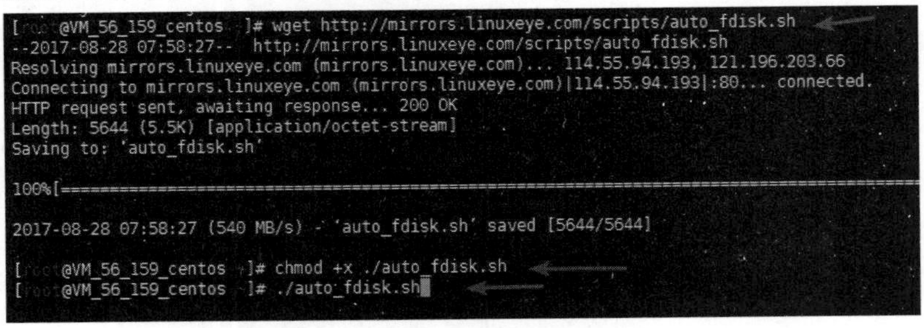

图 12-35　使用挂载数据盘的快速脚本

如果显示结果如图 12-36 所示，则表示挂载成功。

```
[root@OneinStack ~]# cd oneinstack
[root@OneinStack oneinstack]# ./auto_fdisk.sh

#######################################################################
#       OneinStack for CentOS/RadHat 5+ Debian 6+ and Ubuntu 12+      #
#                            Auto fdisk                               #
#       For more information please visit http://oneinstack.com       #
#######################################################################

Step 1.No lock file, begin to create lock file and continue

Step 2.Begin to check free disk
You have a free disk, Now will fdisk it and mount it
This system have free disk :
/dev/vdb

Step 3.Begin to fdisk free disk

Step 4.Begin to make directory

Please enter a location to mount (Default directory: /data): /data

Step 5.Begin to write configuration to /etc/fstab and mount device

Filesystem      Size  Used Avail Use% Mounted on
/dev/vda1        40G  5.6G   32G  15% /
tmpfs           939M     0  939M   0% /dev/shm
/dev/vdb1        20G   44M   19G   1% /data
```

图 12-36　使用快速脚本挂载数据盘成功后的显示结果

12.4.3　重要数据定时备份

一般来说，有了快照基本上可以不用进行数据备份了，但是有时候快照可能会不起作用，作者我就碰到过这种事。万幸的是，那次快照出问题前，作者我把网站和对应的数据库的数据备份了。所以，接下来将教大家如何手动备份重要数据。

使用 Xshell 登录服务器，使用命令 cd oneinstack 进入一键工具 OneinStack 的目录里，执行命令./backup_setup.sh 进入备份设置程序，如图 12-37 所示。

```
#######################################################################
#       OneinStack for CentOS/RadHat 5+ Debian 6+ and Ubuntu 12+      #
#                  Setup the backup parameters                        #
#       For more information please visit https://oneinstack.com      #
#######################################################################

Please select your backup destination:
        1. Only Localhost
        2. Only Remote host
        3. Only Qcloud COS
        4. Localhost and Remote host
        5. Localhost and Qcloud COS
        6. Remote host and Qcloud COS
Please input a number:(Default 1 press Enter) 1

Please select your backup content:
        1. Only Database
        2. Only Website
        3. Database and Website
Please input a number:(Default 1 press Enter) 3

Please enter the directory for save the backup file:
(Default directory: /data/backup):

Pleas enter a valid backup number of days:
(Default days: 5): 7

Please enter one or more name for database, separate multiple database names with commas:
(Default database: wwwibeatx)

Please enter one or more name for website, separate multiple website names with commas:
(Default website: ipc.im)

You have to backup the content:
Database: wwwibeatx
Website: ipc.im
```

图 12-37　使用 OneinStack 内置的备份设置程序

首先，第一个选项是选择备份的目标，一共有五个选项，选择第一个来备份本地机器即可；第二个选项是选择备份内容，选择第三个选项来备份所有的关键数据；接下来是选择备份的文件的默认存放目录，此处选择默认的即可；然后选择数据库备份后的保存时间，这里将它设置为了 7 天，也就是一个月大概备份四次；接下来的两个选项是选择需要备份的数据库和网站，由于整个服务器只有一个数据库和一个网站，所以此处选择默认即可。

自动备份程序设置好以后，测试一下备份效率，检查工作是否良好。输入命令./backup.sh，稍等几秒，如果数据不是特别庞大，一般能马上备份完成。数据备份完成以后，使用 WinSCP 登录服务器，找到默认的备份目录——/data/backup/目录，如图 12-38 所示。将这些备份文件下载到本地进行妥善保存，然后与服务器上的文件进行比对，确认这次的备份效果。

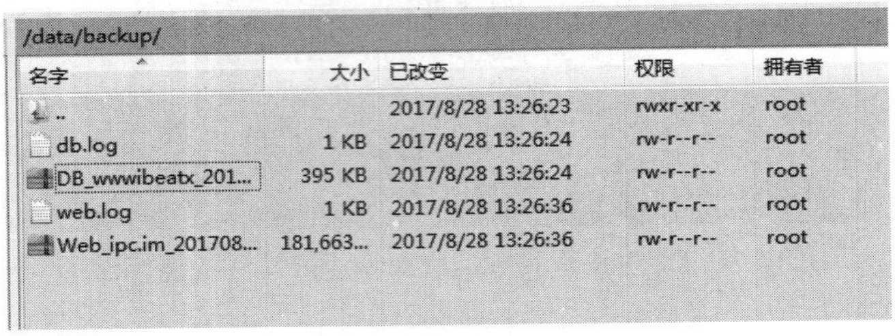

/data/backup/

名字	大小	已改变	权限	拥有者
..		2017/8/28 13:26:23	rwxr-xr-x	root
db.log	1 KB	2017/8/28 13:26:24	rw-r--r--	root
DB_wwwibeatx_201...	395 KB	2017/8/28 13:26:24	rw-r--r--	root
web.log	1 KB	2017/8/28 13:26:36	rw-r--r--	root
Web_ipc.im_201708...	181,663...	2017/8/28 13:26:36	rw-r--r--	root

图 12-38　找到并下载相关目录中的备份文件

第 13 章　Linux 文件与目录权限

在以后的工作中，多多少少都会用到 Linux 系统，那么了解 Linux 系统的权限管理就非常关键了。例如说服务器安不安全、服务能不能启动、网站上能不能上传文件，那么这些问题很可能就是跟系统的某些文件或者目录的权限有关。

为了解决这些问题，需要明白 Linux 系统的权限管理是怎么一回事，怎么样给文件和目录分配正确的权限。由于 Linux 系统的每一个文件和目录都会属于某一个特定的用户和一个特定的用户组，那么一般是谁创建了这个文件和目录，它的拥有者就会是谁，不过也可以手工地修改它的拥有者和所属的对应用户组。

文件和目录的权限分成三类，第一是它的拥有者的权限，第二是它所属的用户组的权限，第三是其他人对这个文件和目录的权限。综上所述，即可以分别去为文件或者目录去设置这三类权限。

可以设置的权限有三种，不同的权限决定了一个用户能对这个文件或者目录做什么。一种是读取的权限，或者叫作查看的权限，用小写的英文字母 r 来表示，英文是 read；另外还有写入的权限，这里用小写的英文字母 w 来表示，英文是 write；最后一种是执行的权限，用小写的英文字母 x 来表示，英文是 execute。如果想让文件的拥有者读取里面的内容，可以给它一个读取（r）的权限；如果想让这个文件所属的用户组里面的所有用户都可以查看这个文件里面的内容，可以去设置一下这个文件所属的用户组的权限，同样的是给它一个读取（r）的权限；如果想让其他人也能读取这个文件的内容，那么就去设置一下这个文件的第三类的权限，也就是对其他人的读取（r）权限。同样，也可以去设置这三个级别的写入权限和执行权限。

读取权限、写入权限和执行权限也可以用阿拉伯数字来表示。r 是用阿拉伯数字 4 来表示，w 用阿拉伯数字 2 表示，x 用阿拉伯数字 1。那么一个文件的拥有者的权限为 7，就表示文件的拥有者同时拥有 r+w+x 的权限，因为 4+2+1=7。如果你只想让它拥有读取的权限，则设置为 4；同时拥有读取和写入的权限，则设置为 6；什么权限都没有的话则设置为 0。

13.1　文件与目录

13.1.1　文件的读取与写入权限

如图 13-1 所示，使用 root 用户登录到 Linux 系统，用命令 touch hello.txt 来创建一个名为 hello.txt 的空文本文件。然后输入命令 ls -l 来查看当前目录下的所有目录和文件，可以看到刚创建的 hello.txt 在第二行。

```
[root@VM_56_159_centos ~]# touch hello.txt
[root@VM_56_159_centos ~]# ls -l
total 12
-rwxr-xr-x 1 root root 5644 Apr  5 15:52 auto_fdisk.sh
-rw-r--r-- 1 root root    0 Sep  4 19:17 hello.txt
drwxr-xr-x 7 root root 4096 Aug 26 16:58 oneinstack
[root@VM_56_159_centos ~]# echo 'hello world' > hello.txt
[root@VM_56_159_centos ~]# cat hello.txt
hello world
[root@VM_56_159_centos ~]#
```

图 13-1　文件的读取与写入权限

可以看到文档前有两个 root，这两个 root 是什么意思呢？第一个 root 代表文件所属的用户，第二个 root 则是代表文件所属的用户组。

还有最前面的-rw-r--r--，它又代表什么意思呢？最前面的“-”代表这个文件是普通文件，后面的则代表这个普通文件所拥有的三个类别的权限。第一部分的“rw-”代表的是拥有者 root 的权限，它有读取和写入的权限，但没有执行的权限；第二部分的“r--”代表的是 root 用户所属的用户组的权限，它只有读取的权限；第三部分的则是代表其他人对这个文件的权限，它也只有读取的权限。

接下来，使用命令 echo 'hello world' > hello.txt 来对这个空文本文件写入数据，按 Enter 键确认。然后再使用命令 cat hello.txt 来查看这个文本文件，显示内容如图 13-1 所示出现 hello world，意味着写入数据成功。

13.1.2　目录的读取与写入权限

如图 13-2 所示，使用 root 用户登录到 Linux 系统，用命令 mkdir test 去创建一个名为 test 的空目录。然后使用命令 ls -l 查看 root 目录下的所有文件和目录的详细属性，可以看见第四行就是刚才创建的空目录，它的属性是 755，属性前有一个英文字母 d，它的全称为 directory，中文意思为目录，代表着这个名为 test 的东西是一个目录。

```
[root@VM_56_159_centos ~]# mkdir test
[root@VM_56_159_centos ~]# ls -l
total 20
-rwxr-xr-x 1 root root 5644 Apr  5 15:52 auto_fdisk.sh
-rw-r--r-- 1 root root   12 Sep  4 19:21 hello.txt
drwxr-xr-x 7 root root 4096 Aug 26 16:58 oneinstack
drwxr-xr-x 2 root root 4096 Sep  4 20:02 test
[root@VM_56_159_centos ~]# touch test/test01.txt
[root@VM_56_159_centos ~]# ls test
test01.txt
[root@VM_56_159_centos ~]# su ipc -c 'ls test'
ls: cannot access test: Permission denied
[root@VM_56_159_centos ~]# ls -l ..
total 64
lrwxrwxrwx.   1 root root     7 Apr 21  2016 bin -> usr/bin
dr-xr-xr-x.   4 root root  4096 Aug  2  2016 boot
drwxr-xr-x    5 root root  4096 Aug 22 22:12 data
drwxr-xr-x   18 root root  2940 Aug 28 07:23 dev
drwxr-xr-x.  90 root root  4096 Aug 28 07:23 etc
drwxr-xr-x.   3 root root  4096 Aug 24 15:01 home
lrwxrwxrwx.   1 root root     7 Apr 21  2016 lib -> usr/lib
lrwxrwxrwx.   1 root root     9 Apr 21  2016 lib64 -> usr/lib64
drwx------.   2 root root 16384 Apr 21  2016 lost+found
drwxr-xr-x.   2 root root  4096 Aug 12  2015 media
drwxr-xr-x.   2 root root  4096 Aug 12  2015 mnt
drwxr-xr-x.   3 root root  4096 Apr 21  2016 opt
dr-xr-xr-x  115 root root     0 Aug 28 07:23 proc
dr-xr-x---.   6 root root  4096 Sep  4 20:02 root
drwxr-xr-x   26 root root   960 Aug 28 07:24 run
lrwxrwxrwx.   1 root root     8 Apr 21  2016 sbin -> usr/sbin
drwxr-xr-x.   2 root root  4096 Aug 12  2015 srv
dr-xr-xr-x   13 root root     0 Aug 28 07:23 sys
drwxrwxrwt.   7 root root  4096 Sep  4 03:24 tmp
drwxr-xr-x.  13 root root  4096 Apr 21  2016 usr
drwxr-xr-x.  19 root root  4096 Aug 28 07:23 var
```

图 13-2　目录的读取权限

然后使用命令 touch test/test01.txt 给 test 这个空目录写入一个名为 test01 的 txt 空文档。写入完成后，使用 ls test 命令查看 test 目录下的文件和目录，可以看到刚创建的 test01.txt。

尝试使用先前创建的新用户 ipc 去执行同样的命令，结果系统告诉没有这个权限，操作被拒绝。

使用命令 ls -l ..去查看上一级目录的详细属性，发现 root 目录的属性是 550，这表明用户组成员和其他人没有执行权限，所以操作被拒绝也就很正常了。

如图 13-3 所示，使用 cd test 命令进入 test 目录，然后使用命令 su ipc -c 'ls'以 ipc 这个用户的身份去查看这个目录下的所有东西。

```
[root@VM_56_159_centos ~]# cd test
[root@VM_56_159_centos test]# su ipc -c 'ls'
test01.txt
[root@VM_56_159_centos test]# su ipc -c 'touch test02.txt'
touch: cannot touch 'test02.txt': Permission denied
[root@VM_56_159_centos test]# cd ../
[root@VM_56_159_centos ~]# chmod o+w test
[root@VM_56_159_centos ~]# cd test
[root@VM_56_159_centos test]# su ipc -c 'touch test02.txt'
[root@VM_56_159_centos test]# ls -l
total 0
-rw-r--r-- 1 root root 0 Sep  4 20:04 test01.txt
-rw-r--r-- 1 ipc  ipc  0 Sep  4 20:10 test02.txt
[root@VM_56_159_centos test]# ls -l ..
total 20
-rwxr-xr-x 1 root root 5644 Apr  5 15:52 auto_fdisk.sh
-rw-r--r-- 1 root root   12 Sep  4 19:21 hello.txt
drwxr-xr-x 7 root root 4096 Aug 26 16:58 oneinstack
drwxr-xrwx 2 root root 4096 Sep  4 20:10 test
```

图 13-3 目录的写入权限

然后再尝试使用命令 su ipc -c 'touch test02.txt'，以 ipc 的用户身份去创建一个名为 test02 的 txt 空文档，预料之中的事发生了，系统告诉没有这个权限执行命令，于是操作被拒绝。

于是使用 cd ../命令，返回上一级目录。然后使用命令 chmod o+w test，来为 test 目录赋予一个其他人也能写入的权限。这里的 o+w，其中的 o 是 others，w 则是 write；它们相加，则是为其他人增加写入的权限，如果是减号则是相反的意思。

然后再重新进入 test 目录，并重新执行上面的命令，可以看到这次成功写入了命令。使用 ls -l ..命令，查看 root 目录下的所有东西的详细属性，可以看到 test 目录的属性为 757，这代表着其他人也有执行的权限，这是相当危险的。

13.1.3 文件与目录的执行权限

什么是文件（目录）的执行权限？文件的执行权限就是可以把这个文件当作计算机的应用程序去运行（目录的执行权限最基本的作用则是能使用 cd 命令进入到目录里，以及获取目录下文件的列表），这样的权限就叫执行权限；执行权限用小写英文字母 x 来表示，用阿拉伯数字就是 1。

文件（目录）的执行权限，只能给所信任的脚本和信任的用户，如果授权不慎，例如将可执行文件的权限设置为 777 并暴露在公网上，所拥有的服务器将很快被骇客的自动化攻击脚本拿下。

如图 13-4 所示，登录服务器，输入命令 echo "echo 'hello'" > say-hello.sh，去创建一个内容为 hello、名字为 say-hello 的可执行脚本。

```
[root@VM_56_159_centos ~]# echo "echo 'hello'" > say-hello.sh
[root@VM_56_159_centos ~]# ls
auto_fdisk.sh  hello.txt  oneinstack  say-hello.sh  test
[root@VM_56_159_centos ~]# ./say-hello.sh
-bash: ./say-hello.sh: Permission denied
[root@VM_56_159_centos ~]# ls -l say-hello.sh
-rw-r--r-- 1 root root 13 Sep  5 01:04 say-hello.sh
[root@VM_56_159_centos ~]# chmod u+x say-hello.sh
[root@VM_56_159_centos ~]# ls -l say-hello.sh
-rwxr--r-- 1 root root 13 Sep  5 01:04 say-hello.sh
[root@VM_56_159_centos ~]# ./say-hello.sh
hello
[root@VM_56_159_centos ~]#
```

图 13-4　文件的执行权限

输入命令 ls 查看当前目录下的所有文件和目录，可以看到刚创建的可执行脚本 say-hello.sh。

输入./say-hello.sh 命令，尝试执行这个脚本，系统反馈告诉权限不够。于是我们输入 ls -l say-hello.sh 命令，去查看这个可执行脚本的权限，得知属性为 644，没有可执行权限。

没有权限就赋予它权限。输入 chmod u+x say-hello.sh 命令，赋予拥有者一个执行权限，这里的 u 代表这个文件的拥有者。

再次输入 ls -l say-hello.sh 命令，查看这个可执行脚本的权限，得知属性变更成了 744。重新执行这个脚本，现在成功输出了内容 hello。

接下来测试目录的执行权限。如图 13-5 所示，输入命令 ls -l 查看 root 目录下所有文件与目录的详细属性，这里可以看到 test 目录的属性为 755。

```
[root@VM_56_159_centos ~]# ls -l
total 24
-rwxr-xr-x 1 root root 5644 Apr  5 15:52 auto_fdisk.sh
-rw-r--r-- 1 root root   12 Sep  4 19:21 hello.txt
drwxr-xr-x 7 root root 4096 Aug 26 16:58 oneinstack
-rwxr--r-- 1 root root   13 Sep  5 01:04 say-hello.sh
drwxr-xr-x 2 root root 4096 Sep  4 20:10 test
[root@VM_56_159_centos ~]# chmod 000 test
[root@VM_56_159_centos ~]# ls -l
total 24
-rwxr-xr-x 1 root root 5644 Apr  5 15:52 auto_fdisk.sh
-rw-r--r-- 1 root root   12 Sep  4 19:21 hello.txt
drwxr-xr-x 7 root root 4096 Aug 26 16:58 oneinstack
-rwxr--r-- 1 root root   13 Sep  5 01:04 say-hello.sh
d--------- 2 root root 4096 Sep  4 20:10 test
[root@VM_56_159_centos ~]# ls test
test01.txt  test02.txt
[root@VM_56_159_centos ~]# ls -l test
total 0
-rw-r--r-- 1 root root 0 Sep  4 20:04 test01.txt
-rw-r--r-- 1 ipc  ipc  0 Sep  4 20:10 test02.txt
[root@VM_56_159_centos ~]# su ipc
[ipc@VM_56_159_centos root]$ cd test
bash: cd: test: Permission denied
[ipc@VM_56_159_centos root]$ ls -l test
ls: cannot access test: Permission denied
```

图 13-5　目录的执行权限

接下来输入 chmod 000 test 命令，赋予 test 这个目录一个比较极端的属性 000。不过，这个命令只是对除超级管理员 root 以外的其他用户比较极端。

输入 ls -l 命令，可以看到 test 目录被成功变更为了 000 属性。如同上面的话所说，使用 root 身份时，ls test 和 ls -l test 命令仍然能正常生效。

于是使用 su ipc 命令，将身份切换到了之前创建的新用户 ipc，接着输入命令 cd test，显示权限不够操作被拒绝，使用其他命令也同样如此，看来目录的执行权限已成功剥夺。

13.1.4　修改文件与目录的权限

修改文件和目录的权限，使用的是 chmod 这个命令。

如图 13-6 所示，使用 root 用户登录到 Linux 系统，输入命令 ls -l 查看 root 目录下的所有东西的详细属性。可以看到，现在的 hello.txt 的属性为 644。

```
[root@VM_56_159_centos ~]# ls -l
total 20
-rwxr-xr-x 1 root root 5644 Apr  5 15:52 auto_fdisk.sh
-rw-r--r-- 1 root root   12 Sep  4 19:21 hello.txt
drwxr-xr-x 7 root root 4096 Aug 26 16:58 oneinstack
drwxr-xrwx 2 root root 4096 Sep  4 20:10 test
[root@VM_56_159_centos ~]# chmod 640 hello.txt
[root@VM_56_159_centos ~]# ls -l
total 20
-rwxr-xr-x 1 root root 5644 Apr  5 15:52 auto_fdisk.sh
-rw-r----- 1 root root   12 Sep  4 19:21 hello.txt
drwxr-xr-x 7 root root 4096 Aug 26 16:58 oneinstack
drwxr-xrwx 2 root root 4096 Sep  4 20:10 test
[root@VM_56_159_centos ~]# chmod o+r hello.txt
[root@VM_56_159_centos ~]# ls -l
total 20
-rwxr-xr-x 1 root root 5644 Apr  5 15:52 auto_fdisk.sh
-rw-r--r-- 1 root root   12 Sep  4 19:21 hello.txt
drwxr-xr-x 7 root root 4096 Aug 26 16:58 oneinstack
drwxr-xrwx 2 root root 4096 Sep  4 20:10 test
[root@VM_56_159_centos ~]# chmod g-r hello.txt
[root@VM_56_159_centos ~]# ls -l
total 20
-rwxr-xr-x 1 root root 5644 Apr  5 15:52 auto_fdisk.sh
-rw----r-- 1 root root   12 Sep  4 19:21 hello.txt
drwxr-xr-x 7 root root 4096 Aug 26 16:58 oneinstack
drwxr-xrwx 2 root root 4096 Sep  4 20:10 test
```

图 13-6　修改文件与目录的权限

想把其他用户的读取权限取消，可以使用 chmod o-r hello.txt 这个命令，不过可以使用更直接简洁的命令，也就是如图 13-6 所示中的 chmod 640 hello.txt。再次使用 ls -l 命令，发现 hello.txt 这个文件的属性已经成功变成 640，原本应该为 r--的地方变成了---。

如果想恢复这个文件为 644 时的属性，则使用 chmod o+r hello.txt 命令，然后按 Enter 键确认。再次使用 ls -l 命令查看相关文件属性，可以看到文件已恢复成 644 属性。

假若想取消用户组的读取权限，可以使用 chmod g-r hello.txt 命令来实现。这里的 g 代表的是 group，也就是用户组的意思。

如果想对一个目录实现类似的操作，可以在 chmod 后加上选项-R 来实现，对应的英文为 recursive。

更多的用法可以在线查看 chmod 命令使用详解 http://man.linuxde.net/chmod。

13.1.5　修改文件或目录的拥有者

如果想修改文件或目录的拥有者，可以使用 chown 这个命令，即英文 change owner 的缩写。如果想修改文件或者目录所属的用户组，也可以使用 chown 命令，或者使用 chgrp 命令。

如图 13-7 所示，使用 root 身份登录到服务器，输入 mkdir 命令创建一个名为 files 的新目录。然后输入 ls 命令，列出 root 目录下的所有文件与目录，这里可以看到了刚才创建的 files 目录。

接着，使用 touch files/file{01..10}.txt 这个命令，在 files 目录下创建 10 个空文本文档，它们的命名如图 13-7 所示，从 file01 一直到 file10。使用 ls -l 命令，查看 root 目录下的所有东西的详细属性，可以清楚地看到 files 目录的用户和用户组都为 root。

于是使用 sudo chown ipc files 命令，将 files 目录的用户变更为 ipc。再次查看 root 目录下的所有东西的详细属性，可以清晰地看到相关的用户变更成了 ipc。

```
[root@VM_56_159_centos ~]# mkdir files
[root@VM_56_159_centos ~]# ls
auto_fdisk.sh  files  hello.txt  oneinstack  say-hello.sh  test
[root@VM_56_159_centos ~]# touch files/file{01..10}.txt
[root@VM_56_159_centos ~]# ls -l
total 28
-rwxr-xr-x 1 root root 5644 Apr  5 15:52 auto_fdisk.sh
drwxr-xr-x 2 root root 4096 Sep  5 22:03 files
-rw-r--r-- 1 root root   12 Sep  4 19:21 hello.txt
drwxr-xr-x 7 root root 4096 Aug 26 16:58 oneinstack
-rwxr--r-- 1 root root   13 Sep  5 01:04 say-hello.sh
drwxrwxr-x 2 root root 4096 Sep  4 20:10 test
[root@VM_56_159_centos ~]# sudo chown ipc files
[root@VM_56_159_centos ~]# ls -l
total 28
-rwxr-xr-x 1 root root 5644 Apr  5 15:52 auto_fdisk.sh
drwxr-xr-x 2 ipc  root 4096 Sep  5 22:03 files
-rw-r--r-- 1 root root   12 Sep  4 19:21 hello.txt
drwxr-xr-x 7 root root 4096 Aug 26 16:58 oneinstack
-rwxr--r-- 1 root root   13 Sep  5 01:04 say-hello.sh
drwxrwxr-x 2 root root 4096 Sep  4 20:10 test
[root@VM_56_159_centos ~]# ls -l files
total 0
-rw-r--r-- 1 root root 0 Sep  5 22:03 file01.txt
-rw-r--r-- 1 root root 0 Sep  5 22:03 file02.txt
-rw-r--r-- 1 root root 0 Sep  5 22:03 file03.txt
-rw-r--r-- 1 root root 0 Sep  5 22:03 file04.txt
-rw-r--r-- 1 root root 0 Sep  5 22:03 file05.txt
-rw-r--r-- 1 root root 0 Sep  5 22:03 file06.txt
-rw-r--r-- 1 root root 0 Sep  5 22:03 file07.txt
-rw-r--r-- 1 root root 0 Sep  5 22:03 file08.txt
-rw-r--r-- 1 root root 0 Sep  5 22:03 file09.txt
-rw-r--r-- 1 root root 0 Sep  5 22:03 file10.txt
[root@VM_56_159_centos ~]# sudo chown -R ipc files
[root@VM_56_159_centos ~]# ls -l files
total 0
-rw-r--r-- 1 ipc root 0 Sep  5 22:03 file01.txt
-rw-r--r-- 1 ipc root 0 Sep  5 22:03 file02.txt
-rw-r--r-- 1 ipc root 0 Sep  5 22:03 file03.txt
-rw-r--r-- 1 ipc root 0 Sep  5 22:03 file04.txt
-rw-r--r-- 1 ipc root 0 Sep  5 22:03 file05.txt
-rw-r--r-- 1 ipc root 0 Sep  5 22:03 file06.txt
-rw-r--r-- 1 ipc root 0 Sep  5 22:03 file07.txt
-rw-r--r-- 1 ipc root 0 Sep  5 22:03 file08.txt
-rw-r--r-- 1 ipc root 0 Sep  5 22:03 file09.txt
-rw-r--r-- 1 ipc root 0 Sep  5 22:03 file10.txt
```

图 13-7　修改文件或目录的拥有者

这里使用 ls -l files 命令，查看 files 目录下的所有空文本文档的详细属性，发现相应的用户和用户组还是属于 root。目录的用户都需要改成 ipc，不能使里面的文件还是归原来的用户管，得将它改过来。

怎么改呢？使用 sudo chown -R ipc files 命令，把目录里的所有东西的属性都修改过来。大家可以发现，这里只是多了一个-R。前面说过，这里的-R 是用来进行递归处理的选项，可以将指定目录下的所有文件及子目录一并处理。这个命令执行以后，再次使用 ls -l files 命令去查看 files 目录下的所有东西的详细属性，执行完成以后，可以看到所有的空文本文档的用户都变成了以前创建的新用户 ipc。

13.1.6　管理用户所属的用户组

如图 13-8 所示，登录进服务器，使用 ls -l 命令得知 test 目录的权限属性为 777，这是一个很危险的权限，意味着其他人也可以执行命令。

于是使用 chmod o-w test 命令，将其目录的属性重新设置为了 775，当然也可以根据需要设置成其他属性。

如果仍然想让 ipc 这个用户拥有写入 test 这个目录的权限，可以设置一下 ipc 这个用户的用户组，具体操作在前面已经写过了。输入 groups ipc 查看 ipc 这个用户的用户组，得知它确实是在 wheel 用户组。

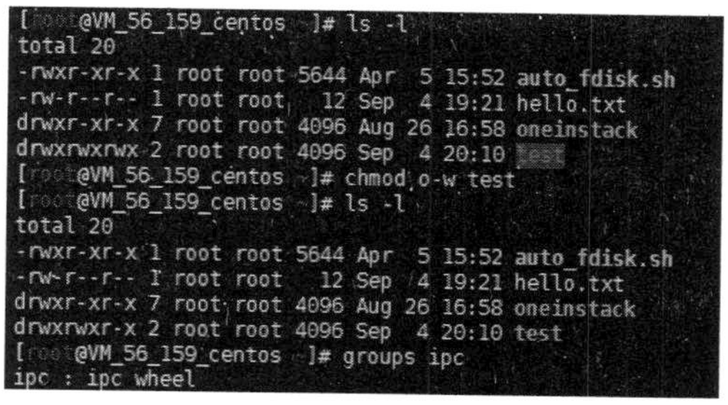

```
[root@VM_56_159_centos ~]# ls -l
total 20
-rwxr-xr-x 1 root root 5644 Apr  5 15:52 auto_fdisk.sh
-rw-r--r-- 1 root root   12 Sep  4 19:21 hello.txt
drwxr-xr-x 7 root root 4096 Aug 26 16:58 oneinstack
drwxrwxrwx 2 root root 4096 Sep  4 20:10 test
[root@VM_56_159_centos ~]# chmod o-w test
[root@VM_56_159_centos ~]# ls -l
total 20
-rwxr-xr-x 1 root root 5644 Apr  5 15:52 auto_fdisk.sh
-rw-r--r-- 1 root root   12 Sep  4 19:21 hello.txt
drwxr-xr-x 7 root root 4096 Aug 26 16:58 oneinstack
drwxrwxr-x 2 root root 4096 Sep  4 20:10 test
[root@VM_56_159_centos ~]# groups ipc
ipc : ipc wheel
```

图 13-8　管理用户所属的用户组

如果需要修改一个离线用户的用户组信息，可以使用 usermod 命令。

如果要将 ipc 添加到组 staff 中，可以使用如下命令：

```
usermod -G staff ipc
```

如果要修改 ipc 的用户名为 newipc，可以使用如下命令：

```
usermod -l newipc ipc
```

更多的用法，可以在线查看 usermod 命令使用详解 http://man.linuxde.net/usermod。

13.2　36 个 Linux 常用基础命令

Linux 的命令数量十分惊人，至少几千个是有的。这么多的数量，有读者可能会想，这可以出版一本图书了吧。——嗯，是的，大家没想错，还真有这样的书，厚度拿来当枕头完全没问题。

对于 Linux 初学者来说，完全没有必要把它们都记住，只需掌握下面的这些命令，在很长一段时间内就完全够用了。下面列举出来的命令，主要偏向于 Linux 的运维方向。

13.2.1　系统管理

（1）killall 命令：killall 命令使用进程的名称来杀死进程，使用此指令可以杀死一组同名进程。可以使用 kill 命令杀死指定进程 PID 的进程，如果要找到需要杀死的进程，还需要在之前使用 ps 等命令再配合 grep 来查找进程，而 killall 把这两个过程合二为一，是一个很好用的命令。

（2）mount 命令：mount 命令用于加载文件系统到指定的加载点。此命令的最常用于挂载 cdrom，使人们可以访问 cdrom 中的数据，因为将光盘插入 cdrom 中，Linux 并不会自动挂载，必须使用 Linux 的 mount 命令来手动完成挂载。

（3）ps 命令：ps 命令用于报告当前系统的进程状态。可以搭配 kill 指令随时中断、删除不必要的程序。ps 命令是最基本同时也是非常强大的进程查看命令，使用该命令可以确定有哪些进程正在运行和运行的状态、进程是否结束、进程有没有僵死、哪些进程占用了过多的资源等，总之大部分信息都是可以通过执行该命令得到的。

（4）shutdown 命令：shutdown 命令用来系统关机命令。shutdown 命令可以关闭所有程序，并依用户的需要，进行重新开机或关机的动作，是最常用也最安全的关机命令。与之有关的命令还有 halt 命令、reboot 命令、poweroff 命令。

（5）sudo 命令：sudo 命令用来以其他身份来执行命令，预设的身份为 root。在/etc/sudoers 中设置了可执行 sudo 命令的用户。若其未经授权的用户企图使用 sudo，则会发出警告的邮件给管理员。用户使用 sudo 时，必须先输入密码，之后有 5 分钟的有效期限，超过期限则必须重新输入密码。

（6）systemctl 命令：systemctl 命令是系统服务管理器指令，它实际上将 service 和 chkconfig 这两个命令组合到一起。

13.2.2 网络管理

（1）ifconfig 命令：ifconfig 命令被用于配置和显示 Linux 内核中网络接口的网络参数。用 ifconfig 命令配置的网卡信息，在网卡重启后机器重启后，配置就会不存在。要想将上述的配置信息永远的保存在机器里，那么就需要修改网卡的配置文件了。

（2）iptables 命令：iptables 命令是 Linux 上常用的防火墙软件，是 netfilter 项目的一部分。可以直接配置，也可以通过许多前端和图形界面配置。

（3）netstat 命令：netstat 命令用来打印 Linux 中网络系统的状态信息，可让人们得知整个 Linux 系统的网络情况。

（4）wget 命令：wget 命令用来从指定的 URL 下载文件。wget 非常稳定，它在带宽很窄的情况下和不稳定网络中有很强的适应性，如果是由于网络的原因下载失败，wget 会不断的尝试，直到整个文件下载完毕。如果是服务器打断下载过程，它会再次连接到服务器上从停止的地方继续下载。这对从那些限定了链接时间的服务器上下载大文件非常有用。

13.2.3 软件・打印・开发・工具

（1）date 命令：date 命令是显示或设置系统时间与日期。 很多 Shell 脚本里面需要打印不同格式的时间或日期，以及要根据时间和日期执行操作。延时通常用于脚本执行过程中提供一段等待的时间。日期可以以多种格式去打印，也可以使用命令设置固定的格式。在类 UNIX 系统中，日期被存储为一个整数，其大小为自世界标准时间（UTC）1970 年 1 月 1 日 0 时 0 分 0 秒起流逝的秒数。

（2）gcc 命令：gcc 命令使用 GNU 推出的基于 C/C++的编译器，是开放源代码领域应用最广泛的编译器，具有功能强大、编译代码支持性能优化等特点。目前，GCC 可以用来编译 C/C++、Fortran、Java、ObjC、Ada 等语言的程序，可根据需要选择安装支持的语言。

（3）man 命令：man 命令是 Linux 下的帮助指令，通过 man 指令可以查看 Linux 中的指令帮助、配置文件帮助和编程帮助等信息。

（4）yum 命令：yum 命令是在 Fedora 和 RedHat 以及 SUSE 中基于 rpm 的软件包管理器，它可以使系统管理人员交互和自动化地更细与管理 RPM 软件包，能够从指定的服务器自动下载 RPM 包并且安装，可以自动处理依赖性关系，并且一次安装所有依赖的软件包，无须烦琐地一次次下载、安装。

yum 提供了查找、安装、删除某一个、一组甚至全部软件包的命令，而且命令简洁而又好记。

13.2.4 文件和目录管理

（1）cat 命令：cat 命令连接文件并打印到标准输出设备上，cat 经常用来显示文件的内容，类似于 Windows 下的 type 命令。

注意：当文件较大时，文本在屏幕上迅速闪过（滚屏），用户往往看不清所显示的内容。因此，一般用 more 等命令分屏显示。为了控制滚屏，可以按 Ctrl+S 键，停止滚屏；按 Ctrl+Q 键可以恢复滚屏。按 Ctrl+C（中断）键可以终止该命令的执行，并且返回 Shell 提示符状。

（2）cd 命令：cd 命令用来切换工作目录至 dirname。其中 dirname 表示法可为绝对路径或相对路径。若目录名称省略，则变换至使用者的 home directory（也就是刚 login 时所在的目录）。另外，~也表示为 home directory 的意思，.则是表示目前所在的目录，..则表示目前目录位置的上一层目录。

（3）chgrp 命令：chgrp 命令用来改变文件或目录所属的用户组。该命令用来改变指定文件所属的用户组。其中，组名可以是用户组的 id，也可以是用户组的组名。文件名可以是由空格分开的要改变属组的文件列表，也可以是由通配符描述的文件集合。如果用户不是该文件的文件主或超级用户（root），则不能改变该文件的组。

（4）chmod 命令：chmod 命令用来变更文件或目录的权限。在 UNIX 系统家族里，文件或目录权限的控制分别以读取、写入、执行 3 种一般权限来区分，另有 3 种特殊权限可供运用。用户可以使用 chmod 指令去变更文件与目录的权限，设置方式采用文字或数字代号皆可。符号连接的权限无法变更，如果用户对符号连接修改权限，其改变会作用在被连接的原始文件。

权限范围的表示法如下。

u User 即文件或目录的拥有者；

g Group 即文件或目录的所属群组；

o Other，除了文件或目录拥有者或所属群组之外，其他用户皆属于这个范围；

a All 即全部的用户，包含拥有者，所属群组以及其他用户；

r 读取权限，数字代号为“4”；

w 写入权限，数字代号为“2”；

x 执行或切换权限，数字代号为“1”；

- 不具任何权限，数字代号为“0”；

s 特殊功能说明：变更文件或目录的权限。

（5）chown 命令：chown 命令改变某个文件或目录的所有者和所属的组，该命令可以向某个用户授权，使该用户变成指定文件的所有者或者改变文件所属的组。用户可以是用户或者是用户 ID，用户组可以是组名或组 ID。文件名可以使由空格分开的文件列表，在文件名中可以包含通配符。

只有文件主和超级用户才可以使用该命令。

（6）cp 命令：cp 命令用来将一个或多个源文件或者目录复制到指定的目的文件或目录。它可以将单个源文件复制成一个指定文件名的具体的文件或一个已经存在的目录下。cp 命令还支持同时复制多个文件，当一次复制多个文件时，目标文件参数必须是一个已经存在的目录，否则将出现错误。

（7）file 命令：file 命令用来探测给定文件的类型。file 命令对文件的检查分为文件系统、魔法幻数检查和语言检查 3 个过程。

（8）find 命令：find 命令用来在指定目录下查找文件。任何位于参数之前的字符串都将被视为欲查找的目录名。如果使用该命令时，不设置任何参数，则 find 命令将在当前目录下查找子目录与文件，并且将查找到的子目录和文件全部进行显示。

（9）grep 命令：grep（global search regular expression(RE) and print out the line，全面搜索正则表达式并把行打印出来）是一种强大的文本搜索工具，它能使用正则表达式搜索文本，并把匹配的行打印出来。

（10）ls 命令：ls 命令用来显示目标列表，在 Linux 中是使用率较高的命令。ls 命令的输出信息可以进行彩色加亮显示，以分区不同类型的文件。

（11）mkdir 命令：mkdir 命令用来创建目录。该命令创建由 dirname 命名的目录。如果在目录名的前面没有加任何路径名，则在当前目录下创建由 dirname 指定的目录；如果给出了一个已经存在的路径，将会在该目录下创建一个指定的目录。在创建目录时，应保证新建的目录与它所在目录下的文件没有重名。

注意：在创建文件时，不要把所有的文件都存放在主目录中，可以创建子目录，通过它们来更有效地组织文件。最好采用前后一致的命名方式来区分文件和目录。例如，目录名可以用大写字母开头，这样在目录列表中目录名就会出现在前面。

在一个子目录中应包含类型相似或用途相近的文件。例如，应建立一个子目录，它包含所有的数据库文件，另有一个子目录应包含电子表格文件，还有一个子目录应包含文字处理文档，等等。目录也是文件，它们和普通文件一样遵循相同的命名规则，并且利用全路径可以唯一地指定一个目录。

（12）mv 命令：mv 命令用来对文件或目录重新命名，或者将文件从一个目录移到另一个目录中。source 表示源文件或目录，target 表示目标文件或目录。如果将一个文件移到一个已经存在的目标文件中，则目标文件的内容将被覆盖。

mv 命令可以用来将源文件移至一个目标文件中，或将一组文件移至一个目标目录中。源文件被移至目标文件有以下两种不同的结果。

①如果目标文件是到某一目录文件的路径，源文件会被移到此目录下，且文件名不变。

②如果目标文件不是目录文件，则源文件名（只能有一个）会变为此目标文件名，并覆盖已存在的同名文件。如果源文件和目标文件在同一个目录下，mv 的作用就是改文件名。当目标文件是目录文件时，源文件或目录参数可以有多个，则所有的源文件都会被移至目标文件中。所有移到该目录下的文件都将保留以前的文件名。

注意：mv 与 cp 的结果不同，mv 好像文件“搬家”，文件个数并未增加。而 cp 对文件进行复制，文件个数增加了。

（13）rm 命令：rm 命令可以删除一个目录中的一个或多个文件或目录，也可以将某个目录及其下属的所有文件及其子目录均删除掉。对于链接文件，只是删除整个链接文件，而原有文件保持不变。

注意：使用 rm 命令要格外小心。因为一旦删除了一个文件，就无法再恢复它。所以，在删除文件之前，最好再看一下文件的内容，确定是否真要删除。rm 命令可以用-i 选项，这个选项在使用文件扩展名字符删除多个文件时特别有用。使用这个选项，系统会要求逐一确定是否要删除。这时，必须输入 y 并按 Enter 键，才能删除文件。如果仅按 Enter 键或其他字符，文件不会被删除。

（14）tar 命令：tar 命令可以为 Linux 的文件和目录创建档案。利用 tar 命令可以为某一特定文件创建档案（备份文件），也可以在档案中改变文件，或者向档案中加入新的文件。tar 命令最初被用来在磁带上创建档案，现在，用户可以在任何设备上创建档案。利用 tar 命令，可以把一大堆的文件和目录全部打包成一个文件，这对于备份文件或将几个文件组合成为一个文件以便于网络传输是非常有用的。

首先要弄清两个概念：打包和压缩。打包是指将一大堆文件或目录变成一个总的文件；压缩则是将一个大的文件通过一些压缩算法变成一个小文件。

为什么要区分这两个概念呢？这源于 Linux 中很多压缩程序只能针对一个文件进行压缩，这样当想要压缩一大堆文件时，得先将这一大堆文件先打成一个包（tar 命令），然后再用压缩程序进行压缩（gzip、 bzip2 命令）。

在 UNIX 系统家族里，文件或目录权限的掌控以拥有者及所属群组来管理。可以使用 chgrp 指令去变更文件与目录的所属群组，设置方式采用群组名称或群组识别码皆可。

（15）vi 命令：vi 命令是 UNIX 操作系统和类 UNIX 操作系统中最通用的全屏幕纯文本编辑器。Linux 中的 vi 编辑器叫 vim，它是 vi 的增强版（vi Improved），与 vi 编辑器完全兼容，而且实现了很多增强功能。

vi 编辑器支持编辑模式和命令模式，编辑模式下可以完成文本的编辑功能，命令模式下可以完成对文件的操作命令，要正确使用 vi 编辑器就必须熟练掌握着两种模式的切换。默认情况下，打开 vi 编辑器后自动进入命令模式。从编辑模式切换到命令模式使用 Esc 键，从命令模式切换到编辑模式使用 A、a、O、o、I、i 键。

vi 编辑器提供了丰富的内置命令，有些内置命令使用键盘组合键即可完成，有些内置命令则需要以冒号“：”开头输入。常用内置命令如下。

Ctrl+u：向文件首翻半屏；

Ctrl+d：向文件尾翻半屏；

Ctrl+f：向文件尾翻一屏；

Ctrl+b：向文件首翻一屏；

Esc：从编辑模式切换到命令模式；

ZZ：命令模式下保存当前文件所做的修改后退出 vi；

:行号：光标跳转到指定行的行首；

:$：光标跳转到最后一行的行首；

x 或 X：删除一个字符，x 删除光标后的，而 X 删除光标前的；

D：删除从当前光标到光标所在行尾的全部字符；

dd：删除光标行正行内容；

ndd：删除当前行及其后 n-1 行；

nyy：将当前行及其下 n 行的内容保存到寄存器？中，其中？为一个字母，n 为一个数字；

p：粘贴文本操作，用于将缓存区的内容粘贴到当前光标所在位置的下方；

P：粘贴文本操作，用于将缓存区的内容粘贴到当前光标所在位置的上方；

/字符串：文本查找操作，用于从当前光标所在位置开始向文件尾部查找指定字符串的内容，查找的字符串会被加亮显示；

？name：文本查找操作，用于从当前光标所在位置开始向文件头部查找指定字符串的内容，查找的字符串会被加亮显示；

a，bs/F/T：替换文本操作，用于在第 *a* 行到第 *b* 行之间，将 F 字符串换成 T 字符串。其中，“s/”表示进行替换操作；

a：在当前字符后添加文本；

A：在行末添加文本；

i：在当前字符前插入文本；

I：在行首插入文本；

o：在当前行后面插入一空行；

O：在当前行前面插入一空行；

:wq：在命令模式下，执行存盘退出操作；

:w：在命令模式下，执行存盘操作；

:w！：在命令模式下，执行强制存盘操作；

:q：在命令模式下，执行退出 vi 操作；

:q！：在命令模式下，执行强制退出 vi 操作；

:e 文件名：在命令模式下，打开并编辑指定名称的文件；

:n：在命令模式下，如果同时打开多个文件，则继续编辑下一个文件；

:f：在命令模式下，用于显示当前的文件名、光标所在行的行号以及显示比例；

:set number：在命令模式下，用于在最左端显示行号；

:set nonumber：在命令模式下，用于在最左端不显示行号。

13.2.5 硬件・内核・Shell・监测

（1）df 命令：df 命令用于显示磁盘分区上的可使用的磁盘空间。默认显示单位为 KB。可以利用该命令来获取硬盘被占用了多少空间，目前还剩下多少空间等信息。

（2）echo 命令：echo 命令用于在 Shell 中打印 Shell 变量的值，或者直接输出指定的字符串。Linux 的 echo 命令，在 Shell 编程中极为常用，在终端下打印变量 value 的时候也是常常用到的，因此有必要了解下 echo 的用法。echo 命令的功能是在显示器上显示一段文字，一般起到一个提示的作用。

（3）free 命令：free 命令可以显示当前系统未使用的和已使用的内存数目，还可以显示被内核使用的内存缓冲区。

（4）kill 命令：kill 命令用来删除执行中的程序或工作。kill 可将指定的信息送至程序。预设的信息为 SIGTERM(15)，可将指定程序终止。若仍无法终止该程序，可使用 SIGKILL(9)信息尝试强制删除程序。程序或工作的编号可利用 ps 指令或 job 指令查看。

（5）lsof 命令：lsof 命令用于查看进程开打的文件、打开文件的进程、进程打开的端口（TCP、UDP）；找回或者恢复删除的文件。它是十分方便的系统监视工具，因为 lsof 命令需要访问核心内存和各种文件，所以需要 root 用户执行。

在 Linux 环境下，任何事物都以文件的形式存在，通过文件不仅仅可以访问常规数据，还可以访问网络连接和硬件。所以如传输控制协议（TCP）和用户数据报协议（UDP）套接字等，系统在后台都为该应用程序分配了一个文件描述符，无论这个文件的本质如何，该文件描述符为应用程序与基础操作系统之间的交互提供了通用接口。因为应用程序打开文件的描述符列表提供了大量关于这个应用程序本身的信息，因此通过 lsof 工具能够查看这个列表对系统监测以及排错将是很有帮助的。

（6）time 命令：time 命令用于统计给定命令所花费的总时间。

（7）top 命令：top 命令可以实时动态地查看系统的整体运行情况，是一个综合了多方信息监测系统性能和运行信息的实用工具。通过 top 命令所提供的互动式界面，用热键可以管理。

拓展知识：

《新手指南：Linux 新手应该知道的 26 个命令》https://linux.cn/article-6160-1.html

Linux 常用命令线上手册（可快速查询某个命令的详细知识）http://man.linuxde.net/

Linux 的常用命令比较多，如果大家舍不得花钱购买服务器或者没有多余的服务器进行实机操作，可以使用开源的虚拟机软件 VirtualBox（英文官网 https://www.virtualbox.org/）虚拟出一台服务器进行训练。

第 14 章　iptables 防火墙

iptables 防火墙这部分的内容是为没有类似阿里云云服务器的安全组的其他厂商云服务器所准备的。是的，跟大家脑海里想的一样，安全组基本等价于 iptables 防火墙。只不过对大部分普通用户来说，阿里云所提供的安全组使用更方便一些。

14.1　准备

14.1.1　iptables 防火墙介绍

iptables 是一种用在 Linux 操作系统上面的防火墙，其作用与前面所说的安全组大致相同。可以利用它去设置一些特定规则，来使得数据包经过网卡时都会被检查。服务器的系统会根据所设置的防火墙的规则，来决定到底怎么处理这些要进来的、要出去的、要被转发到别处的数据包。在每条防火墙规则（规则的英文名称是 rules）里面，可以使用一些特性去描述一下这些经过网卡时被检查的数据包的特征。例如说数据包使用的网络协议的类型、数据包的来源和去向以及数据包使用的端口号等。

如果到网卡上的数据包符合设置的某一条规则，系统就会去执行这条规则里指定的动作（动作的英文名称是 target）。它可以接受（ACCEPT）这个数据包，也就是让这个数据包通过，让它去它想去的地方；它也可以丢弃（DROP）这个数据包，也就是直接把这个数据包丢掉。因为 DROP 这个动作不会向外回应，所以例如说有人想连接我们的服务器，那么如果我们把他发过来的数据包给扔了的话，他那边的连接会一直等着，直到连接超时；假如动作的回应是拒绝（REJECT）数据包，那么这个动作会给对方一个回应，告诉对方——你被我拒绝了。

14.1.2　Chain：防火墙规则的分组

Chain 这个概念有点像是防火墙规则的分组，它里面比较重要的是本身规则的顺序。可以根据自己的需求去创建 Chain，默认有三个 Chain：INPUT、OUTPUT、FORWARD。INPUT 表示输入，它处理的是进入到服务器里面的数据包；OUTPUT 表示输出，它处理的是服务器向外发送的数据包，例如说想要安装或升级服务器上的某一个服务时，服务器本身就会向外发送一些数据包；FORWARD 表示转发，这个分组的数据包会从一个地方被转移到另一个地方。

每一个分组都可以设置一个默认的动作，如果数据包不符合分组里面的所有防火墙规则的话，就会去执行这个默认的动作，这个动作可以是接受、丢弃或者是拒绝。

这些 Chain 也就是规则的分组里面，会包含很多条规则。在检查数据包的时候，分组里面的规则的顺序是很重要的，它的顺序意味着规则的优先级高低，在前面的规则优先级高，在后面的规则优先级低。数据包会被按照分组里的规则的顺序来进行检查，如果符合 Chain 里面的某一条规则的描述，就会执行相对应的动作，也就是上面所说的接受、丢弃、拒绝。

当执行过动作后，系统就不会继续去检查这个数据包是不是符合剩下的规则里的描述了，因此 Chain 里排在最前面的规则比后面的规则的优先级要高一些。由于这个系统机制的存在，所以需要在设计规则时去把一些比较通用的规则放到前面，然后把更具体的规则放到后面。例如想要禁用从某一个 IP 地址发过来的数据，那么应该在 Chain 里面设置一些比较具体的规则。

14.2　端口

14.2.1　端口扫描

传输协议就是传输数据用的方法，例如说 TCP 协议和 UDP 协议。

端口号就是数据的一个通道。例如说用户的浏览器会在用户的计算机上打开一个端口，然后去连接到服务器上的 80 端口，在这两个端口之间计算机和服务器可以相互交流数据；服务器上的一些服务会默认监听一些端口，用户可以连接到这些端口上面。例如前面提到的 Web 服务会默认监听 80 端口，SSH 服务会默认使用 22 端口。

在服务器本地或者其他的地方，都可以去查看服务器打开的这些端口。如图 14-1 所示，登录服务器，去安装 EPEL 仓库，输入命令 yum install epel-release -y 后按 Enter 键，稍微等待即可。

```
[root@VM_56_159_centos ~]# yum install epel-release -y
Loaded plugins: fastestmirror, langpacks
Repository epel is listed more than once in the configuration
Repodata is over 2 weeks old. Install yum-cron? Or run: yum makecache fast
docker-main-repo
epel
extras
```

图 14-1　安装 EPEL 仓库

然后再输入命令 yum install nginx -y，去安装 Nginx 服务。如果按照第 11 章节中所讲述的内容安装过一整套的网站运行环境后，这里可以不用再进行重复安装。然后输入命令 systemctl start nginx，来启动 Nginx 服务。

如果有多余的服务器，可以在它上面安装 Nmap 来进行端口扫描。登录这台服务器，输入命令 yum install nmap -y，然后按 Enter 键安装。

如图 14-2 所示，接下来输入命令 nmap -sT 114.114.114.114，去扫描 114 公共 DNS 提供服务的 IP 地址。这里的命令中的“s”代表 scan ，中文意思为扫描；大写的“T”代表 TCP 协议。综上所述，上面的意思即为使用 Nmap 去扫描 114.114.114.114 这个公共 DNS 使用的 TCP 协议的公开端口。当然，这个 IP 地址也可以替换成所拥有的主服务器的 IP 地址。从图 14-2 所示的结果可以看出，114.114.114.114 开放了两个使用 TCP 协议的端口。

```
[root@VM_56_159_centos ~]# nmap -sT 114.114.114.114

Starting Nmap 6.40 ( http://nmap.org ) at 2017-09-12 23:43 CST
Nmap scan report for public1.114dns.com (114.114.114.114)
Host is up (0.018s latency).
Not shown: 998 filtered ports
PORT     STATE SERVICE
53/tcp open  domain
80/tcp open  http
```

图 14-2　使用 Nmap 扫描 114 公共 DNS

当然，如果想要知道主服务器开放了哪些端口，也可以在主服务器上安装 Nmap 来扫描自己。使用上面的 Nmap 安装命令在主服务器上安装 Nmap，然后执行命令 nmap -sT localhost 来扫描自己，如图 14-3 所示。这里的“localhost”，即为本地主机。从图 14-3 所示的结果可以看出，主服务器开放了四个使用 TCP 协议的端口。

```
[root@VM_56_159_centos ]# nmap -sT localhost

Starting Nmap 6.40 ( http://nmap.org ) at 2017-09-13 00:22 CST
Nmap scan report for localhost (127.0.0.1)
Host is up (0.00023s latency).
Other addresses for localhost (not scanned): 127.0.0.1
Not shown: 996 closed ports
PORT     STATE SERVICE
21/tcp   open  ftp
80/tcp   open  http
88/tcp   open  kerberos-sec
3306/tcp open  mysql
```

图 14-3　使用 Nmap 扫描本地主机

14.2.2　查看端口上的连接

如图 14-3 所示，其中列出的端口，可能会有少部分不知道它是做什么的，也不知道它属于哪一个服务。如果出现了不了解的服务和端口号，那么可以查询系统里面的一个 ANSI 编码文件，这个文件上面会列出大部分已经了解的服务和服务所对应的端口号。登录主服务器，可以输入命令 cat /etc/services，来输出这个文件里的详细内容，详细信息如图 14-4 所示。第一列是服务的名字，第二列是服务的端口号和使用的协议类型，第三列是服务的简略描述（#号后面）。在某些情况下，第三列显示的信息可能是服务的别名，第四列才是与服务相关的简略描述。如果发现服务器所开放的端口既不在这个文件里面，又没有出现手工设置的端口，这种情况下就需要多加注意了，有可能是服务器被入侵了。

```
sun-as-jpda     9191/udp                # Sun AppSvr JPDA
wap-wsp         9200/tcp                # WAP connectionless session service
wap-wsp         9200/udp                # WAP connectionless session service
wap-wsp-wtp     9201/tcp                # WAP session service
wap-wsp-wtp     9201/udp                # WAP session service
wap-wsp-s       9202/tcp                # WAP secure connectionless session service
wap-wsp-s       9202/udp                # WAP secure connectionless session service
wap-wsp-wtp-s   9203/tcp                # WAP secure session service
wap-wsp-wtp-s   9203/udp                # WAP secure session service
wap-vcard       9204/tcp                # WAP vCard
wap-vcard       9204/udp                # WAP vCard
wap-vcal        9205/tcp                # WAP vCal
wap-vcal        9205/udp                # WAP vCal
wap-vcard-s     9206/tcp                # WAP vCard Secure
wap-vcard-s     9206/udp                # WAP vCard Secure
wap-vcal-s      9207/tcp                # WAP vCal Secure
wap-vcal-s      9207/udp                # WAP vCal Secure
rjcdb-vcards    9208/tcp                # rjcdb vCard
rjcdb-vcards    9208/udp                # rjcdb vCard
almobile-system 9209/tcp                # ALMobile System Service
```

图 14-4　查看系统中所有的服务和对应的端口等基本信息

在输出这个文件时，可以使用关键词，来搜索特定服务，例如可以输入命令 cat /etc/services | grep 80，来查找端口号中有“80”字段的服务。如图 14-5 所示，其关键词会用红色来着重显示。

```
[root@VM_56_159_centos ]# cat /etc/services | grep 80
http            80/tcp          www www-http    # WorldWideWeb HTTP
http            80/udp          www www-http    # HyperText Transfer Protocol
http            80/sctp                         # HyperText Transfer Protocol
socks           1080/tcp                        # socks proxy server
socks           1080/udp                        # socks proxy server
corbaloc        2809/tcp                        # CORBA naming service locator
amanda          10080/tcp                       # amanda backup services
amanda          10080/udp                       # amanda backup services
omirr           808/tcp         omirrd          # online mirror
omirr           808/udp         omirrd          # online mirror
canna           5680/tcp        auriga-router
webcache        8080/tcp        http-alt        # WWW caching service
webcache        8080/udp        http-alt        # WWW caching service
tproxy          8081/tcp        sunproxyadmin   # Transparent Proxy
tproxy          8081/udp        sunproxyadmin   # Transparent Proxy
ris             180/tcp                 # Intergraph
ris             180/udp                 # Intergraph
http-mgmt       280/tcp                 # http-mgmt
http-mgmt       280/udp                 # http-mgmt
```

图 14-5　使用关键词搜索系统中特定的服务

如果想知道某一个端口到底是哪个服务打开的，可以使用命令 netstat -anp | grep 80，来查看使用该端口的服务。上面命令中的“a”代表 all，意为所有；“n”代表 numeric，意为直接使

用数字显示；“p”代表 programs，意为显示正在使用 Socket 的程序识别码和程序名称。如图 14-6 所示，从图中的结果了解到使用 80 端口的是 Nginx 服务，服务前面的数字则是进程的 ID。

```
[    @VM_56_159_centos  ]# netstat -anp | grep 80
tcp        0      0 0.0.0.0:80              0.0.0.0:*               LISTEN      3016/nginx: master
unix  2      [ ACC ]     STREAM     LISTENING     22358    698/dockerd
unix  3      [ ]         STREAM     CONNECTED     21806    840/docker-containe  /run/docker/libnetwork/f24f775b6a481e088803b173a3f5d00f77487eb4da46ff90ca6bcae0fde76069.sock
unix  3      [ ]         STREAM     CONNECTED     21805    698/dockerd          /var/run/docker/libcontainerd/docker-containerd.sock
unix  3      [ ]         STREAM     CONNECTED     15980    425/lsmd
```

图 14-6　查看正在使用 80 端口的服务

还可以只列出当前使用 TCP 协议的服务的进程，输入命令 netstat -ntp，可以得到如图 14-7 所示的反馈结果。图 14-7 中的 Local Address，代表主服务器的本机地址；Foreign Address 代表正在连接主服务器的那台主机的地址。可以看到有两个地址，第一个地址是本地局域网地址，第二个地址则是当前使用的长城宽带的浮动公网 IP 地址；State 表示状态，上面显示的 ESTABLISHED 意为连接已创建；后面的则是进程的 ID 和服务名称。如果这时有其他活动连接到 Web 服务，本机地址等一些信息就会发生变化，再次输入上面的 netstat -ntp 命令，就可以看到其详细信息。

```
[    @VM_56_159_centos  ]# netstat -ntp
Active Internet connections (w/o servers)
Proto Recv-Q Send-Q Local Address           Foreign Address         State       PID/Program name
tcp        0      0 10.105.56.159:59600     10.252.230.17:9988      ESTABLISHED 899/secu-tcs-agent
tcp        0    356 10.105.56.159:10101     42.199.49.156:24664     ESTABLISHED 29772/sshd: root@pt
```

图 14-7　查看正在使用 TCP 协议的服务的进程

14.3　基础

14.3.1　iptables 基本命令

由于执行 iptables 命令需要 root 权限，所以可以使用 root 用户登录或者在命令前加 sudo 获得超级管理员权限。

例如想要查看系统现有的防火墙规则，可以输入命令 iptables -L 或 iptables --list，这两个命令的意思相同，其作用是让系统列出所有的防火墙分组和里面的规则。如图 14-8 所示，一般情况下，会看到这三个 Chain，它们就是 iptables 默认的防火墙的分组。大多数情况下，默认的 iptables 里面是没有规则的，而且 policy 的动作都是 ACCEPT；当数据包不符合所有的规则后，系统才会去执行这个默认的 policy。

```
[    @VM_56_159_centos  ]# iptables --list
Chain INPUT (policy DROP)
target     prot opt source               destination
ACCEPT     all  --  anywhere             anywhere
ACCEPT     all  --  anywhere             anywhere             state RELATED,ESTABLISHED
ACCEPT     tcp  --  anywhere             anywhere             state NEW tcp dpt:ssh
ACCEPT     tcp  --  anywhere             anywhere             state NEW tcp dpt:ezmeeting-2
ACCEPT     tcp  --  anywhere             anywhere             state NEW tcp dpt:ftp
ACCEPT     tcp  --  anywhere             anywhere             state NEW tcp dpts:dnp:ndmps
ACCEPT     tcp  --  anywhere             anywhere             state NEW tcp dpt:http
ACCEPT     tcp  --  anywhere             anywhere             state NEW tcp dpt:https
ACCEPT     icmp --  anywhere             anywhere             limit: avg 1/sec burst 10
ACCEPT     all  -f  anywhere             anywhere             limit: avg 100/sec burst 100
syn-flood  tcp  --  anywhere             anywhere             tcp flags:FIN,SYN,RST,ACK/SYN
REJECT     all  --  anywhere             anywhere             reject-with icmp-host-prohibited

Chain FORWARD (policy ACCEPT)
target     prot opt source               destination
DOCKER-ISOLATION  all  --  anywhere             anywhere
DOCKER     all  --  anywhere             anywhere
ACCEPT     all  --  anywhere             anywhere             ctstate RELATED,ESTABLISHED
ACCEPT     all  --  anywhere             anywhere
ACCEPT     all  --  anywhere             anywhere

Chain OUTPUT (policy ACCEPT)
target     prot opt source               destination
```

图 14-8　查看系统现有的防火墙规则

如果想要查看现有的规则是执行什么样的 iptables 命令生成的，可以使用 iptables -S 或 iptables --list-rules 命令。如图 14-9 所示，如果没有往里面添加具体的防火墙规则，会看到这三条默认的命令，它们就是设置分组默认动作的那些命令，且 policy 的默认动作应为 ACCEPT。

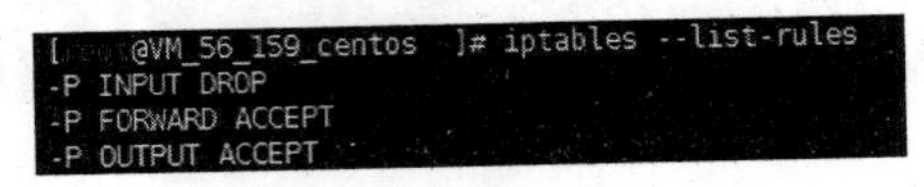

图 14-9　查看系统现有的防火墙规则的生成过程

如果想把 FORWARD 这个 Chain 的默认 policy 改成 DROP，可以输入命令 iptables -P FORWARD DROP 来更改。如图 14-10 所示，更改后输入命令 iptables --list-rules 查看，从图 14-10 中所示的反馈结果得知上面的更改命令生效了。如果想恢复原样，可以使用 iptables -P FORWARD ACCEPT 这个命令。命令中的“P”是 policy 的缩写，后面的 FORWARD 和 ACCEPT，可以根据实际需要灵活变通。

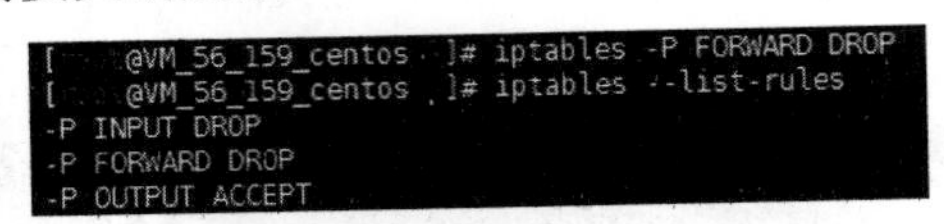

图 14-10　将 FORWARD 默认策略改成 DROP

14.3.2　禁止指定来源的访问

这里的指定来源，一般情况下是指某个具体的 IP 地址或者 IP 地址段。

在防火墙的规则里面，要指定一下规则应用的 Chain，描述一下数据包的特征，然后再加上想要执行的具体动作。

如图 14-11 所示，在阿里云的云盾态势感知管理控制台上，得知有一些 IP 地址总是攻击服务器，去请求一些它没有权限的资源，不断地向服务器发出数据包，消耗了服务器的资源。

代码/命令执行 (301)　本地文件包含 (0)　远程文件包含 (0)　脚本木马 (186)　上传漏洞 (1)　路径遍历 (0)　拒绝服务 (0)　越权访问 (0)　CSRF (0)　CRLF (0)　其他 (285)

被攻击应用 ⑦	被攻击的URL地址	请求方式	攻击类型	攻击者IP
ipc.im	http://ipc.im/wp-login.php	POST	其他	120.52.18.49(中国-河北省-廊坊市)
ipc.im	http://ipc.im/wp-login.php	POST	其他	120.52.18.49(中国-河北省-廊坊市)

图 14-11　阿里云的云盾态势感知管理控制台上显示的攻击服务器的 IP 地址

为了改善这种情况，可以添加一条防火墙规则去禁止这个 IP 地址的访问。登录服务器，输入命令 iptables -A INPUT -s 120.52.18.49 -j DROP 后按 Enter 键确认即添加成功。命令中的“A”即为 Append，意思是向规则链中添加条目，后面的“INPUT”则是要添加的规则链的名字；“s”则是 source，代表着数据包的来源，紧挨着的 IP 地址则是要禁止的指定来源；“j”则是 jump，作用是指定要跳转的目标，后面紧挨着的动作则是想要执行的 policy。这条规则的作用，就是扔掉 120.52.18.49 这个 IP 地址发来的所有的数据包。

14.3.3　禁止指定来源访问指定协议的端口号

继续在阿里云的云盾态势感知管理控制台上查看详细信息，发现攻击我们的 IP 地址与上面我们禁止掉的 IP 地址好像在同一个网段，即在 120.52.18.0 至 120.52.18.255 这一整个 C 类 IP 地址的范围内。如果想要了解更多关于 IP 地址子网的知识，可以去百度查找“IP CIDR”这个关键词，这里就不再多做阐述。

如图 14-12 所示，登录主服务器，输入命令 iptables -A INPUT -s 120.52.18.0/24 -p tcp --dport 80 -j DROP，然后按 Enter 键确认，防火墙规则就添加成功了。命令中的“p”，即为 protocol，代表协议类型，后面紧挨着的“tcp”则是我们指定的协议；“dport”代表目标端口，后面的“80”则是我们指定的端口号。这条规则的作用，就是禁止 120.52.18.0 至 120.52.18.255 之间的 IP 地址使用 TCP 协议发送到 80 端口的数据包。虽然一整个 C 类 IP 地址有 256 个地址，但实际上可用的主机地址只有 254 个。

```
[root@VM_56_159_centos ~]# iptables -A INPUT -s 120.52.18.0/24 -p tcp --dport 80 -j DROP
[root@VM_56_159_centos ~]#
```

图 14-12　禁止指定来源访问指定协议的端口号

14.4　管理规则

14.4.1　列出防火墙规则

查看现有的防火墙的规则，可以使用命令 iptables -L，“L”代表 List。在 INPUT 这个规则链里面，可以看到之前添加的两条规则。如果使用 iptables -L --line-numbers 这个命令，就会在这两条规则前面加上数字行号。如果想要查看这两条规则是执行什么样的 iptables 命令生成的，可以使用 iptables -S 或 iptables --list-rules 命令。

如果想要列出指定的规则链例如 INPUT 这个 Chain 里面的规则，可以使用 iptables -L INPUT 这个命令去查看。如果想要得到更详细的信息，可以在这条命令后面加上-v，即使用 iptables -L INPUT -v 这个命令。如图 14-13 所示，会发现系统所展示的信息里多了一些内容，例如 pkts 和 bytes，它们分别是数据包的数量和数据包的大小。如果想要重置这里面的统计信息的话，可以使用 iptables -Z 这个命令，“Z”代表 Zero；如果想要清除指定的规则链里的信息的话，可以加上这个 Chain 的名字。清除完成以后，执行命令 iptables -L INPUT -v，会发现里面的 pkts 和 bytes 的数字都变成了零。

```
[root@VM_56_159_centos ~]# iptables -L INPUT
Chain INPUT (policy DROP)
target     prot opt source               destination
ACCEPT     all  --  anywhere             anywhere
ACCEPT     all  --  anywhere             anywhere            state RELATED,ESTABLISHED
ACCEPT     tcp  --  anywhere             anywhere            state NEW tcp dpt:ssh
ACCEPT     tcp  --  anywhere             anywhere            state NEW tcp dpt:ezmeeting-2
ACCEPT     tcp  --  anywhere             anywhere            state NEW tcp dpt:ftp
ACCEPT     tcp  --  anywhere             anywhere            state NEW tcp dpts:dnp:ndmps
ACCEPT     tcp  --  anywhere             anywhere            state NEW tcp dpt:http
ACCEPT     tcp  --  anywhere             anywhere            state NEW tcp dpt:https
ACCEPT     icmp --  anywhere             anywhere            limit: avg 1/sec burst 10
ACCEPT     all  -f  anywhere             anywhere            limit: avg 100/sec burst 100
syn-flood  tcp  --  anywhere             anywhere            tcp flags:FIN,SYN,RST,ACK/SYN
REJECT     all  --  anywhere             anywhere            reject-with icmp-host-prohibited
DROP       all  --  120.52.18.49         anywhere
DROP       tcp  --  120.52.18.0/24       anywhere            tcp dpt:http
[root@VM_56_159_centos ~]# iptables -L INPUT -v
Chain INPUT (policy DROP 0 packets, 0 bytes)
 pkts bytes target     prot opt in     out     source               destination
 2012  101K ACCEPT     all  --  lo     any     anywhere             anywhere
3277K  282M ACCEPT     all  --  any    any     anywhere             anywhere            state RELATED,ESTABLISHED
    0     0 ACCEPT     tcp  --  any    any     anywhere             anywhere            state NEW tcp dpt:ssh
  234 11324 ACCEPT     tcp  --  any    any     anywhere             anywhere            state NEW tcp dpt:ezmeeting-2
  424 20624 ACCEPT     tcp  --  any    any     anywhere             anywhere            state NEW tcp dpt:ftp
    1    44 ACCEPT     tcp  --  any    any     anywhere             anywhere            state NEW tcp dpts:dnp:ndmps
    1    40 ACCEPT     tcp  --  any    any     anywhere             anywhere            state NEW tcp dpt:http
    0     0 ACCEPT     tcp  --  any    any     anywhere             anywhere            state NEW tcp dpt:https
 149K   14M ACCEPT     icmp --  any    any     anywhere             anywhere            limit: avg 1/sec burst 10
    0     0 ACCEPT     all  -f  any    any     anywhere             anywhere            limit: avg 100/sec burst 100
   52  2484 syn-flood  tcp  --  any    any     anywhere             anywhere            tcp flags:FIN,SYN,RST,ACK/SYN
 2500  117K REJECT     all  --  any    any     anywhere             anywhere            reject-with icmp-host-prohibited
    0     0 DROP       all  --  any    any     120.52.18.49         anywhere
    0     0 DROP       tcp  --  any    any     120.52.18.0/24       anywhere            tcp dpt:http
```

图 14-13　列出防火墙规则

14.4.2 追加与插入规则

防火墙规则的顺序很重要，因为一个数据包进入以后，会被从第一条规则开始检查，遇到符合的规则就会执行对应的动作，执行以后就不会再继续使用后面的规则来检查这个数据包了。

之前在添加规则的时候，都使用了一个“-A”的选项，它全称为 Append，中文意思为添加。使用这个选项后，新添加的规则会追加到现有的规则的底部，也就是新添加的规则会排列在原有规则的最后面。如果想避免这种情况发生，可以使用“-I”这个选项，把新添加的规则插入到指定的位置上。

可以输入命令 iptables -L --line-numbers，先查看一下目前所有的规则链和它里面的所有规则。如图 14-14 所示，现在想添加一条规则，作为 INPUT 这个 Chain 里面的第一条规则，输入命令 iptables -I INPUT 1 -i lo -j ACCEPT。可以在“-I”选项后加上想要插入的规则链的名字，以及想要插入的行号数字；“-i”的作用，是指定数据包进入本机的网络接口，后面的“lo”则是 loopback 的缩写。这条规则的作用是，可以允许本地流量自由进入，而且是最高优先级。再次执行 iptables -L --line-numbers 这个命令，可以看到新添加的命令已经被插入到了指定位置上。

```
[    @VM_56_159_centos ~]# iptables -I INPUT 1 -i lo -j ACCEPT
[    @VM_56_159_centos ~]# iptables -L --line-numbers
Chain INPUT (policy DROP)
num  target     prot opt source               destination
1    ACCEPT     all  --  anywhere             anywhere
2    ACCEPT     all  --  anywhere             anywhere
3    ACCEPT     all  --  anywhere             anywhere             state RELATED,ESTABLISHED
```

图 14-14 追加与插入规则

14.4.3 删除规则与清空所有规则

想要删除现有的规则，最简单的方法就是去使用规则的行号的数字来作为依据来删除。输入命令 iptables -L --line-numbers，执行后发现我们的 INPUT 这个规则链里面，第一条规则和第二条规则重复了，于是需要删除一条多余的规则。

如图 14-15 所示，为了与前面添加的规则作出区别，删除掉 INPUT 这个 Chain 里面的第二条规则，输入并执行命令 iptables -D INPUT 2；“D”是英文 Delete 的缩写，意为删除。完成后使用命令 iptables -L --line-numbers 再查看一下，会发现多余的规则已经被成功删除了。

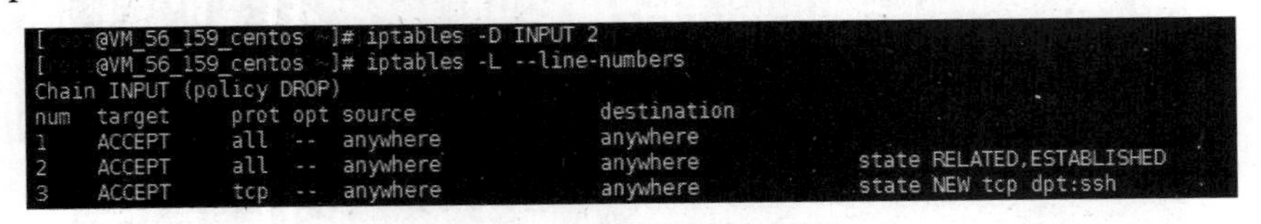

图 14-15 删除现有的规则

如果想要清空某个规则链例如 INPUT 这个规则链里面的所有规则，可以执行命令 iptables -F INPUT 来完成；这里的“F”是英文 Flush 的缩写，中文意思为冲洗。如果不在选项“-F”后面指定某个规则链，iptables 里面的所有规则都会被清空，使用的时候一定要观察清楚了解命令后再执行，以免意外情况发生。上面的命令执行后，再使用命令 iptables -L --line-numbers 去查看一下，会发现 INPUT 这个规则链里的所有规则已经被清空干净了。

14.4.4　CentOS：保存防火墙规则

前面添加的防火墙规则，如果不对它们进行保存，那么它们会在系统重新启动后消失，故必须找到一种方法把这些配置完成的规则保存下来。

CentOS 7 这个系列的系统自带一个叫做 FirewallD 的防火墙，不过系统目前使用的还是 iptables。可以先把系统自带的 FirewallD 防火墙关掉，然后再去安装一个叫做 iptables-services 的东西。

执行命令 yum install iptables-services -y，完成以后使用命令 systemctl start iptables 去启动这个服务。如果之前使用了 OneinStack 这个一键开源工具，那么就有可能已经安装了这个服务；如果不确定自己是否已经安装，可以使用 rpm -qa | grep iptables 这个命令查看详细信息。启动服务以后，再使用 systemctl enable iptables 这个命令，让服务加入到开机自启动中。

防火墙规则会被保存到一个配置文件里面，可以使用命令 cat /etc/sysconfig/iptables 这个命令去查看文件里面的内容，内容里面列出的是一些比较常用的防火墙的规则。当然，自己新添加的规则，也会被保存到这个文件里面。重新启动 iptables 这个服务，可以立即应用这个配置文件里面的防火墙规则。执行命令 systemctl restart iptables，可以达到重启服务的目的。输入 iptables -L 这个命令，系统会反馈给目前系统里面的防火墙规则的信息，这些规则保存在根目录下的 etc/sysconfig 的 iptables 配置文件里。

如图 14-16 所示，可以使用命令 iptables -A INPUT -s 120.52.18.50 -j DROP，去新添加一条防火墙规则，禁止 120.52.18.50 这个 IP 地址的访问，然后输入 service iptables save 这个命令，去保存新添加的防火墙规则到 iptables 配置文件里面，完成后输入命令 systemctl restart iptables，使得新添加的规则立即被重启生效。如图 14-17 所示，使用命令 iptables -L --line-numbers 查看，发现新添加的防火墙规则已经成功运行了。

```
[root@VM_56_159_centos ~]# iptables -A INPUT -s 120.52.18.50 -j DROP
[root@VM_56_159_centos ~]# service iptables save
iptables: Saving firewall rules to /etc/sysconfig/iptables:[  OK  ]
[root@VM_56_159_centos ~]# systemctl restart iptables
```

图 14-16　添加新的防火墙规则并保存防火墙规则

```
[root@VM_56_159_centos ~]# iptables -L --line-numbers
Chain INPUT (policy DROP)
num  target     prot opt source               destination
1    ACCEPT     all  --  anywhere             anywhere
2    ACCEPT     all  --  anywhere             anywhere             state RELATED,ESTABLISHED
3    ACCEPT     tcp  --  anywhere             anywhere             state NEW tcp dpt:ssh
4    ACCEPT     tcp  --  anywhere             anywhere             state NEW tcp dpt:ezmeeting-2
5    ACCEPT     tcp  --  anywhere             anywhere             state NEW tcp dpt:ftp
6    ACCEPT     tcp  --  anywhere             anywhere             state NEW tcp dpts:dnp:ndmps
7    ACCEPT     tcp  --  anywhere             anywhere             state NEW tcp dpt:http
8    ACCEPT     tcp  --  anywhere             anywhere             state NEW tcp dpt:https
9    ACCEPT     icmp --  anywhere             anywhere             limit: avg 1/sec burst 10
10   ACCEPT     all  -f  anywhere             anywhere             limit: avg 100/sec burst 100
11   syn-flood  tcp  --  anywhere             anywhere             tcp flags:FIN,SYN,RST,ACK/SYN
12   REJECT     all  --  anywhere             anywhere             reject-with icmp-host-prohibited
13   DROP       all  --  120.52.18.49         anywhere
14   DROP       tcp  --  120.52.18.0/24       anywhere             tcp dpt:http
15   DROP       all  --  120.52.18.50         anywhere
```

图 14-17　查看新添加的防火墙规则是否成功生效

14.5　实施规则

14.5.1　默认的动作：Default Policy

每一个规则链都有一个默认的策略，也就是说一个数据包如果不符合所有的规则的描述的话，就会去执行这个默认的策略的指定动作。一般来说，这个默认的策略的指定动作是 ACCEPT，意思就是允许通过，这个默认的策略有点像黑名单，需要添加不需要的所有的数据包的特征，让它们被扔掉或者被拒绝。实际上，这么做会让防火墙规则越来越庞大，以至于某一天拖累系统的运行。

为了解决这个潜在的麻烦，可以去更改默认的策略，设置为默认拒绝所有的数据包，然后在防火墙规则里面描述一些所需要的数据包的特征，以方便这些符合需要的数据包通过。可以把规则链默认的策略，设置为 DROP 或者 REJECT。这样做会有许多好处，因为知道我们的服务器需要提供什么样的服务，只需要让这些服务发送或者接受的数据包正常通过就行了；同时，也可以去拒绝个别场景下的数据包，以让我们的服务器正常运行，例如禁止某一个想要干坏事的 IP 地址来访问我们的服务器。

14.5.2　把默认的 Policy 改成 DROP

可以先执行命令 iptables -L，查看一下防火墙规则的列表。会发现 INPUT、OUTPUT、FORWARD 这三个规则链默认的策略都是 ACCEPT。

如果想把这些 Chain 的默认策略改成 DROP，可以先执行 iptables -F 命令，把所有的防火墙规则都清洗掉，以便重新添加规则。然后执行命令 service iptables save，保存一下配置文件。

接下来准备把 INPUT 这个 Chain 的默认的策略改成 DROP，不过需要注意的是，不能把自己挡在外面，所以需要添加一个规则，允许当前已经建立的相关连接的数据包能够进入服务器。如图 14-18 所示，可以执行命令 iptables -A INPUT -m conntrack --ctstate ESTABLISHED,RELATED -j ACCEPT，来达到上面描述的意图。这里的“m”是英文 module 的缩写，意思是模块；后面的 conntrack 则是模块的名称，中文意为连接跟踪，它提供了一些功能，例如说 ctstate。其中的“ESTABLISHED”是允许已经创建的连接保持当前状态；紧接着在英文逗号后面，又加了一个“RELATED”，表示跟这个连接相关的数据包。

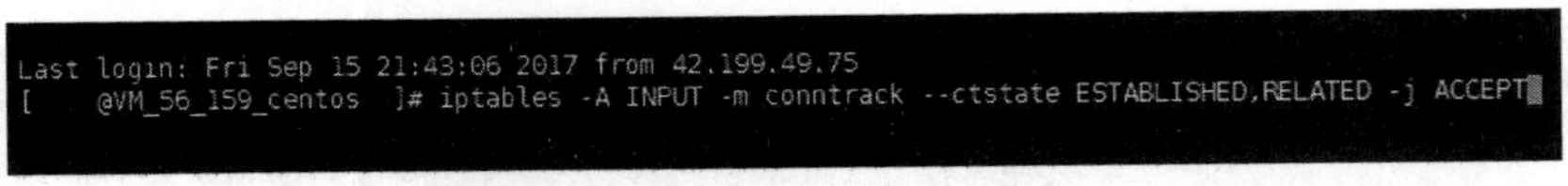

```
Last login: Fri Sep 15 21:43:06 2017 from 42.199.49.75
[     @VM_56_159_centos  ]# iptables -A INPUT -m conntrack --ctstate ESTABLISHED,RELATED -j ACCEPT
```

图 14-18　允许当前已经建立的相关连接的数据包能够进入服务器

然后再为 SSH 服务打开需要的端口，一般情况下默认端口为 22。输入命令 iptables -A INPUT -p tcp --dport 22 -j ACCEPT 后按 Enter 键确认，即可打开 SSH 服务默认的 22 端口，让 SSH 服务能够使用 22 端口传输数据包。

做完上面的操作以后，就可以把 INPUT 这个规则链的默认策略更改成 DROP 了。输入命令 iptables -P INPUT DROP 后按 Enter 键确认，然后输入命令 service iptables save 保存配置。

14.5.3　允许本地流量

有一些数据包会从本地主机发出，目的地也是本地主机。这些流量会用到一个虚拟网卡，名为 loopback，它还有一个缩写“lo”。可以查看一下网络相关的配置，输入命令 ifconfig，可以看到 lo 相关的设备信息，如图 14-19 所示。

```
[    @VM_56_159_centos  ]# ifconfig
docker0: flags=4099<UP,BROADCAST,MULTICAST>  mtu 1500
        inet 172.17.0.1  netmask 255.255.0.0  broadcast 0.0.0.0
        ether 02:42:ae:e1:3d:e7  txqueuelen 0  (Ethernet)
        RX packets 0  bytes 0 (0.0 B)
        RX errors 0  dropped 0  overruns 0  frame 0
        TX packets 0  bytes 0 (0.0 B)
        TX errors 0  dropped 0 overruns 0  carrier 0  collisions 0

eth0: flags=4163<UP,BROADCAST,RUNNING,MULTICAST>  mtu 1500
        inet 10.105.56.159  netmask 255.255.192.0  broadcast 10.105.63.255
        ether 52:54:00:64:02:ff  txqueuelen 1000  (Ethernet)
        RX packets 3624861  bytes 362635423 (345.8 MiB)
        RX errors 0  dropped 0  overruns 0  frame 0
        TX packets 3735119  bytes 605656576 (577.5 MiB)
        TX errors 0  dropped 0 overruns 0  carrier 0  collisions 0

lo: flags=73<UP,LOOPBACK,RUNNING>  mtu 65536
        inet 127.0.0.1  netmask 255.0.0.0
        loop  txqueuelen 0  (Local Loopback)
        RX packets 2012  bytes 101016 (98.6 KiB)
        RX errors 0  dropped 0  overruns 0  frame 0
        TX packets 2012  bytes 101016 (98.6 KiB)
        TX errors 0  dropped 0 overruns 0  carrier 0  collisions 0
```

图 14-19　查看系统的网络配置

一般本地主机的服务与服务之间进行通信的时候，会用到这个虚拟网卡，例如说在服务器上安装数据库的服务、本地主机上的应用连接到本地主机上的数据库的时候，就会用到这个名叫 lo 的虚拟网卡。一般来说，数据库连接的端口就是给数据库服务的那个端口号，需要允许这样的流量通过虚拟网卡。

输入命令 iptables -I　INPUT 1 -i lo -j ACCEPT，把一条新规则插入到 INPUT 这个 Chain 的第一行；因为这种流量比较常见，所以需要把这条规则插入到第一行。这里的“i”则是 In.interface 的缩写，作用是指定数据包进入的网络接口，后面的“lo”则是网络设备的缩写。设置好以后，使用 service iptables save 这个命令，来保存一下新添加的防火墙规则。

14.5.4　允许 Web 服务

Web 服务的默认端口号是 80，如果我们的网站使用了 SSL 安全证书加密，那么还需要一个额外的端口——443。

为了让潜在的用户可以访问到我们的网站，需要允许在这两个端口上传输的数据包通过。如图 14-20 所示，执行命令 iptables -A INPUT -p tcp --dport 80 -j ACCEPT，然后再执行命令 iptables -A INPUT -p tcp --dport 443 -j ACCEPT；最后输入命令 service iptables save，保存一下配置文件。

```
Last login: Fri Sep 15 23:07:31 2017 from 42.199.49.75
[    @VM_56_159_centos  ]# iptables -A INPUT -p tcp --dport 80 -j ACCEPT
[    @VM_56_159_centos  ]# iptables -A INPUT -p tcp --dport 443 -j ACCEPT
```

图 14-20　允许 Web 服务

在系统重启以后，就可以应用刚刚设置的规则；也可以选择立即重启服务，让这些规则马上生效。具体命令请大家翻阅本章节前面的文字后再进行操作，这里就不再多做阐述。

拓展知识：

iptables 命令线上手册 http://man.linuxde.net/iptables

第15章　MySQL基础

MySQL基础这部分对新手来说，一开始是没有必要接触它的。不过随着使用WordPress的逐步深入，会发现有一些操作只有了解掌握了基本的数据库知识才能更好更方便地使用，所以接下来将学习一些WordPress能够使用的MySQL数据库的入门基础知识。

15.1　用户

15.1.1　用户登录

跟其他的关系型数据库一样，MySQL本身也有一套权限的管理系统。也就是说，可以去创建新的用户，然后给这个用户分配相应的操作权限，例如读取、添加、更新、删除数据等权限。也可以让这个用户在指定的数据库上拥有这些权限。

MySQL有一个叫作root的默认用户，它是MySQL上的超级管理员，拥有数据库管理系统上的所有权限。要注意的是，这个root用户跟Linux系统的root用户不是同一个用户。使用root用户的身份登录到MySQL后，可以去创建新的用户、可以去为用户分配权限、可以创建数据库并操作数据库。

下面来演示如何使用命令行工具来登录到MySQL。Windows系统用户可以借助如Xshell这样的安全终端模拟软件，使用如mysql -h hostname -u user_name -p这样的命令登录到MySQL。-h参数指的是MySQL服务器的IP地址或者主机名，hostname翻译成中文则是主机名；-u参数指的是连接MySQL服务器的用户名，user_name翻译成中文则是用户名；-p参数指的是连接MySQL服务器的密码。

如果想要登录本地主机上面的MySQL，可以使用localhost或者127.0.0.1（IPv4）、[::1]（IPv6）来代表主机名，或者直接去掉-h参数和主机名；如果想要登录到远程主机上的MySQL，可以指定一下主机的名称或者IP地址，同时也可以指定想要登录的用户的名称。

使用Xshell登录服务器，由于服务器上已经安装了MySQL，相当于在本地登录，所以可以直接使用命令mysql -u root -p。使用后输入root用户的密码，如图15-1所示，即可成功登录MySQL。

接下来可以使用一些命令去做一些事情，例如显示当前登录的用户可以管理的数据库。如图15-1所示，输入show databases;命令后按Enter键确认，可以看到系统反馈回了所有的数据库的名称信息；这是因为超级管理员拥有最高的权限，可以管理所有的数据库。

注意输入命令完成，记得在末尾加上一个英文输入法下的分号（或者\g），这样的话系统才会执行这条命令。如果没有加上分号就按Enter键，系统会认为想继续输入其他命令而不会执行该命令；只有加上了分号（或者\g）这个提示系统命令结束的符号，系统才会执行我们的命令。

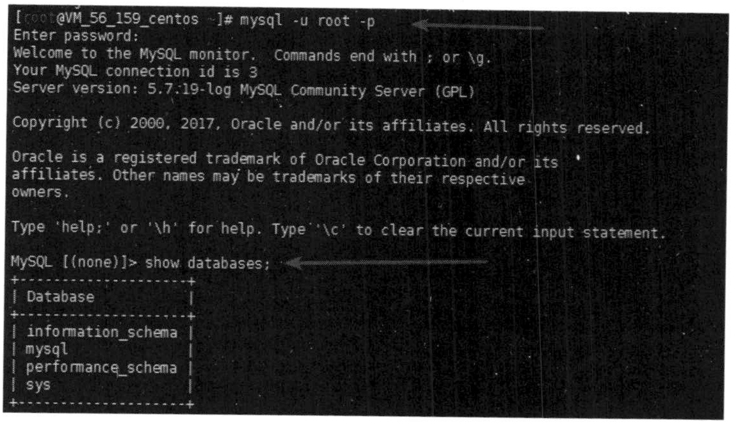

```
[root@VM_56_159_centos ~]# mysql -u root -p
Enter password:
Welcome to the MySQL monitor.  Commands end with ; or \g.
Your MySQL connection id is 3
Server version: 5.7.19-log MySQL Community Server (GPL)

Copyright (c) 2000, 2017, Oracle and/or its affiliates. All rights reserved.

Oracle is a registered trademark of Oracle Corporation and/or its
affiliates. Other names may be trademarks of their respective
owners.

Type 'help;' or '\h' for help. Type '\c' to clear the current input statement.

MySQL [(none)]> show databases;
+--------------------+
| Database           |
+--------------------+
| information_schema |
| mysql              |
| performance_schema |
| sys                |
+--------------------+
```

图 15-1　使用默认用户登录数据库并显示当前登录的用户可以管理的数据库

15.1.2　创建新用户

root 用户是一个万能的用户，为了安全起见只能在必要的情况下才去使用它，例如添加新的用户或者是创建新的数据库。通常情况下，会为 Web 应用创建一个独立的数据库，并且创建一个拥有这个数据库操作权限的新用户；没有必要给这个新用户一个操作其他不相关数据库、添加新的用户等不必要的权限；这样做是为了更安全一些，符合最小可用权限的基本原则——只需让新用户拥有能够做事的最少执行动作的权限就足够了。

创建新的用户，可以使用 create user 这个命令。首先使用 root 用户登录服务器，使用命令 mysql -u root -p，然后输入相关的密码登录 MySQL。可以使用类似 create user '用户名'@'主机名' identified by '密码';这样的命令去创建一个新的用户。如图 15-2 所示，假设想在本地主机创建一个名为 ipc 且密码为 ipcdemo!.!的用户，那么应输入 create user 'ipc'@'localhost' identified by 'ipcdemo!.!';这条命令；真正创建密码时，不要像例子这么简单，至少应该输入英文大小写、阿拉伯数字和一些特殊符号等，具体策略可以参考第 17 章节。命令输入完成后按 Enter 键确认，返回“Query OK”这样的提示，表示这条查询命令成功执行了。

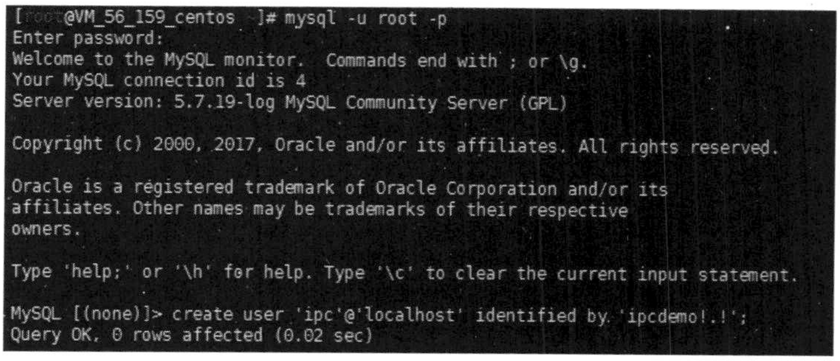

```
[root@VM_56_159_centos ~]# mysql -u root -p
Enter password:
Welcome to the MySQL monitor.  Commands end with ; or \g.
Your MySQL connection id is 4
Server version: 5.7.19-log MySQL Community Server (GPL)

Copyright (c) 2000, 2017, Oracle and/or its affiliates. All rights reserved.

Oracle is a registered trademark of Oracle Corporation and/or its
affiliates. Other names may be trademarks of their respective
owners.

Type 'help;' or '\h' for help. Type '\c' to clear the current input statement.

MySQL [(none)]> create user 'ipc'@'localhost' identified by 'ipcdemo!.!';
Query OK, 0 rows affected (0.02 sec)
```

图 15-2　为数据库创建新用户

下面将试着使用新创建的用户去登录 MySQL，输入 exit 命令后按 Enter 键确认，使 root 用户退出数据库。退出以后，使用 mysql -u ipc -p 命令，按 Enter 键确认输入相关的密码，如图 15-3 所示成功登录了 MySQL。如图 15-4 所示，输入 select current_user();命令，可以看到当前登录的是 ipc@localhost；接着使用 show databases;命令，会发现只有一个名为 information_schema 的数据库。这是由于只创建了新用户，并没有分配相关的权限。

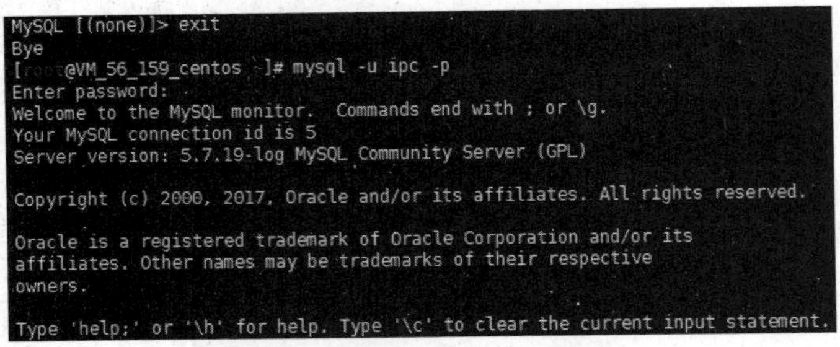

```
MySQL [(none)]> exit
Bye
[@VM_56_159_centos ]# mysql -u ipc -p
Enter password:
Welcome to the MySQL monitor.  Commands end with ; or \g.
Your MySQL connection id is 5
Server version: 5.7.19-log MySQL Community Server (GPL)

Copyright (c) 2000, 2017, Oracle and/or its affiliates. All rights reserved.

Oracle is a registered trademark of Oracle Corporation and/or its
affiliates. Other names may be trademarks of their respective
owners.

Type 'help;' or '\h' for help. Type '\c' to clear the current input statement.
```

图 15-3　使用新用户登录数据库

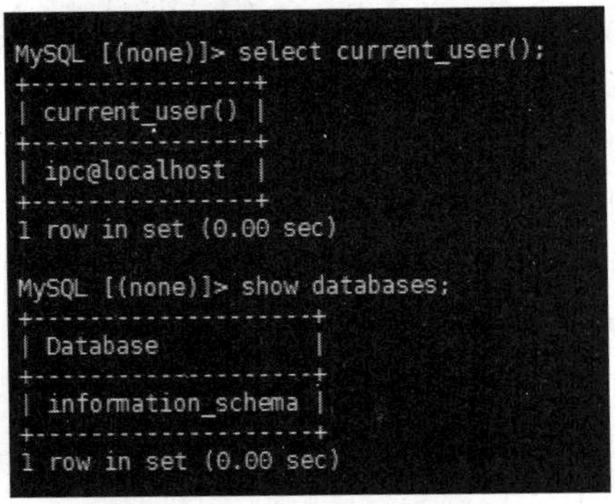

```
MySQL [(none)]> select current_user();
+----------------+
| current_user() |
+----------------+
| ipc@localhost  |
+----------------+
1 row in set (0.00 sec)

MySQL [(none)]> show databases;
+--------------------+
| Database           |
+--------------------+
| information_schema |
+--------------------+
1 row in set (0.00 sec)
```

图 15-4　查看当前登录的用户并显示当前登录的用户可以管理的数据库

15.1.3　分配权限

之前使用了 create user 命令为 MySQL 添加了一个新用户，如果想让这个用户可以做一些事情，需要给它分配一定的权限。权限可以分成下面几个类型：有处理数据库的权限，例如 select、insert、update、delete；有影响数据表结构的权限，例如 create、alter、index、drop；还有一些管理类型的权限，例如 grant、create user 等。

要想安全地使用这些权限，可以先把它们分成几个层级。可以为用户把这些权限分配到全局的范围内，那么这样用户就可以对系统里的所有数据库去执行所分配的权限；也可以把这些权限分配到指定的数据库、数据表或者数据列上面。通常情况下是把权限分配到数据库这个层级上，那么用户就只能在指定的数据库里执行分配的权限。

分配权限使用的是 grant 命令，完整的命令应该为 grant 权限 on 数据库/数据表 to '用户'@'主机名' [identified by '密码']这样的形式。grant 命令的后面就是想要分配的权限的列表，不同的权限之间可以使用英文的逗号来分隔一下；如果想要分配所有的权限，可以使用 all privileges。这个词翻译成中文后，代表所有的权限；on 后面可以指定数据库或数据表，这样做可以使分配的权限只应用在指定的数据库或数据表上面。在这里可以使用*.*这个占位符去表示所有的数据库。如果只想应用在单独的某一个数据库上面，可以使用数据库.数据表的形式把权限应用到所有的数据表上面，所有的数据表可以用*来表示，那么相应的占位符应为数据库.*；to 的后面是用户名和主机名，也就是应该分配权限的那个用户；方括号里面的 identified by '密码'是一个可选选项，可以在这里为用户指定一个高强度的密码。使用 grant 这个命令分配权限的时候，如果用户还不存在的话，就会创建一个相应的用户。这样的话，就可以使用 identified by '密码'去为它指定一个登录时使用的密码。

在分配权限的时候，还可以去加上一些资源限制的可选选项，这些选项使用 with 来连接。例如 MAX_QUERIES_PER_HOUR，代表着允许用户执行的最大查询语句数量；MAX_CONNECTIONS_PER_HOUR，代表着允许用户连接的最大次数；MAX_UPDATES_PER_HOUR，代表着允许用户执行的最大更新语句数量；MAX_USER_CONNECTIONS，代表着允许用户同时连接服务器的最大数量。上面的这几个选项可以控制用户每小时查询、连接、更新等动作的数量，如果都设置为 0 的话，就表示不进行限制。

使用 root 用户登录到 MySQL，然后使用 grant 命令去为新用户 ipc 分配一些权限。如果想为这个新用户分配一些特定的权限，就需要创建一个新的数据库——如图 15-5 所示，输入 create database ipcdb;命令；然后输入 grant all privileges on ipcdb.* to ipc@localhost;命令；接下来，输入 flush privileges 命令，让这些权限立即生效。如图 15-6 所示，接下来退出 MySQL，使用新用户 ipc 重新登录，输入 show databases;命令，会发现拥有的数据库权限的数据库多了一个名为 ipcdb 的数据库。

```
MySQL [(none)]> create database ipcdb;
Query OK, 1 row affected (0.10 sec)

MySQL [(none)]> grant all privileges on ipcdb.* to ipc@localhost
Query OK, 0 rows affected, 1 warning (0.01 sec)

MySQL [(none)]> flush privileges
```

图 15-5　创建新数据库并为新用户分配所有权限且使权限立即生效

```
[    @VM_56_159_centos  ]# mysql -u ipc -p
Enter password:
Welcome to the MySQL monitor.  Commands end with ; or \g.
Your MySQL connection id is 7
Server version: 5.7.19-log MySQL Community Server (GPL)

Copyright (c) 2000, 2017, Oracle and/or its affiliates. All rights reserved.

Oracle is a registered trademark of Oracle Corporation and/or its
affiliates. Other names may be trademarks of their respective
owners.

Type 'help;' or '\h' for help. Type '\c' to clear the current input statement.

MySQL [(none)]> show databases;
+--------------------+
| Database           |
+--------------------+
| information_schema |
| ipcdb              |
+--------------------+
2 rows in set (0.00 sec)
```

图 15-6　显示当前登录的用户可以管理的数据库

15.1.4　显示用户列表

在数据库系统里面创建的用户和相关的信息，都会在数据库系统的 mysql 这个数据库的 user 数据表里面。

例如想查看一下在数据库系统里面的所有用户，可以这样做——先使用 root 用户登录 MySQL，然后输入 select user from mysql.user;命令后按 Enter 键确认，系统将会反馈会如图 15-7 所示的结果。

```
MySQL [(none)]> select user from mysql.user
    -> ;
+---------------+
| user          |
+---------------+
| root          |
| ipc           |
| mysql.session |
| mysql.sys     |
| root          |
+---------------+
5 rows in set (0.00 sec)
```

图 15-7　查看数据库里面的所有用户

在数据库系统的 mysql 数据库的 user 数据表里面，还有一些其他的信息，例如用户的主机名、密码和相关权限等。如果想要查看 user 这个数据表里面的所有字段，可以输入 desc mysql.user;命令，结果如图 15-8 所示。如果想查看一些特定的字段例如用户、主机和密码等信息，可以使用 select user,host,password from mysql.user;这个命令，由于我们的字段里没有“password”，系统会反馈回错误，所以将相关的字段从命令中删除。如图 15-9 所示，系统反馈回了用户的名字和主机名；如果字段中有“password”，反馈回来的相关的密码将会是经过加密的。

```
MySQL [(none)]> desc mysql.user;
+------------------------+-----------------------------------+------+-----+-----------------------+-------+
| Field                  | Type                              | Null | Key | Default               | Extra |
+------------------------+-----------------------------------+------+-----+-----------------------+-------+
| Host                   | char(60)                          | NO   | PRI |                       |       |
| User                   | char(32)                          | NO   | PRI |                       |       |
| Select_priv            | enum('N','Y')                     | NO   |     | N                     |       |
| Insert_priv            | enum('N','Y')                     | NO   |     | N                     |       |
| Update_priv            | enum('N','Y')                     | NO   |     | N                     |       |
| Delete_priv            | enum('N','Y')                     | NO   |     | N                     |       |
| Create_priv            | enum('N','Y')                     | NO   |     | N                     |       |
| Drop_priv              | enum('N','Y')                     | NO   |     | N                     |       |
| Reload_priv            | enum('N','Y')                     | NO   |     | N                     |       |
| Shutdown_priv          | enum('N','Y')                     | NO   |     | N                     |       |
| Process_priv           | enum('N','Y')                     | NO   |     | N                     |       |
| File_priv              | enum('N','Y')                     | NO   |     | N                     |       |
| Grant_priv             | enum('N','Y')                     | NO   |     | N                     |       |
| References_priv        | enum('N','Y')                     | NO   |     | N                     |       |
| Index_priv             | enum('N','Y')                     | NO   |     | N                     |       |
| Alter_priv             | enum('N','Y')                     | NO   |     | N                     |       |
| Show_db_priv           | enum('N','Y')                     | NO   |     | N                     |       |
| Super_priv             | enum('N','Y')                     | NO   |     | N                     |       |
| Create_tmp_table_priv  | enum('N','Y')                     | NO   |     | N                     |       |
| Lock_tables_priv       | enum('N','Y')                     | NO   |     | N                     |       |
| Execute_priv           | enum('N','Y')                     | NO   |     | N                     |       |
| Repl_slave_priv        | enum('N','Y')                     | NO   |     | N                     |       |
| Repl_client_priv       | enum('N','Y')                     | NO   |     | N                     |       |
| Create_view_priv       | enum('N','Y')                     | NO   |     | N                     |       |
| Show_view_priv         | enum('N','Y')                     | NO   |     | N                     |       |
| Create_routine_priv    | enum('N','Y')                     | NO   |     | N                     |       |
| Alter_routine_priv     | enum('N','Y')                     | NO   |     | N                     |       |
| Create_user_priv       | enum('N','Y')                     | NO   |     | N                     |       |
| Event_priv             | enum('N','Y')                     | NO   |     | N                     |       |
| Trigger_priv           | enum('N','Y')                     | NO   |     | N                     |       |
| Create_tablespace_priv | enum('N','Y')                     | NO   |     | N                     |       |
| ssl_type               | enum('','ANY','X509','SPECIFIED') | NO   |     |                       |       |
| ssl_cipher             | blob                              | NO   |     | NULL                  |       |
| x509_issuer            | blob                              | NO   |     | NULL                  |       |
| x509_subject           | blob                              | NO   |     | NULL                  |       |
| max_questions          | int(11) unsigned                  | NO   |     | 0                     |       |
| max_updates            | int(11) unsigned                  | NO   |     | 0                     |       |
| max_connections        | int(11) unsigned                  | NO   |     | 0                     |       |
| max_user_connections   | int(11) unsigned                  | NO   |     | 0                     |       |
| plugin                 | char(64)                          | NO   |     | mysql_native_password |       |
| authentication_string  | text                              | YES  |     | NULL                  |       |
| password_expired       | enum('N','Y')                     | NO   |     | N                     |       |
| password_last_changed  | timestamp                         | YES  |     | NULL                  |       |
| password_lifetime      | smallint(5) unsigned              | YES  |     | NULL                  |       |
| account_locked         | enum('N','Y')                     | NO   |     | N                     |       |
+------------------------+-----------------------------------+------+-----+-----------------------+-------+
45 rows in set (0.05 sec)
```

图 15-8　查看 user 数据表里面的所有信息

```
MySQL [(none)]> select user,host,password from mysql.user;
ERROR 1054 (42S22): Unknown column 'password' in 'field list'
MySQL [(none)]> select user,host from mysql.user;
+---------------+-----------+
| user          | host      |
+---------------+-----------+
| root          | 127.0.0.1 |
| ipc           | localhost |
| mysql.session | localhost |
| mysql.sys     | localhost |
| root          | localhost |
+---------------+-----------+
5 rows in set (0.00 sec)
```

图 15-9　查看 user 数据表里面的特定字段

15.1.5　显示用户权限

图 15-10 所示，查看 mysql 数据库里面的用户的权限，可以使用 select user, select_priv from mysql.user;这个命令；select_priv 代表的是用户是否拥有从数据库选择数据的权限。从图 15-10 可知，root 用户拥有这个权限，而其他用户包括新创建的用户 ipc 都没有这个权限。

```
[root@VM_56_159_centos ~]# mysql -u root -p
Enter password:
Welcome to the MySQL monitor.  Commands end with ; or \g.
Your MySQL connection id is 10
Server version: 5.7.19-log MySQL Community Server (GPL)

Copyright (c) 2000, 2017, Oracle and/or its affiliates. All rights reserved.

Oracle is a registered trademark of Oracle Corporation and/or its
affiliates. Other names may be trademarks of their respective
owners.

Type 'help;' or '\h' for help. Type '\c' to clear the current input statement.

MySQL [(none)]> select user, select_priv from mysql.user;
+---------------+-------------+
| user          | select_priv |
+---------------+-------------+
| root          | Y           |
| mysql.session | N           |
| mysql.sys     | N           |
| root          | Y           |
| ipc           | N           |
+---------------+-------------+
5 rows in set (0.00 sec)
```

图 15-10　查看 mysql 数据库里面的用户的权限

使用上面的命令查询出来的权限是全局范围内的权限，而如果只想查看用户在某一个特定的数据库上是否拥有权限，可以去看一下 mysql 数据库里的 db 数据表。如图 15-11 所示，可以输入 select user, db, select_priv from mysql.db;这个命令，可以得知 mysql 数据库的 db 数据表里的用户、拥有权限的特定数据库以及用户是否拥有从数据库选择数据的权限。从图 15-11 反馈的信息中，可以发现之前创建的新用户 ipc 在 ipcdb 这个数据库里面，确实拥有选择数据的权限。

```
MySQL [(none)]> select user, db, select_priv from mysql.db;
+---------------+--------------------+-------------+
| user          | db                 | select_priv |
+---------------+--------------------+-------------+
| mysql.session | performance_schema | Y           |
| mysql.sys     | sys                | N           |
| ipc           | ipcdb              | Y           |
+---------------+--------------------+-------------+
3 rows in set (0.00 sec)
```

图 15-11　查看用户在某个特定的数据库上是否拥有权限

如果想要查看 ipc 用户拥有的某些权限的属性，可以使用 show grants for ipc@localhost;命令，如图 15-12 所示。

```
MySQL [(none)]> show grants for ipc@localhost;
+------------------------------------------------------+
| Grants for ipc@localhost                             |
+------------------------------------------------------+
| GRANT USAGE ON *.* TO 'ipc'@'localhost'              |
| GRANT ALL PRIVILEGES ON `ipcdb`.* TO 'ipc'@'localhost' |
+------------------------------------------------------+
2 rows in set (0.00 sec)
```

图 15-12　查看用户拥有的某些权限的属性

15.1.6 吊销用户权限

如果想要吊销用户的所有权限或者某几项权限，可以使用 revoke 这个命令。

例如，想要吊销 ipc 这个用户在 ipcdb 这个数据库里的更新和删除的权限，可以在 revoke 命令的后面加上要吊销的权限的列表： update 代表更新的权限， delete 代表删除的权限；如果想要吊销所有的权限，可以使用 all privileges 来代表；后面再加上一个 on，指定一下具体的数据表——ipcdb.*（它代表着 ipcdb 这个数据库里的所有数据表）； from 后面就是需要吊销权限的用户 ipc。所以，应该使用的命令是 revoke update, delete on ipcdb.* from ipc@localhost;这个完整的命令，如图 15-13 所示。

```
MySQL [(none)]> revoke update, delete on ipcdb.* from ipc@localhost;
Query OK, 0 rows affected, 1 warning (0.01 sec)

MySQL [(none)]> select user, db, update_priv, delete_priv from mysql.db;
+---------------+--------------------+-------------+-------------+
| user          | db                 | update_priv | delete_priv |
+---------------+--------------------+-------------+-------------+
| mysql.session | performance_schema | N           | N           |
| mysql.sys     | sys                | N           | N           |
| ipc           | ipcdb              | N           | N           |
+---------------+--------------------+-------------+-------------+
3 rows in set (0.00 sec)
```

图 15-13 吊销用户权限

接下来，使用另外一个命令，来查看 ipc 这个用户在 ipcdb 这个数据库里面是否还拥有更新和删除的权限。如图 15-13 所示，我们输入 select user, db, update_priv, delete_priv from mysql.db; 这个命令——update_priv 代表更新的权限；delete_priv 代表删除的权限。从图 15-13 中可以得知，ipc 用户在 ipcdb 数据库里的更新和删除权限确实被剥夺了。

15.1.7 重设密码与删除用户

如图 15-14 所示，为用户设置密码，可以使用 set password for ipc@localhost = password ('ipcnewdemo!.!');这条命令。这句命令的意思是为本地数据库的用户 ipc 设置一个新的密码，新的密码为 ipcnewdemo!.!。命令成功执行以后，就可以使用新的密码登录了；如果想要删除用户 ipc，可以使用 drop user ipc@localhost;命令；以上的命令执行完毕以后，可以使用 select user from mysql.user;这条命令，再查看一下系统里的所有用户，从图 15-14 中可知，数据库系统里已经没有 ipc 这个用户了。

```
[    @VM_56_159_centos ~]# mysql -u root -p
Enter password:
Welcome to the MySQL monitor.  Commands end with ; or \g.
Your MySQL connection id is 12
Server version: 5.7.19-log MySQL Community Server (GPL)

Copyright (c) 2000, 2017, Oracle and/or its affiliates. All rights reserved.

Oracle is a registered trademark of Oracle Corporation and/or its
affiliates. Other names may be trademarks of their respective
owners.

Type 'help;' or '\h' for help. Type '\c' to clear the current input statement.

MySQL [(none)]> set password for ipc@localhost = password('ipcnewdemo!.!')
    -> ;
Query OK, 0 rows affected, 1 warning (0.00 sec)

MySQL [(none)]> drop user ipc@localhost;
Query OK, 0 rows affected (0.00 sec)

MySQL [(none)]> select user from mysql.user;
+---------------+
| user          |
+---------------+
| root          |
| mysql.session |
| mysql.sys     |
| root          |
+---------------+
4 rows in set (0.00 sec)
```

图 15-14 重设密码与删除用户

15.2　数据库

15.2.1　创建、使用、删除数据库

创建数据库，可以使用 create database 这个命令；create 意为创建，database 意为数据库。

如果要创建一个新数据库，可以在创建数据库命令的后面加上数据库的英文名。假设想要创建一个名为 ipcdb 的数据库，可以使用 create database ipcdb;命令；由于之前已经创建了同名的数据库，所以如图 15-15 所示，系统提示无法创建。输入 show databases;命令，系统反馈信息为确实存在这个数据库。

```
MySQL [(none)]> create database ipcdb;
ERROR 1007 (HY000): Can't create database 'ipcdb'; database exists
MySQL [(none)]> show databases;
+--------------------+
| Database           |
+--------------------+
| information_schema |
| ipcdb              |
| mysql              |
| performance_schema |
| sys                |
+--------------------+
5 rows in set (0.00 sec)
```

图 15-15　尝试创建数据库

如果不想看见这个错误提示出现，可以使用 create database if not exists ipcdb;命令；不过这样做会出现一个警告。如果想要了解这个警告的详细信息，可以在登录数据库加上一个“--show-warnings”参数，连在一起的完整命令就是 mysql -u root -p --show-warnings;这样的命令。再次使用 create database if not exists ipcdb;命令，如图 15-16 所示，会发现系统反馈回一个代号为 1007 的错误信息。

```
MySQL [(none)]> create database if not exists ipcdb;
Query OK, 1 row affected, 1 warning (0.00 sec)

MySQL [(none)]> exit;
Bye
[    @VM_56_159_centos ~]# mysql -u root -p --show-warnings;
Enter password:
Welcome to the MySQL monitor.  Commands end with ; or \g.
Your MySQL connection id is 14
Server version: 5.7.19-log MySQL Community Server (GPL)

Copyright (c) 2000, 2017, Oracle and/or its affiliates. All rights reserved.

Oracle is a registered trademark of Oracle Corporation and/or its
affiliates. Other names may be trademarks of their respective
owners.

Type 'help;' or '\h' for help. Type '\c' to clear the current input statement.

MySQL [(none)]> create database if not exists ipcdb;
Query OK, 1 row affected, 1 warning (0.00 sec)

Note (Code 1007): Can't create database 'ipcdb'; database exists
```

图 15-16　再次尝试创建数据库并了解错误信息

如果想要操作一个数据库，例如说为数据库创建数据表、在数据库里添加（查询/删除）数据等，需要用 use 命令切换到该数据库。可以输入如 use ipcdb;这样的命令，系统会反馈回信息“Database changed”，说明正在使用的数据库已经改变到了 ipcdb 数据库。

如果想要删除 ipcdb 数据库，可以使用 drop database ipcdb;命令。命令执行后，可以使用 show databases;命令，来查看数据库的大致信息，如图 15-17 所示，系统反馈回来的数据库中少了 ipcdb 这个数据库。

```
MySQL [(none)]> use ipcdb;
Database changed
MySQL [ipcdb]> drop database ipcdb;
Query OK, 0 rows affected (0.04 sec)

MySQL [(none)]> show databases;
+--------------------+
| Database           |
+--------------------+
| information_schema |
| mysql              |
| performance_schema |
| sys                |
+--------------------+
4 rows in set (0.00 sec)
```

图 15-17　使用、删除数据库

15.2.2　创建数据表

创建数据表使用的是 create table 命令（table 就是表格的意思）；在后面加上要创建的数据表的名字；然后在括号里可以去指定一下数据表里的栏（也就是数据的列，英文是 colomun）。不同的栏之间，可以使用逗号去分隔一下。接下来尝试一下创建数据表的整个过程。

如图 15-18 所示，使用 create database ipcdb;命令，创建了一个名为 ipcdb 的新数据库。然后输入 use ipcdb;命令，切换到这个新创建的数据库。最后输入 show tables;命令，查看 ipcdb 数据库里的所有数据表，从图 15-18 中可知，现在数据库里没有数据表。

```
MySQL [(none)]> create database ipcdb;
Query OK, 1 row affected (0.00 sec)

MySQL [(none)]> use ipcdb;
Database changed
MySQL [ipcdb]> show tables;
Empty set (0.00 sec)
```

图 15-18　创建、使用数据库并查看数据表

接下来，尝试给这个数据库添加两条数据表。如图 15-19 所示，使用 create table film(film_name varchar(255), film_date date);命令后按 Enter 键确认；这条命令的意思是创建一个名为 film 的数据表。数据表里有两个数据栏：第一个数据栏叫做 film_name，存储的数据类型为字符串（varchar），最大的字符数为 255 个；第二个数据栏叫做 film_date，数据类型的名字为 date。

```
MySQL [ipcdb]> create table film(
    -> film_name varchar(255),
    -> film_date date
    -> );
Query OK, 0 rows affected (0.02 sec)

MySQL [ipcdb]> show tables;
+-----------------+
| Tables_in_ipcdb |
+-----------------+
| film            |
+-----------------+
1 row in set (0.00 sec)

MySQL [ipcdb]> describe film;
+-----------+--------------+------+-----+---------+-------+
| Field     | Type         | Null | Key | Default | Extra |
+-----------+--------------+------+-----+---------+-------+
| film_name | varchar(255) | YES  |     | NULL    |       |
| film_date | date         | YES  |     | NULL    |       |
+-----------+--------------+------+-----+---------+-------+
2 rows in set (0.00 sec)
```

图 15-19　创建、查看数据表

然后输入 show tables;命令，查看一下刚刚创建的数据表。如果想查看数据表里的详细信息，可以使用 describe film;命令，如图 15-19 所示，可以看到刚刚创建的两个数据栏的详细信息。

15.2.3　添加数据栏

创建了数据表以后，如果想修改这个数据表——例如添加新的数据栏、修改数据栏的名称、删除数据栏或者添加主键等，这些操作都可以使用 alter table 这个命令。

怎么为数据表添加新的数据栏呢？可以先用 alter table，然后加上要更改的数据表的名字，再加上一个 add 以表示添加，后面接着要添加的数据栏的名字，接着可以在后面设置一下新添加的数据栏在数据表中的位置（默认情况下位置会在最后面。如果想出现在最前面，可以使用 first 这个关键词；也可以将位置指定在某个数据栏的后面：可以使用 after 然后再加上这个数据栏的名字）。

图 15-20 所示，要在刚刚添加的数据栏的前面，添加一个名为 id 的新数据栏，需使用 alter table film add id INT(10) first;这样的命令。id 后面的 INT 表示整数，括号里的 10 表示其长度为 10。接着使用 describe film;命令查看 film 数据表里的数据栏；不出意外的话，新添加的数据栏应该在数据栏的最前面，如图 15-20 所示。

```
MySQL [(none)]> use ipcdb;
Database changed
MySQL [ipcdb]> alter table film add id INT(10) first;
Query OK, 0 rows affected (0.03 sec)
Records: 0  Duplicates: 0  Warnings: 0

MySQL [ipcdb]> describe film;
+-----------+--------------+------+-----+---------+-------+
| Field     | Type         | Null | Key | Default | Extra |
+-----------+--------------+------+-----+---------+-------+
| id        | int(10)      | YES  |     | NULL    |       |
| film_name | varchar(255) | YES  |     | NULL    |       |
| film_date | date         | YES  |     | NULL    |       |
+-----------+--------------+------+-----+---------+-------+
3 rows in set (0.00 sec)
```

图 15-20　添加名为 id 的新数据栏并查看 film 数据表里的数据栏

接下来，在 film_name 数据栏的下面，添加一个新的名为 film_content、数据类型为文本的数据栏。输入 alter table film add film_content TEXT after film_name;命令后按 Enter 键确认，接着使用 describe film;命令查看 film 数据表里的数据栏，结果如图 15-21 所示。

```
MySQL [ipcdb]> alter table film add film_content TEXT after film_name;
Query OK, 0 rows affected (0.02 sec)
Records: 0  Duplicates: 0  Warnings: 0

MySQL [ipcdb]> describe film;
+--------------+--------------+------+-----+---------+-------+
| Field        | Type         | Null | Key | Default | Extra |
+--------------+--------------+------+-----+---------+-------+
| id           | int(10)      | YES  |     | NULL    |       |
| film_name    | varchar(255) | YES  |     | NULL    |       |
| film_content | text         | YES  |     | NULL    |       |
| film_date    | date         | YES  |     | NULL    |       |
+--------------+--------------+------+-----+---------+-------+
4 rows in set (0.01 sec)
```

图 15-21　添加名为 film_content 的新数据栏并查看 film 数据表里的数据栏

现在，将把之前添加的 id 数据栏设置成数据表的主键，需要用 PRIMARY KEY。输入 alter table film add PRIMARY KEY (id);命令，接着使用 describe film;命令查看 film 数据表里的数据栏，结果如图 15-22 所示。可以看到，id 数据栏中出现了 Key 这一栏，其中的值为“PRI”，表示 id 现在为 film 这个数据表里的主键了。

```
MySQL [ipcdb]> alter table film add PRIMARY KEY (id);
Query OK, 0 rows affected (0.01 sec)
Records: 0  Duplicates: 0  Warnings: 0

MySQL [ipcdb]> describe film;
+--------------+--------------+------+-----+---------+-------+
| Field        | Type         | Null | Key | Default | Extra |
+--------------+--------------+------+-----+---------+-------+
| id           | int(10)      | NO   | PRI | NULL    |       |
| film_name    | varchar(255) | YES  |     | NULL    |       |
| film_content | text         | YES  |     | NULL    |       |
| film_date    | date         | YES  |     | NULL    |       |
+--------------+--------------+------+-----+---------+-------+
4 rows in set (0.00 sec)
```

图 15-22　将之前添加的 id 数据栏设置成数据表的主键并查看 film 数据表里的数据栏

15.2.4　修改（删除）数据栏与数据表

可以使用 alter table 命令，对已经存在的数据栏进行更改。例如说更改数据栏的名字、类型，那么会用到 change 这个参数。

图 15-23 所示，假设要将之前添加的 id 这个数据栏的名字修改成 film_id，可以使用 alter table film change id film_id INT(10);这个命令。执行成功后，再使用 describe film;命令查看一下这个数据表，从图 15-23 中可以看到，相关的数据栏的名字已经成功被修改了。

```
MySQL [ipcdb]> alter table film change id film_id INT(10);
Query OK, 0 rows affected (0.00 sec)
Records: 0  Duplicates: 0  Warnings: 0

MySQL [ipcdb]> describe film;
+--------------+--------------+------+-----+---------+-------+
| Field        | Type         | Null | Key | Default | Extra |
+--------------+--------------+------+-----+---------+-------+
| film_id      | int(10)      | NO   | PRI | NULL    |       |
| film_name    | varchar(255) | YES  |     | NULL    |       |
| film_content | text         | YES  |     | NULL    |       |
| film_date    | date         | YES  |     | NULL    |       |
+--------------+--------------+------+-----+---------+-------+
4 rows in set (0.01 sec)
```

图 15-23　修改之前添加的 id 数据栏的名字并查看 film 数据表里的数据栏

也可以修改数据表的名字，不过这里用到的是 rename to 这个参数。如图 15-24 所示，假设想把 film 数据表的名字改成 movie，可以使用 alter table film rename to movie;这个命令。然后执行 show tables;命令，去查看数据库里的数据表，系统反馈的结果如图 15-24 所示。

```
MySQL [ipcdb]> alter table film rename to movie;
Query OK, 0 rows affected (0.03 sec)

MySQL [ipcdb]> show tables;
+-----------------+
| Tables_in_ipcdb |
+-----------------+
| movie           |
+-----------------+
1 row in set (0.00 sec)
```

图 15-24　修改 film 数据表的名字并查看数据库里的数据表

也可以使用 alter table 命令删除数据栏，但是需要配合 drop 去使用。如图 15-25 所示，例如想要删除 film_content 这个数据栏，可以使用 alter table movie drop film_content;命令去实现。然后再使用 describe movie;命令，去查看数据表里的数据栏，系统反馈的结果如图 15-25 所示。

```
MySQL [ipcdb]> alter table movie drop film_content;
Query OK, 0 rows affected (0.06 sec)
Records: 0  Duplicates: 0  Warnings: 0

MySQL [ipcdb]> describe movie;
+-----------+--------------+------+-----+---------+-------+
| Field     | Type         | Null | Key | Default | Extra |
+-----------+--------------+------+-----+---------+-------+
| film_id   | int(10)      | NO   | PRI | NULL    |       |
| film_name | varchar(255) | YES  |     | NULL    |       |
| film_date | date         | YES  |     | NULL    |       |
+-----------+--------------+------+-----+---------+-------+
3 rows in set (0.00 sec)
```

图 15-25　删除 film_content 数据栏并查看数据表里的数据栏

删除数据表，可以使用 drop table 这个命令，然后在后面加上需要删除的数据表的名字就行了。假设要删除 movie 这个数据表，可以使用 drop table movie;命令。然后执行 show tables;命令，去查看数据库里的数据表，不出意外的话系统反馈回“Empty set”，代表命令成功执行了。

15.2.5　重新创建数据库与数据表

在本章节前面的部分中，介绍的都是 MySQL 的 DDL 语言部分，这部分是定义数据用的。从 15.3 节开始，我们将会介绍 MySQL 的 DML 语言部分（还有一个 DCL 语言部分）：它可以帮助我们往数据表里插入数据，从数据表里选择想要的数据，或者在数据表里更新、删除数据等。所以在这一小部分文章里，将为接下来的部分做一些准备，会重新创建一个数据库，并重新创建相关的数据表。

先使用 root 用户身份登录 MySQL，如果想即时得知相关的错误信息，可以使用 mysql -u root -p --show-warnings;命令登录。如图 15-26 所示，登录数据库以后，使用 show databases;命令，可以看到之前创建的 ipcdb 这个数据库；然后使用 drop database ipcdb;命令，删除掉自己创建的 ipcdb 数据库。接着马上使用 show databases;命令，重新查看相关系统信息，结果如图 15-26 所示。

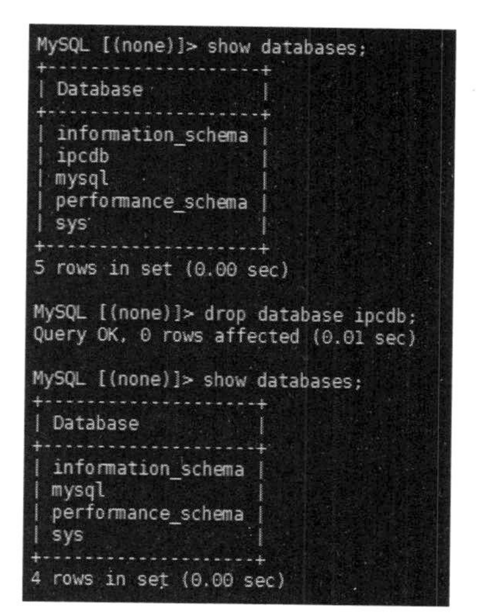

```
MySQL [(none)]> show databases;
+--------------------+
| Database           |
+--------------------+
| information_schema |
| ipcdb              |
| mysql              |
| performance_schema |
| sys                |
+--------------------+
5 rows in set (0.00 sec)

MySQL [(none)]> drop database ipcdb;
Query OK, 0 rows affected (0.01 sec)

MySQL [(none)]> show databases;
+--------------------+
| Database           |
+--------------------+
| information_schema |
| mysql              |
| performance_schema |
| sys                |
+--------------------+
4 rows in set (0.00 sec)
```

图 15-26　删除 ipcdb 数据库并重新查看数据库

接下来，将重新创建一个名为 ipcdb 并且其字符集里允许中英文同时存在的数据库。使用 create database ipcdb charset=utf8;命令，然后使用 use ipcdb;命令，切换到新创建的数据库，如图

15-27 所示。

```
MySQL [(none)]> create database ipcdb charset=utf8;
Query OK, 1 row affected (0.00 sec)

MySQL [(none)]> use ipcdb;
Database changed
MySQL [ipcdb]> create table people(
    -> people_id INT(10) unsigned not null auto_increment,
    -> people_name VARCHAR(100),
    -> people_birth DATE,
    -> people_location VARCHAR(100),
    -> primary key(people_id)
    -> ) default charset=utf8
    -> ;
Query OK, 0 rows affected (0.02 sec)

MySQL [ipcdb]> describe people;
+-----------------+------------------+------+-----+---------+----------------+
| Field           | Type             | Null | Key | Default | Extra          |
+-----------------+------------------+------+-----+---------+----------------+
| people_id       | int(10) unsigned | NO   | PRI | NULL    | auto_increment |
| people_name     | varchar(100)     | YES  |     | NULL    |                |
| people_birth    | date             | YES  |     | NULL    |                |
| people_location | varchar(100)     | YES  |     | NULL    |                |
+-----------------+------------------+------+-----+---------+----------------+
4 rows in set (0.00 sec)
```

图 15-27　重新创建数据库与数据表

接着，使用 create table people(people_id INT(10）unsigned not null auto_increment, people_name VARCHAR(100), people_birth DATE, people_location VARCHAR(100), primary key(people_id））default charset=utf8;命令，去为数据库创建一个新的名为 people 的数据表。数据表创建成功后，使用 describe people;命令，去查看相关数据表的信息，系统反馈信息如图 15-27 所示。

上面的超长命令中，people_id 数据栏的类型为 INT，其长度为 10， unsingned 表示此字段的值只能为正数，接下来的 not null 表示字段的值不能为空，最后的 auto_increment 将会使字段的值会依照 1→2→3 这样的顺序自动增加；接下来的 people_name 数据栏的类型为 VARCHAR，其长度为 100；people_name 数据栏代表人物的生日，其数据类型为 DATE；接下来的数据栏为人物的位置，类型为 VARCHAR，其长度为 100；接着将 people_id 这个数据栏设置为数据表的主键；最后，将数据表的字符集，设置成允许中英文同时存在。

15.3　查询

15.3.1　插入数据

往数据表里插入数据记录，可以使用 insert 命令，其完整命令应为 insert into 数据表 (数据栏 1, 数据栏 2, 数据栏 3）values (插入值 1, 插入值 2, 插入值 3);这样的形式。

如图 15-28 所示，假设要插入一个好莱坞演员——丹泽尔·华盛顿的个人基本信息，将使用 insert into people values (null, '丹泽尔·华盛顿', '1954-12-28', '美国');命令来达成目的。由于要把数据插入如图 15-27 所示的 people 数据表里的所有数据栏中，所以在这个命令里可以省略这部分信息，不过后面要输入的插入值还是得按照数据栏的顺序插入；第一个数据栏是数据表的主键 people_id。在之前的命令中，使用了 auto_increment，它的作用是——如果不去指定值的话，系统会依照 1→2→3 这样的顺序自动增加。由于这样的原因，所以在这里使用“null”这个词作为占位符；接下来的三个数据栏的数据，由于其数据类型是文本相关的数据，所以在数据外使用单引号。

```
[root@VM_56_159_centos ~]# mysql -u root -p --show-warnings;
Enter password:
Welcome to the MySQL monitor.  Commands end with ; or \g.
Your MySQL connection id is 19
Server version: 5.7.19-log MySQL Community Server (GPL)

Copyright (c) 2000, 2017, Oracle and/or its affiliates. All rights reserved.

Oracle is a registered trademark of Oracle Corporation and/or its
affiliates. Other names may be trademarks of their respective
owners.

Type 'help;' or '\h' for help. Type '\c' to clear the current input statement.

MySQL [(none)]> use ipcdb;
Database changed
MySQL [ipcdb]> insert into people values (null, '丹泽尔·华盛顿', '1954-12-28', '美国');
Query OK, 1 row affected (0.03 sec)
```

图 15-28　在 people 数据表中插入新数据

如果只是想插入某些数据而不是全部的话，可以使用 insert into people (people_name, people_location) values ('安吉丽娜 • 朱莉', '美国');这样的命令，来达到目的——只插入 people_name 和 people_location 这两个数据栏的值。

15.3.2　选择数据

如果想从数据库里找出想要的数据，可以用 select 命令，其完整命令应为 select 数据栏 1, 数据栏 2, 数据栏 3 from 数据表;这样的形式。

如图 15-29 所示，使用 insert into people(people_name, people_birth, people_location)values ('马克 • 沃尔伯格', '1971-06-05', '美国'), ('布拉德 • 皮特', '1965-12-18', '美国'), ('克里斯蒂安 • 贝尔', '1974-01-30', '英国'), ('希斯 • 莱杰', '1979-04-04', '澳大利亚'), ('凯特 • 温丝莱特', '1975-10-05', '英国'), ('莱昂纳多 • 迪卡普里奥', '1974-11-11', '美国'), ('休 • 杰克曼', '1968-10-12', '澳大利亚'), ('马丁 • 斯科塞斯', '1942-11-17', '美国'), ('李安', '1954-10-23', '台湾');这样的超长命令，提前把演示数据插入到 people 数据表中。假设想要查询出 people 数据表中所有数据栏的详细信息，可以使用 select * from people;命令，系统反馈回的信息如图 15-29 所示。

```
MySQL [ipcdb]> insert into people(people_name, people_birth, people_location) values
    -> ('马克·沃尔伯格', '1971-06-05', '美国'),
    -> ('布拉德·皮特', '1965-12-18', '美国'),
    -> ('克里斯蒂安·贝尔', '1974-01-30', '英国'),
    -> ('希斯·莱杰', '1979-04-04', '澳大利亚'),
    -> ('凯特·温丝莱特', '1975-10-05', '英国'),
    -> ('莱昂纳多·迪卡普里奥', '1974-11-11', '美国'),
    -> ('休·杰克曼', '1968-10-12', '澳大利亚'),
    -> ('马丁·斯科塞斯', '1942-11-17', '美国'),
    -> ('李安', '1954-10-23', '台湾');
Query OK, 9 rows affected (0.00 sec)
Records: 9  Duplicates: 0  Warnings: 0

MySQL [ipcdb]> select * from people;
+-----------+----------------------+--------------+-----------------+
| people_id | people_name          | people_birth | people_location |
+-----------+----------------------+--------------+-----------------+
|         1 | 丹泽尔·华盛顿        | 1954-12-28   | 美国            |
|         2 | 安吉丽娜·朱莉        | NULL         | 美国            |
|         3 | 马克·沃尔伯格        | 1971-06-05   | 美国            |
|         4 | 布拉德·皮特          | 1965-12-18   | 美国            |
|         5 | 克里斯蒂安·贝尔      | 1974-01-30   | 英国            |
|         6 | 希斯·莱杰            | 1979-04-04   | 澳大利亚        |
|         7 | 凯特·温丝莱特        | 1975-10-05   | 英国            |
|         8 | 莱昂纳多·迪卡普里奥  | 1974-11-11   | 美国            |
|         9 | 休·杰克曼            | 1968-10-12   | 澳大利亚        |
|        10 | 马丁·斯科塞斯        | 1942-11-17   | 美国            |
|        11 | 李安                 | 1954-10-23   | 台湾            |
+-----------+----------------------+--------------+-----------------+
11 rows in set (0.01 sec)
```

图 15-29　在 people 数据表中插入演示数据并查询数据表中所有数据栏的详细信息

如图 15-30 所示，如果只是想了解这些电影人的名字和生日的详细信息，可以使用 select people_name, people_birth from people;命令来达成目的。也可以使用 where 参数去限制一下想要

选择的数据的范围，假设想要查询所有在美国出生的电影人，可以使用 select * from people where people_location = '美国';命令，执行以后会看到所有在美国出生的电影人的详细信息。

```
MySQL [ipcdb]> select * from people;
+-----------+------------------------------+--------------+-----------------+
| people_id | people_name                  | people_birth | people_location |
+-----------+------------------------------+--------------+-----------------+
|         1 | 丹泽尔·华盛顿                | 1954-12-28   | 美国            |
|         2 | 安吉丽娜·朱莉                | NULL         | 美国            |
|         3 | 马克·沃尔伯格                | 1971-06-05   | 美国            |
|         4 | 布拉德·皮特                  | 1965-12-18   | 美国            |
|         5 | 克里斯蒂安·贝尔              | 1974-01-30   | 英国            |
|         6 | 希斯·莱杰                    | 1979-04-04   | 澳大利亚        |
|         7 | 凯特·温丝莱特                | 1975-10-05   | 英国            |
|         8 | 莱昂纳多·迪卡普里奥          | 1974-11-11   | 美国            |
|         9 | 休·杰克曼                    | 1968-10-12   | 澳大利亚        |
|        10 | 马丁·斯科塞斯                | 1942-11-17   | 美国            |
|        11 | 李安                         | 1954-10-23   | 台湾            |
+-----------+------------------------------+--------------+-----------------+
11 rows in set (0.01 sec)

MySQL [ipcdb]> select * from people where people_location = '美国';
+-----------+------------------------------+--------------+-----------------+
| people_id | people_name                  | people_birth | people_location |
+-----------+------------------------------+--------------+-----------------+
|         1 | 丹泽尔·华盛顿                | 1954-12-28   | 美国            |
|         2 | 安吉丽娜·朱莉                | NULL         | 美国            |
|         3 | 马克·沃尔伯格                | 1971-06-05   | 美国            |
|         4 | 布拉德·皮特                  | 1965-12-18   | 美国            |
|         8 | 莱昂纳多·迪卡普里奥          | 1974-11-11   | 美国            |
|        10 | 马丁·斯科塞斯                | 1942-11-17   | 美国            |
+-----------+------------------------------+--------------+-----------------+
6 rows in set (0.00 sec)
```

图 15-30　查询所有电影人的详细信息、查询所有在美国出生的电影人

对于找到的这些结果，可以使用 order by 参数去进行数据的排序，设置一下排序的方式和条件——例如可以按照电影人的出生日期来排序，排序的方式可以是升序（asc）或降序（desc），默认的排序方式为升序。如图 15-31 所示，使用 select * from people order by people_birth desc;命令，对电影人的生日进行降序排列；由于降序排序是按照数字从大到小排列，所以年龄最小的电影人会排在最前面。反之亦然，不过此时使用的应是 select * from people order by people_birth asc;命令。由于安吉丽娜 • 朱莉的生日为空，此时她是理论上生日数字最小的电影人，所以她会排在最前面，不过事实上生日数字最小的电影人应该是马丁 • 斯科塞斯。

```
MySQL [ipcdb]> select * from people order by people_birth desc;
+-----------+------------------------------+--------------+-----------------+
| people_id | people_name                  | people_birth | people_location |
+-----------+------------------------------+--------------+-----------------+
|         6 | 希斯·莱杰                    | 1979-04-04   | 澳大利亚        |
|         7 | 凯特·温丝莱特                | 1975-10-05   | 英国            |
|         8 | 莱昂纳多·迪卡普里奥          | 1974-11-11   | 美国            |
|         5 | 克里斯蒂安·贝尔              | 1974-01-30   | 英国            |
|         3 | 马克·沃尔伯格                | 1971-06-05   | 美国            |
|         9 | 休·杰克曼                    | 1968-10-12   | 澳大利亚        |
|         4 | 布拉德·皮特                  | 1965-12-18   | 美国            |
|         1 | 丹泽尔·华盛顿                | 1954-12-28   | 美国            |
|        11 | 李安                         | 1954-10-23   | 台湾            |
|        10 | 马丁·斯科塞斯                | 1942-11-17   | 美国            |
|         2 | 安吉丽娜·朱莉                | NULL         | 美国            |
+-----------+------------------------------+--------------+-----------------+
11 rows in set (0.00 sec)

MySQL [ipcdb]> select * from people order by people_birth asc;
+-----------+------------------------------+--------------+-----------------+
| people_id | people_name                  | people_birth | people_location |
+-----------+------------------------------+--------------+-----------------+
|         2 | 安吉丽娜·朱莉                | NULL         | 美国            |
|        10 | 马丁·斯科塞斯                | 1942-11-17   | 美国            |
|        11 | 李安                         | 1954-10-23   | 台湾            |
|         1 | 丹泽尔·华盛顿                | 1954-12-28   | 美国            |
|         4 | 布拉德·皮特                  | 1965-12-18   | 美国            |
|         9 | 休·杰克曼                    | 1968-10-12   | 澳大利亚        |
|         3 | 马克·沃尔伯格                | 1971-06-05   | 美国            |
|         5 | 克里斯蒂安·贝尔              | 1974-01-30   | 英国            |
|         8 | 莱昂纳多·迪卡普里奥          | 1974-11-11   | 美国            |
|         7 | 凯特·温丝莱特                | 1975-10-05   | 英国            |
|         6 | 希斯·莱杰                    | 1979-04-04   | 澳大利亚        |
+-----------+------------------------------+--------------+-----------------+
11 rows in set (0.00 sec)
```

图 15-31　对电影人的生日进行降序排列和升序排列

15.3.3　更新与删除数据

更新数据表里的记录，使用的是 update 命令，其完整命令应为 update 数据表名称 set 字段 ='值' where 字段 = 值;这样的形式。

如图 15-32 所示，先使用 select * from people;命令，把 people 数据表里的值显示出来。接下来，将更新安吉丽娜·朱莉的生日信息，使用 update people set people_birth = '1975-06-04' where people_id = 2;命令来达成目的。然后再使用 select * from people;命令，查看 people 数据表里的信息，从图 15-32 中可以知道安吉丽娜·朱莉的生日信息已经被正确更新。

```
MySQL [ipcdb]> select * from people;
+-----------+----------------------+--------------+-----------------+
| people_id | people_name          | people_birth | people_location |
+-----------+----------------------+--------------+-----------------+
|         1 | 丹泽尔·华盛顿        | 1954-12-28   | 美国            |
|         2 | 安吉丽娜·朱莉        | NULL         | 美国            |
|         3 | 马克·沃尔伯格        | 1971-06-05   | 美国            |
|         4 | 布拉德·皮特          | 1965-12-18   | 美国            |
|         5 | 克里斯蒂安·贝尔      | 1974-01-30   | 英国            |
|         6 | 希斯·莱杰            | 1979-04-04   | 澳大利亚        |
|         7 | 凯特·温丝莱特        | 1975-10-05   | 英国            |
|         8 | 莱昂纳多·迪卡普里奥  | 1974-11-11   | 美国            |
|         9 | 休·杰克曼            | 1968-10-12   | 澳大利亚        |
|        10 | 马丁·斯科塞斯        | 1942-11-17   | 美国            |
|        11 | 李安                 | 1954-10-23   | 台湾            |
+-----------+----------------------+--------------+-----------------+
11 rows in set (0.00 sec)

MySQL [ipcdb]> update people set people_birth = '1975-06-04' where people_id = 2;
Query OK, 1 row affected (0.01 sec)
Rows matched: 1  Changed: 1  Warnings: 0

MySQL [ipcdb]> select * from people;
+-----------+----------------------+--------------+-----------------+
| people_id | people_name          | people_birth | people_location |
+-----------+----------------------+--------------+-----------------+
|         1 | 丹泽尔·华盛顿        | 1954-12-28   | 美国            |
|         2 | 安吉丽娜·朱莉        | 1975-06-04   | 美国            |
|         3 | 马克·沃尔伯格        | 1971-06-05   | 美国            |
|         4 | 布拉德·皮特          | 1965-12-18   | 美国            |
|         5 | 克里斯蒂安·贝尔      | 1974-01-30   | 英国            |
|         6 | 希斯·莱杰            | 1979-04-04   | 澳大利亚        |
|         7 | 凯特·温丝莱特        | 1975-10-05   | 英国            |
|         8 | 莱昂纳多·迪卡普里奥  | 1974-11-11   | 美国            |
|         9 | 休·杰克曼            | 1968-10-12   | 澳大利亚        |
|        10 | 马丁·斯科塞斯        | 1942-11-17   | 美国            |
|        11 | 李安                 | 1954-10-23   | 台湾            |
+-----------+----------------------+--------------+-----------------+
11 rows in set (0.00 sec)
```

图 15-32　更新安吉丽娜·朱莉的生日信息

删除 people 数据表里的数据，可以使用 delete 命令。如图 15-33 所示，假设想要删除 people_id 为 6 的数据记录，故可以把主键的数字 6 作为删除条件，所以将使用 delete from people where people_id = 6;命令，把希斯·莱杰的数据记录删除掉。然后再使用 select * from people;命令，查看 people 数据表里的信息，从图 15-33 中可以知道希斯·莱杰的相关信息已经被成功删除。

```
MySQL [ipcdb]> delete from people where people_id = 6;
Query OK, 1 row affected (0.00 sec)

MySQL [ipcdb]> select * from people;
+-----------+----------------------+--------------+-----------------+
| people_id | people_name          | people_birth | people_location |
+-----------+----------------------+--------------+-----------------+
|         1 | 丹泽尔·华盛顿        | 1954-12-28   | 美国            |
|         2 | 安吉丽娜·朱莉        | 1975-06-04   | 美国            |
|         3 | 马克·沃尔伯格        | 1971-06-05   | 美国            |
|         4 | 布拉德·皮特          | 1965-12-18   | 美国            |
|         5 | 克里斯蒂安·贝尔      | 1974-01-30   | 英国            |
|         7 | 凯特·温丝莱特        | 1975-10-05   | 英国            |
|         8 | 莱昂纳多·迪卡普里奥  | 1974-11-11   | 美国            |
|         9 | 休·杰克曼            | 1968-10-12   | 澳大利亚        |
|        10 | 马丁·斯科塞斯        | 1942-11-17   | 美国            |
|        11 | 李安                 | 1954-10-23   | 台湾            |
+-----------+----------------------+--------------+-----------------+
10 rows in set (0.00 sec)
```

图 15-33　删除希斯·莱杰的所有信息

15.3.4 限制结果的数量与偏移

有的时候，可能需要对找到的结果的展示数量进行限制。例如在一些 Web 应用里面会分页显示内容、每一页显示十个内容左右，那么在这种情况下就可以使用 limit 参数去限制一下找到的结果数量，然后使用 offset 参数去限制一下数据偏移量。

假设要找出 people 数据表里的出生地为美国的电影人，并且只需要展示三个结果。如图 15-34 所示，可以使用 select * from people where people_location = '美国' limit 3;这个命令去达成这个目的（数字修改成 2 的话只会展示两个结果）。如果允许展示的结果有一定的偏移，可以使用 offset 参数。在一些 Web 应用分页显示的时候，第一页会显示十个内容、也就是显示查询结果里面的第一个到第十个，这样的话显示第二页内容时应该显示查询结果里面的第十一个到第二十个，这种场景下就需要对偏移量进行设置。

```
MySQL [ipcdb]> select * from people where people_location = '美国' limit 3;
+-----------+------------------+--------------+-----------------+
| people_id | people_name      | people_birth | people_location |
+-----------+------------------+--------------+-----------------+
|         1 | 丹泽尔·华盛顿    | 1954-12-28   | 美国            |
|         2 | 安吉丽娜·朱莉    | 1975-06-04   | 美国            |
|         3 | 马克·沃尔伯格    | 1971-06-05   | 美国            |
+-----------+------------------+--------------+-----------------+
3 rows in set (0.01 sec)

MySQL [ipcdb]> select * from people limit 3 offset 1;
+-----------+------------------+--------------+-----------------+
| people_id | people_name      | people_birth | people_location |
+-----------+------------------+--------------+-----------------+
|         2 | 安吉丽娜·朱莉    | 1975-06-04   | 美国            |
|         3 | 马克·沃尔伯格    | 1971-06-05   | 美国            |
|         4 | 布拉德·皮特      | 1965-12-18   | 美国            |
+-----------+------------------+--------------+-----------------+
3 rows in set (0.00 sec)

MySQL [ipcdb]> select * from people limit 1,3;
+-----------+------------------+--------------+-----------------+
| people_id | people_name      | people_birth | people_location |
+-----------+------------------+--------------+-----------------+
|         2 | 安吉丽娜·朱莉    | 1975-06-04   | 美国            |
|         3 | 马克·沃尔伯格    | 1971-06-05   | 美国            |
|         4 | 布拉德·皮特      | 1965-12-18   | 美国            |
+-----------+------------------+--------------+-----------------+
3 rows in set (0.00 sec)
```

图 15-34　限制结果的数量与偏移

接下来，使用 select * from people limit 3 offset 1;命令，随机找出三个电影人并且从第二个开始展示，也就是原本的第二位变成第一位，显示 people_id 为 2、3、4 的电影人（offset 后的数字修改成 2 的话会显示 people_id 为 3、4、5 的电影人）；这里我们也可以换一种命令写法，也就是为 limit 提供两个条件：一个是数据的偏移量，另一个是限制展示的结果数量。假设我们还是想找出三个电影人并且从第二个结果开始展示，我们可以使用 select * from people limit 1,3;命令。如图 15-34 所示。

以上三条命令的结果，系统反馈如图 15-34 中所示。

15.3.5 操作符

在查询的语句中，可以使用操作符去进行一些更复杂的事情。其实在本章节前面的部分中，早已介绍了等号的作用；除了等号以外，还有许多其他的符号例如大于号“>”、小于号“<”、大于或等于号“≥”和小于或等于号“≤”可以使用。

假设，想要找出所有在 1960 年 1 月 1 号之后出生的电影人，可以使用大于号“>”这个操作符，其完整命令应为 select * from people where people_birth > '1960-01-01';这样的形式，执行完成后就可以得到想要的结果。

使用逻辑操作符（and、or、not 等），可以完成更复杂的操作。假设想要找出出生日期在 1960 年 1 月 1 日以后且在 1970 年 1 月 1 日以前的电影人，可以使用 and，其完整命令应为 select * from people where people_birth > '1960-01-01' and people_birth < '1970-01-01';这样的形式。以上两条命令的结果，系统反馈如图 15-35 所示。

```
MySQL [ipcdb]> select * from people where people_birth > '1960-01-01';
+-----------+----------------------------------+--------------+-----------------+
| people_id | people_name                      | people_birth | people_location |
+-----------+----------------------------------+--------------+-----------------+
|         2 | 安吉丽娜·朱莉                    | 1975-06-04   | 美国            |
|         3 | 马克·沃尔伯格                    | 1971-06-05   | 美国            |
|         4 | 布拉德·皮特                      | 1965-12-18   | 美国            |
|         5 | 克里斯蒂安·贝尔                  | 1974-01-30   | 英国            |
|         7 | 凯特·温丝莱特                    | 1975-10-05   | 英国            |
|         8 | 莱昂纳多·迪卡普里奥              | 1974-11-11   | 美国            |
|         9 | 休·杰克曼                        | 1968-10-12   | 澳大利亚        |
+-----------+----------------------------------+--------------+-----------------+
7 rows in set (0.01 sec)

MySQL [ipcdb]> select * from people where people_birth > '1960-01-01' and people_birth < '1970-01-01';
+-----------+-----------------+--------------+-----------------+
| people_id | people_name     | people_birth | people_location |
+-----------+-----------------+--------------+-----------------+
|         4 | 布拉德·皮特     | 1965-12-18   | 美国            |
|         9 | 休·杰克曼       | 1968-10-12   | 澳大利亚        |
+-----------+-----------------+--------------+-----------------+
2 rows in set (0.01 sec)
```

图 15-35　出生日期在某个特定时间的电影人

测试一个值是否在一个集合里，可以使用 in，反之则使用 not in。如图 15-36 所示，假设想要找出出生地在美国和英国的电影人，可以使用 select * from people where people_location in ('美国', '英国');命令；如果想要找出不在美国和英国出生的电影人，则使用 not in，所以应该输入 select * from people where people_location not in ('美国', '英国');命令。系统反馈的结果如图 15-36 所示。

```
MySQL [ipcdb]> select * from people where people_location in ('美国', '英国');
+-----------+----------------------------------+--------------+-----------------+
| people_id | people_name                      | people_birth | people_location |
+-----------+----------------------------------+--------------+-----------------+
|         1 | 丹泽尔·华盛顿                    | 1954-12-28   | 美国            |
|         2 | 安吉丽娜·朱莉                    | 1975-06-04   | 美国            |
|         3 | 马克·沃尔伯格                    | 1971-06-05   | 美国            |
|         4 | 布拉德·皮特                      | 1965-12-18   | 美国            |
|         5 | 克里斯蒂安·贝尔                  | 1974-01-30   | 英国            |
|         7 | 凯特·温丝莱特                    | 1975-10-05   | 英国            |
|         8 | 莱昂纳多·迪卡普里奥              | 1974-11-11   | 美国            |
|        10 | 马丁·斯科塞斯                    | 1942-11-17   | 美国            |
+-----------+----------------------------------+--------------+-----------------+
8 rows in set (0.00 sec)

MySQL [ipcdb]> select * from people where people_location not in ('美国', '英国');
+-----------+-----------------+--------------+-----------------+
| people_id | people_name     | people_birth | people_location |
+-----------+-----------------+--------------+-----------------+
|         9 | 休·杰克曼       | 1968-10-12   | 澳大利亚        |
|        11 | 李安            | 1954-10-23   | 台湾            |
+-----------+-----------------+--------------+-----------------+
2 rows in set (0.00 sec)
```

图 15-36　出生点在某个特定国家或地区的电影人

可以使用 like，找出名字中包含某一个字的电影人；在这里可以使用两个通配符，百分号“%”表示一个或多个字符，下画线“_”表示一个字符。假设想要找出名字中包含“李”这个字的电影人，可以使用 select * from people where people_name like ('李%');命令。不出意料之外的话，只能找到李安这位电影人。

15.4　关系

15.4.1　为创建关系做准备

在接下来的部分里，将会练习使用数据表去创建两个数据表之间的关系。在正式开始以前，得准备一下后面会使用到的数据库。

先删除之前创建的 ipcdb 这个数据库——登录数据库，使用 drop database ipcdb;命令删除它。然后使用 show databases;命令，去查看系统里的现有的数据库；如图 15-37 所示，从系统反馈信息来看，可以确定已经删除了 ipcdb 数据库。

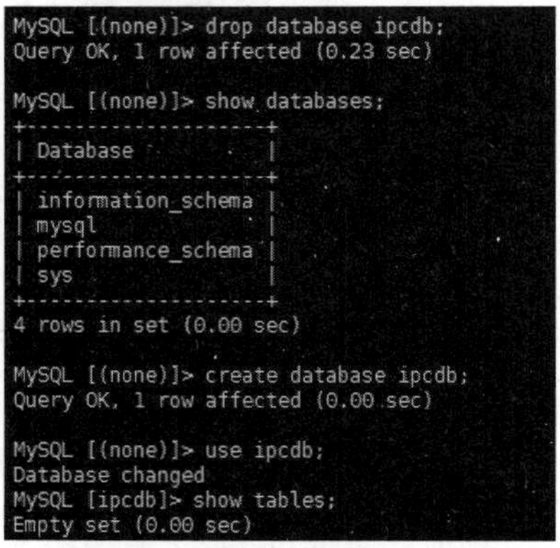

```
MySQL [(none)]> drop database ipcdb;
Query OK, 1 row affected (0.23 sec)

MySQL [(none)]> show databases;
+--------------------+
| Database           |
+--------------------+
| information_schema |
| mysql              |
| performance_schema |
| sys                |
+--------------------+
4 rows in set (0.00 sec)

MySQL [(none)]> create database ipcdb;
Query OK, 1 row affected (0.00 sec)

MySQL [(none)]> use ipcdb;
Database changed
MySQL [ipcdb]> show tables;
Empty set (0.00 sec)
```

图 15-37　删除旧数据库并创建新数据库

接着，使用 create database ipcdb;命令去创建一个新的名为 ipcdb 的数据库。然后，输入 use ipcdb;命令，去使用这个新创建的数据库。接下来，使用 show tables;命令去查看数据库里的数据表，如图 15-37 所示，系统反馈信息告诉里面没有数据表。

接下来，将在这个数据库里添加几个数据表，然后在这些数据表里添加一些演示用的数据。已经准备好了一个可以直接使用的数据库文件，大家可以在图书附带的资源文件里找到它——其完整的文件名为 ipcdb.sql。数据库文件的完整代码块如下。

```
create table user (
    user_id int(10) unsigned not null auto_increment,
    user_name varchar(100),
    primary key(user_id)
) default charset=utf8;
create table review (
    review_id int(10) unsigned not null auto_increment,
    review_content text,
    review_rate int(10) unsigned,
    user_id int(10) unsigned,
    film_id int(10) unsigned,
    primary key(review_id)
) default charset=utf8;
create table film (
    film_id int(10) unsigned not null auto_increment,
    film_name varchar(100),
```

```
    film_box int(10) unsigned,
    primary key(film_id)
) default charset=utf8;
create table people (
    people_id int(10) unsigned not null auto_increment,
    people_name varchar(100),
    people_birth date,
    people_location varchar(100),
    primary key(people_id)
) default charset=utf8;
create table film_people (
    film_id int(10) unsigned,
    people_id int(10) unsigned,
    job varchar(20)
) default charset=utf8;
insert into film(film_id, film_name, film_box) values
(1, '少年派', 124976634),
(2, '雨果', 73820094),
(3, '无间行者', 132373442),
(4, '断背山', 83025853);
insert into user(user_id, user_name) values
(1, '小明'),
(2, '小红'),
(3, '张三');
insert into review(review_id, review_content, review_rate, user_id, film_id) values
(1, '李安导演的少年派，好导演，好故事，推荐看一下', 8, 1, 1),
(2, '今天跟小明一起去看了少年派，电影好看，就是不习惯 3D 眼镜', 9, 2, 1),
(3, '马丁的雨果，很喜欢画面的风格', 8, 1, 2),
(4, '雨果！', 7, 2, 2),
(5, '美国版的无间道，不错', 9, 1, 3),
(6, '看不懂！', 6, 2, 3);
insert into film_people(film_id, people_id, job) values
(1, 11, '导演'),
(2, 10, '导演'),
(3, 8, '演员'),
(3, 10, '导演');
insert into people(people_id, people_name, people_birth, people_location) values
(1, '丹泽尔·华盛顿', '1954-12-28', '美国'),
(2, '安吉丽娜·朱莉', '1975-06-04', '美国'),
(3, '马克·沃尔伯格', '1971-06-05', '美国'),
(4, '布拉德·皮特', '1965-12-18', '美国'),
(5, '克里斯蒂安·贝尔', '1974-01-30', '英国'),
(7, '凯特·温丝莱特', '1975-10-05', '英国'),
(8, '莱昂纳多·迪卡普里奥', '1974-11-11', '美国'),
(9, '休·杰克曼', '1968-10-12', '澳大利亚'),
(10, '马丁·斯科塞斯', '1942-11-17', '美国'),
(11, '李安', '1954-10-23', '台湾');
```

现在大家看到的上面的代码块，就是提前准备好的数据库的结构和要往数据表里添加的演示数据，如图 15-38 所示。这些数据都是由 SQL 语句组成的，稍后将把它导入到数据库里面。

这些演示数据的最开始的部分，就是最先创建的数据表。这里创建了一个名为 user 的数据表，在这个数据表里存储的是 Web 应用的用户的相关信息：它里面有两个字段，一个是

user_id，另外一个是 user_name。

在数据的第二部分，创建了一个名为 review 的数据表，顾名思义，放的是评论相关的内容。这个数据表里有五个字段：一个是 review_id，第二个是 review_content（用来存储用户的评论内容），第三个是 review_rate（用来存储用户评分），第四个是 user_id（与 user 数据表里的用户一一对应），最后一个是 film_id（这个值与下面的 film_id 的值是一一对应的）。

在数据的第三部分，创建了一个名为 film 的数据表。这个数据表里有三个字段：第一个是 film_id，第二个是 film_name，最后一个则是 film_box（代表着电影的票房）。

数据的第四部分，即 people 数据表里，则存放着电影人相关的信息。people_id 代表电影人的 id，people_name 代表电影人的名字，people_birth 代表电影人的生日，people_location 则代表电影人的出生地。

演示数据最后的一部分，创建了一个名为 film_people 的数据表，它里面存储的是电影和电影人的关系。数据表里有三个字段：film_id、people_id、job（代表电影人在电影里出任的角色，例如导演、编剧、演员等）。

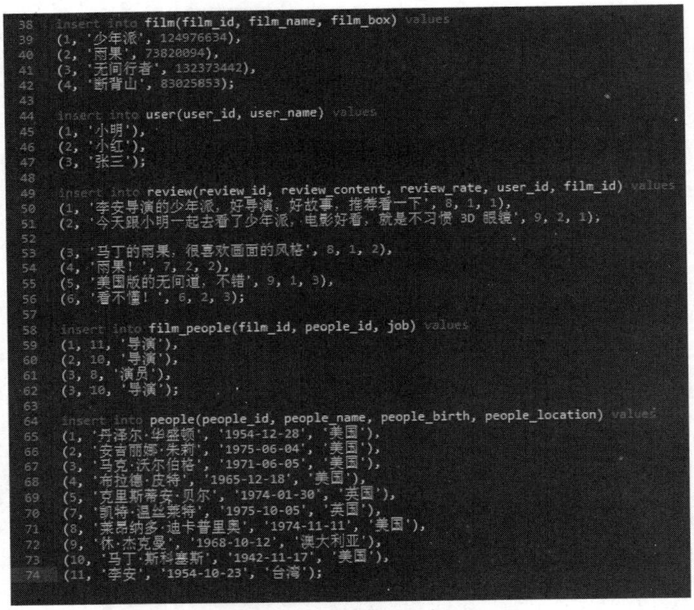

```
38  insert into film(film_id, film_name, film_box) values
39  (1, '少年派', 124976634),
40  (2, '雨果', 73820094),
41  (3, '无间行者', 132373442),
42  (4, '断背山', 83025853);
43
44  insert into user(user_id, user_name) values
45  (1, '小明'),
46  (2, '小红'),
47  (3, '张三');
48
49  insert into review(review_id, review_content, review_rate, user_id, film_id) values
50  (1, '李安导演的少年派，好导演，好故事，推荐看一下', 8, 1, 1),
51  (2, '今天跟小明一起去看了少年派，电影好看，就是不习惯 3D 眼镜', 9, 2, 1),
52
53  (3, '马丁的雨果，很喜欢画面的风格', 8, 1, 2),
54  (4, '雨果！', 7, 2, 2),
55  (5, '美国版的无间道，不错', 9, 1, 3),
56  (6, '看不懂！', 6, 2, 3);
57
58  insert into film_people(film_id, people_id, job) values
59  (1, 11, '导演'),
60  (2, 10, '导演'),
61  (3, 8, '演员'),
62  (3, 10, '导演');
63
64  insert into people(people_id, people_name, people_birth, people_location) values
65  (1, '丹泽尔·华盛顿', '1954-12-28', '美国'),
66  (2, '安吉丽娜·朱莉', '1975-06-04', '美国'),
67  (3, '马克·沃尔伯格', '1971-06-05', '美国'),
68  (4, '布拉德·皮特', '1965-12-18', '美国'),
69  (5, '克里斯蒂安·贝尔', '1974-01-30', '英国'),
70  (7, '凯特·温丝莱特', '1975-10-05', '英国'),
71  (8, '莱昂纳多·迪卡普里奥', '1974-11-11', '美国'),
72  (9, '休·杰克曼', '1968-10-12', '澳大利亚'),
73  (10, '马丁·斯科塞斯', '1942-11-17', '美国'),
74  (11, '李安', '1954-10-23', '台湾');
```

图 15-38　需要添加的演示数据

在这些数据之后的内容，则是要插入到上面的数据表里的演示数据，如图 15-38 所示。接下来，要把这个 ipcdb.sql 文件导入到 ipcdb 数据库中；可以使用数据库管理软件 phpMyAdmin 来达成目的。之前使用 OneinStack 配置网站应用运行环境时，已经安装了一个 phpMyAdmin。在浏览器地址栏中输入如 127.0.0.1/phpMyAdmin/这样的地址后按 Enter 键，登录到 phpMyAdmin 的登录界面（127.0.0.1 请替换成服务器的公网 IP 地址，并且可以将 phpMyAdmin 更改成其他任何你喜欢的英文名字）。如图 15-39 所示，使用 root 身份登录到 phpMyAdmin 后，单击选择左侧的 ipcdb 数据库，然后单击“导入”命令，在计算机中选择准备好的 ipcdb.sql 文件，最后单击“执行”按钮。执行结果如图 15-40 所示，从图中可以看出，准备的演示数据已成功导入到了 ipcdb 数据库。

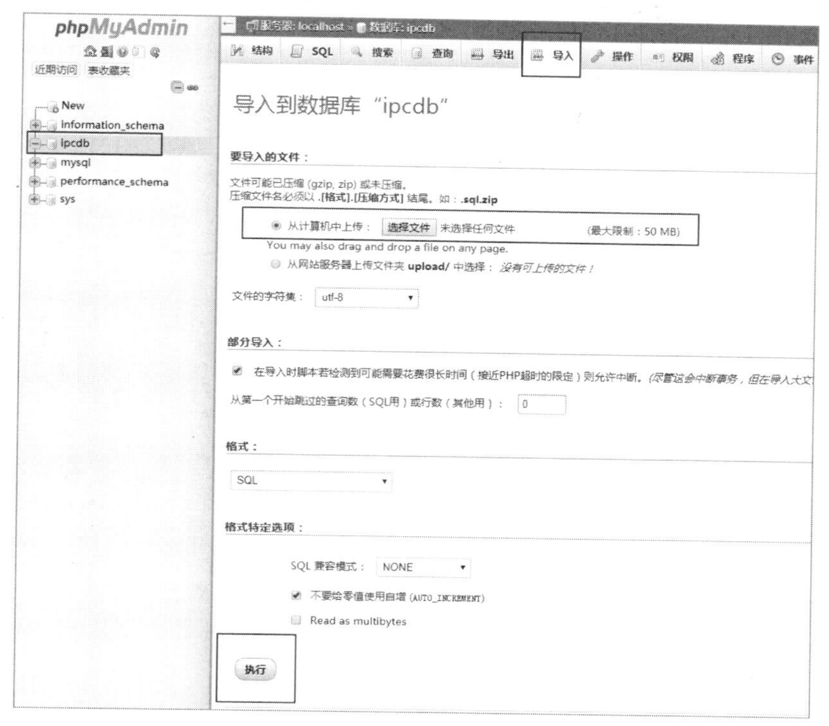

图 15-39　把 ipcdb.sql 文件导入到数据库中

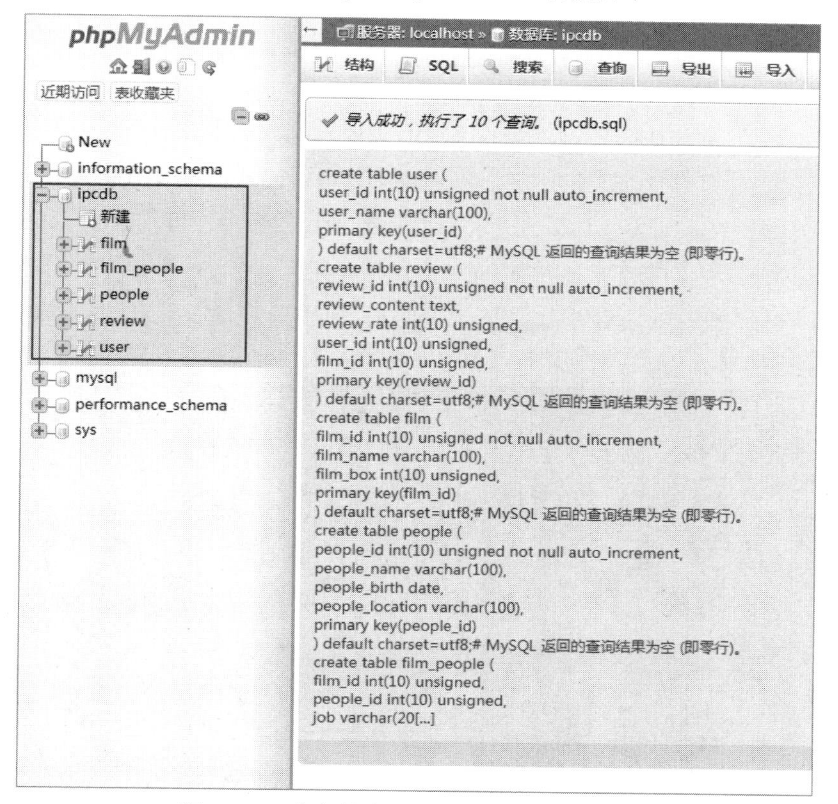

图 15-40　准备的演示数据成功导入到数据库

15.4.2 关联

可以利用数据表与数据表之间的关系，去重新关联组合出不同特点的信息。

如图 15-41 所示，假设想把用户和评论者两个数据表组合在一起，然后找出所有的用户所撰写的全部评论，而且找到的结果里面要包含用户的名字以及相对应的评论内容。可以使用 select user_name, review_content from user, review where review.user_id = user.user_id;命令去达成目的。

```
MySQL [ipcdb]> select user_name, review_content from user, review where review.user_id = user.user_id;
+-----------+----------------------------------------------------------------+
| user_name | review_content                                                 |
+-----------+----------------------------------------------------------------+
| 小明      | 李安导演的少年派，好导演，好故事，推荐看一下                   |
| 小红      | 今天跟小明一起去看了少年派，电影好看，就是不习惯 3D 眼镜       |
| 小明      | 马丁的雨果，很喜欢画面的风格                                   |
| 小红      | 雨果！                                                         |
| 小明      | 美国版的无间道，不错                                           |
| 小红      | 看不懂！                                                       |
+-----------+----------------------------------------------------------------+
6 rows in set (0.00 sec)
```

图 15-41　交叉关联用户名和评论内容

因为 user_name 是 user 数据表里的、review_content 是 review 数据表里的，所以后面的 from 后加上 user 和 review。然后用 where 参数设置一下条件，这个条件是把 user 和 review 数据表关联组合在一起的非常重要的关键点：使 review 数据表里的 user_id 等价于 user 数据表里的 user_id。从图 15-41 中可以看到，user_name 已经和 review_content 关联在一起。关联以后，这个表里面有两栏内容，分别是来自用户表里的用户名和评论表里的内容。由于在实际应用中，用户极有可能会更改自己的用户名和其他相关的个人信息，所以在设计数据表结构时，不直接把用户名放在评论表里面，而是单独使用 id 号。

上面的命令中 from 的后面的 user 和 review 这两个要关联的表的中间使用了一个逗号“,”，其功能相当于交叉关联（CROSS JOIN）。不过也可以用内部关联（INNER JOIN）的方法来输出相同的内容，演示结果如图 15-42 所示，所以刚才使用的命令也可以改成 select user_name, review_content from user inner join review on review.user_id = user.user_id;这样的形式。代码的作用也就是相当于在内部比较一下 user_name 和 review_content 的共同点（前面的代码相当于在外部比较一下交叉点，用数学概念里的维恩图来说就是交集）。

```
MySQL [ipcdb]> select user_name, review_content from user, review where review.user_id = user.user_id;
+-----------+----------------------------------------------------------------+
| user_name | review_content                                                 |
+-----------+----------------------------------------------------------------+
| 小明      | 李安导演的少年派，好导演，好故事，推荐看一下                   |
| 小红      | 今天跟小明一起去看了少年派，电影好看，就是不习惯 3D 眼镜       |
| 小明      | 马丁的雨果，很喜欢画面的风格                                   |
| 小红      | 雨果！                                                         |
| 小明      | 美国版的无间道，不错                                           |
| 小红      | 看不懂！                                                       |
+-----------+----------------------------------------------------------------+
6 rows in set (0.00 sec)

MySQL [ipcdb]> select user_name, review_content from user inner join review on review.user_id = user.user_id;
+-----------+----------------------------------------------------------------+
| user_name | review_content                                                 |
+-----------+----------------------------------------------------------------+
| 小明      | 李安导演的少年派，好导演，好故事，推荐看一下                   |
| 小红      | 今天跟小明一起去看了少年派，电影好看，就是不习惯 3D 眼镜       |
| 小明      | 马丁的雨果，很喜欢画面的风格                                   |
| 小红      | 雨果！                                                         |
| 小明      | 美国版的无间道，不错                                           |
| 小红      | 看不懂！                                                       |
+-----------+----------------------------------------------------------------+
6 rows in set (0.00 sec)
```

图 15-42　交叉关联和内部关联

在这条命令的后面，可以继续使用 where 参数去设置其他的条件，例如说想要找出 user_id 为 1 的用户的所有评论，可以继续在命令后面加上 where user.user_id = 1，所以完整的命令就是像 select user_name, review_content from user inner join review on review.user_id = user.user_id where user.user_id = 1;这样。找到的评论如图 15-43 所示。

```
MySQL [ipcdb]> select user_name, review_content from user inner join review on review.user_id = user.user_id where user.user_id = 1;
+-----------+---------------------------------------+
| user_name | review_content                        |
+-----------+---------------------------------------+
| 小明      | 李安导演的少年派，好导演，好故事，推荐看一下 |
| 小明      | 马丁的雨果，很喜欢画面的风格             |
| 小明      | 美国版的无间道，不错                     |
+-----------+---------------------------------------+
3 rows in set (0.00 sec)
```

图 15-43　在命令后面使用 where 参数设置其他的条件

15.4.3　左关联

除了内部关联（INNER JOIN），还有一些其他的关联方法例如左关联（LEFT JOIN）。既然它是关联的一种方法，那么它也会按照两个数据表的共同点来匹配，把它们关联在一起。就算是不匹配，它也会把左边的数据表的记录显示出来。

假设依然想把用户和评论这两个数据表的记录关联在一起，但是这次想要找出用户表里的所有用户名，不管某一个用户有没有写过评论；如果真的没有写过的话，其对应的评论栏里的数据将会为 NULL！如果写过评论的话，其对应的评论栏里的数据就会是以前写的评论内容！

使用 select user_name, review_content from user left join review on review.user_id = user.user_id;命令，达成上面的目标。如图 15-44 所示，命令把用户和评论这两个数据表，按照用户的 id 这个共同点进行了匹配，然后再把它们关联在了一起！

```
MySQL [ipcdb]> select user_name, review_content from user left join review on review.user_id = user.user_id;
+-----------+---------------------------------------------------+
| user_name | review_content                                    |
+-----------+---------------------------------------------------+
| 小明      | 李安导演的少年派，好导演，好故事，推荐看一下           |
| 小红      | 今天跟小明一起去看了少年派，电影好看，就是不习惯 3D 眼镜 |
| 小明      | 马丁的雨果，很喜欢画面的风格                         |
| 小红      | 雨果！                                             |
| 小明      | 美国版的无间道，不错                                 |
| 小红      | 看不懂！                                           |
| 张三      | NULL                                              |
+-----------+---------------------------------------------------+
7 rows in set (0.01 sec)
```

图 15-44　左关联数据表

既然有左关联（LEFT JOIN），那么肯定也有右关联（RIGHT JOIN），不过用了右关联以后，就会使用上面的右边的数据表为主去进行关联！

15.4.4　统计、分组、平均

使用 MySQL 提供的一些函数，可以去统计、求和、求平均数、找出最大（小）值等。

如果想要统计一下结果的数量，那么可以使用 count 这个函数。如图 15-45 所示，假设想要统计 review 数据表里的记录数量，输入 select count(review_id）from review;命令后按 Enter 键确认，就会得到想要的结果。

```
MySQL [ipcdb]> select count(review_id) from review;
+------------------+
| count(review_id) |
+------------------+
|                6 |
+------------------+
1 row in set (0.00 sec)

MySQL [ipcdb]> select film_id, count(review_id) from review group by film_id;
+---------+------------------+
| film_id | count(review_id) |
+---------+------------------+
|       1 |                2 |
|       2 |                2 |
|       3 |                2 |
+---------+------------------+
3 rows in set (0.00 sec)
```

图 15-45　统计、分组结果的数量

如果想要找出每一部电影的评论数量，则可以使用 group by 去进行分组：按照评论数据表里面的 film_id 分一下组。如图 15-45 所示，输入 select film_id, count(review_id)from review group by film_id;命令后按 Enter 键确认，从图 15-45 所示的系统反馈可以知道，这三部电影里的每一部电影的评论都是两条！

接下来，尝试一下求平均数用的函数 avg。如图 15-46 所示，假设想要计算一下每部电影评分的平均分，输入 select film_id, avg(review_rate)from review group by film_id;命令后马上按 Enter 键确认，系统反馈回的结果就是每一部电影的平均分。配合关联系统还可以显示出相关电影的名字：可以使用 select review.film_id, film.film_name, avg(review_rate）from review, film where review.film_id = film.film_id group by review.film_id;命令，从图 15-45 所示的反馈信息中，知道了刚才每一部电影的评分所对应的电影名字！

```
MySQL [ipcdb]> select film_id, avg(review_rate) from review group by film_id;
+---------+------------------+
| film_id | avg(review_rate) |
+---------+------------------+
|       1 |           8.5000 |
|       2 |           7.5000 |
|       3 |           7.5000 |
+---------+------------------+
3 rows in set (0.00 sec)

MySQL [ipcdb]> select review.film_id, film.film_name, avg(review_rate) from review, film where review.film_id = film.film_id group by review.film_id;
+---------+---------------+------------------+
| film_id | film_name     | avg(review_rate) |
+---------+---------------+------------------+
|       1 | 少年派        |           8.5000 |
|       2 | 雨果          |           7.5000 |
|       3 | 无间行者      |           7.5000 |
+---------+---------------+------------------+
3 rows in set (0.00 sec)
```

图 15-46　平均结果的数量

15.4.5　三个表的关联

使用关联，可以做一些更复杂的查询。接下来，将尝试着把电影、电影人、电影和电影人之间关系的这几个数据表关联在一起。

电影这个数据表里放的是与电影有关的内容——例如电影人的名称、电影票房等；电影人这个数据表里面是所有电影从业人员的信息——例如电影人的名字、出生地、出生日期等；电影和电影人之间关系的数据表里面，放的是电影的 id 和与电影相关的电影人的 id 以及一些其他的相关信息。

要做的就是利用电影和电影人这两个数据表里的内容，把电影和电影人这两个数据表关联在一起。关联以后，保留电影的名字和与电影相关的所有电影人，以及出演角色信息等。如图 15-47 所示，输入 select film_name, people_name, job from film, people, film_people where film_ people.film_id = film.film_id and film_people.people_id = people.people_id;命令后按 Enter 键确认；如果要找出某一部电影的所有工作人员，只需要在前面的基础上加上 and film_name = '电影名字'即可。假设想要找出电影《无间行者》的所有工作人员，那么应该使用 select film_name, people_name, job from film, people, film_people where film_people.film_id = film.film_id and film_people.people_id = people.people_id and film_name = '无间行者';这个命令，找出的结果如图 15-47 所示；如果想要找出某一个电影人参与过的所有电影作品，我们则使用 select film_name, people_name, job from film, people, film_people where film_people.film_id = film.film_id and film_people.people_id = people.people_id and people_name like '马丁%';这个命令,也就是把 and film_name = '电影名字'替换成 and people_name like '人名%'。

```
MySQL [ipcdb]> select film_name, people_name, job from film, people, film_people where film_people.film_id = film.film_id and film_people.people_id = people.people_id;
+-----------+------------------------+------+
| film_name | people_name            | job  |
+-----------+------------------------+------+
| 少年派    | 李安                   | 导演 |
| 雨果      | 马丁·斯科塞斯          | 导演 |
| 无间行者  | 莱昂纳多·迪卡普里奥    | 演员 |
| 无间行者  | 马丁·斯科塞斯          | 导演 |
+-----------+------------------------+------+
4 rows in set (0.05 sec)

MySQL [ipcdb]> select film_name, people_name, job from film, people, film_people where film_people.film_id = film.film_id and film_people.people_id = people.people_id and film_name = '无间行者';
+-----------+------------------------+------+
| film_name | people_name            | job  |
+-----------+------------------------+------+
| 无间行者  | 莱昂纳多·迪卡普里奥    | 演员 |
| 无间行者  | 马丁·斯科塞斯          | 导演 |
+-----------+------------------------+------+
2 rows in set (0.00 sec)
```

图 15-47　三个表的关联

接下来，将统计每个导演的制作过的所有电影的总票房，并把这些数据按照降序排列。如图 15-48 所示，可以使用 select sum(film_box）as total_box, people_name from film, people, film_people where film_people.film_id = film.film_id and film_people.people_id = people.people_id and job = '导演' group by people_name order by total_box desc;命令达成目的。其中，sum 的作用是统计求和；total_box 是为了方便统计电影总票房而自行创造出来的，相关的数据库中并不存在这个参数。具体的电影总票房如图 15-48 所示。

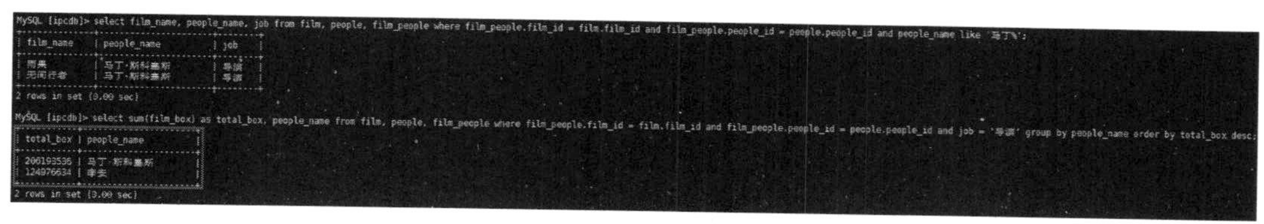
```
MySQL [ipcdb]> select film_name, people_name, job from film, people, film_people where film_people.film_id = film.film_id and film_people.people_id = people.people_id and people_name like '马丁%';
+-----------+---------------+------+
| film_name | people_name   | job  |
+-----------+---------------+------+
| 雨果      | 马丁·斯科塞斯 | 导演 |
| 无间行者  | 马丁·斯科塞斯 | 导演 |
+-----------+---------------+------+
2 rows in set (0.00 sec)

MySQL [ipcdb]> select sum(film_box) as total_box, people_name from film, people, film_people where film_people.film_id = film.film_id and film_people.people_id = people.people_id and job = '导演' group by people_name order by total_box desc;
+-----------+---------------+
| total_box | people_name   |
+-----------+---------------+
| 206193536 | 马丁·斯科塞斯 |
| 124976634 | 李安          |
+-----------+---------------+
2 rows in set (0.00 sec)
```

图 15-48　统计电影总票房并降序排列

第 16 章　WordPress 站点的简易加速方案

众所周知，一个网站能否成功吸引用户持续访问，除了超高的安全度和优秀的内容以外，最重要的便是其访问速度了。如果网站的访问速度非常非常慢，一张网页的内容超过 5 秒了都没有正常加载出来，这样肯定会让访客失去耐心，从此再也不来这个“破网站”了。

为了解决这个至关重要的问题，准备了一套简单易行的加速方案，希望能为 WordPress 站点的速度核心增添一份澎湃动力。

16.1　Linux 服务器流量加速：BBR

在众多的互联网协议中，以 TCP 和 UDP 这两个协议的流量最为常见，当然还有其他的协议，但是在服务器上则是这两个协议最常被使用。由于 UDP 常被用来作为私有协议的流量通信，电信运营商为了运营安全以及其他一些原因，将服务器发送到用户主机上这个下行通道的所有 UDP 的流量端口全部封锁了。

由于此原因，所以只能加速 TCP 下的流量了。选择了 Google 开源的名为 BBR 的 TCP 拥塞控制算法，它解决的是 OSI 中的第四层——传输层的问题。Google 将算法提交到了 Linux 内核中，Linux 内核的最新版内核已经用上了该算法。根据传统，Google 先在自家的生产环境上线运用后，才会将代码开源，大家可以不用担心自己替别人趟了浑水。当然，也可以选择使用其他算法来加速服务器，例如 KCPTun、FinalSpeed、Net-Speeder 等；这些方案有的可能比 BBR 的加速效果明显或是运用范围广泛，但它们中有的侵略性强可能导致服务器被封禁，有的则是服务器流量的加速效果不明显，综合考虑以后进行选择，还是 BBR 最为合适稳妥。

在正式使用之前，要友情提示一下，BBR 必须在搭建正式的网站应用运行环境之前完成，如果在环境完成以后再进行安装，则可能导致网站数据丢失或者失效等一些不可预知的麻烦。这里使用 Github 上一位开发者开发的一键安装脚本，来为 Linux 安装最新的内核并开启 BBR。

这个脚本可以在以下三大 Linux 发行版上使用，它们分别是 CentOS 6+、Debian 7+、Ubuntu 12+；服务器的虚拟技术不能为 OpenVZ，但可以使用以 KVM、Xen、VMware 等虚拟技术虚拟出来的服务器；对服务器的内存要求不是很高，只要大于或等于 128MB 即可。国内外的云计算服务商所提供的服务器，一般最小的都为 1GB，都可以满足其安装要求。

此一键安装脚本已经在阿里云、腾讯云、美团云、Vultr、DigitalOcean、ConoHa 等国内外主流的云计算服务商的服务器全部测试通过，可以正常安装使用。少数云计算服务商如 Linode 所提供的 Linux 内核是自行编译的精简内核，使用一键安装脚本可能会出现一些问题；如果一键安装脚本检测到服务器的虚拟方案为 OpenVZ，则会提示错误，并自动退出安装；如果脚本运行完重启发现开不了机的，打开 VPS 后台控制面板的 VNC，开机卡在 grub 引导，手动选择内核即可；由于使用的是最新版的 Linux 系统内核，为保险起见，请勿在生产环境安装使用，产生不可预测的麻烦后不负任何责任。如果非要在生产环境中使用，请将重要数据进行备份。

16.1.1　升级 Linux 系统内核

要想正常使用 BBR，Linux 内核的版本至少得是 4.9。如图 16-1 所示，登录服务器，输入命令 uname -a 或 uname -r，去查看系统的内核版本，返回的数值大于或等于 4.9 就可以正常安装使用 BBR。从图 16-1 中可以看出，此系统的内核版本明显不符合要求。

```
[root@VM_56_159_centos ~]# uname -a
Linux VM_56_159_centos 3.10.0-327.el7.x86_64 #1 SMP Thu Nov 19 22:10:57 UTC 2015 x86_64 x86_64 x86_64 GNU/Linux
[root@VM_56_159_centos ~]# uname -r
3.10.0-327.el7.x86_64
```

图 16-1　查看系统的内核版本

如图 16-2 所示，如果是 CentOS 系统，执行如下命令即可升级内核：yum --enablerepo= elrepo-kernel -y install kernel-ml kernel-ml-devel，执行命令后可能会碰到如图 16-2 所示的错误反馈。

```
[root@VM_56_159_centos ~]# yum --enablerepo=elrepo-kernel -y install kernel-ml kernel-ml-devel
Loaded plugins: fastestmirror, langpacks
Repository epel is listed more than once in the configuration


Error getting repository data for elrepo-kernel, repository not found
```

图 16-2　尝试升级系统内核

如果真的碰到了这种情况，不要惊慌，也不要害怕。系统是在告诉人们，它缺失一个 ELRepo 仓库。CentOS 作为世界上使用最广泛的企业级 Linux 发行版，为了保持系统的稳定性，一般不会集成一些不必要的软件到系统上。如果少了需要的东西，就自己动手把它安装完成。

如图 16-3 所示，输入命令 rpm --import https://www.elrepo.org/RPM-GPG-KEY-elrepo.org，然后进入 ELRepo 仓库的官网，根据提示复制粘贴适合自己系统的相关命令。由于使用的系统是 CentOS 7，选择执行 rpm -Uvh http://www.elrepo.org/elrepo-release-7.0-3.el7.elrepo.noarch.rpm 这条命令；如果系统是 CentOS 6 的系统，则选择执行如图 16-4 所示中的第三条命令。此时，再重新执行 yum --enablerepo=elrepo-kernel -y install kernel-ml kernel-ml-devel 这条命令，操作将会成功完成。接下来输入命令 grub2-set-default 0 来更新 grub 文件，如果是 CentOS 6，则输入命令 sed -i 's/^default=.*/default=0/g' /boot/grub/grub.conf 来更新 grub 文件。最后输入命令 reboot 重启服务器。

```
[root@VM_56_159_centos ~]# rpm --import https://www.elrepo.org/RPM-GPG-KEY-elrepo.org
[root@VM_56_159_centos ~]# rpm -Uvh http://www.elrepo.org/elrepo-release-7.0-3.el7.elrepo.noarch.rpm
Retrieving http://www.elrepo.org/elrepo-release-7.0-3.el7.elrepo.noarch.rpm
Preparing...                          ################################# [100%]
Updating / installing...
   1:elrepo-release-7.0-3.el7.elrepo  ################################# [100%]
```

图 16-3　安装 ELRepo 仓库

如果是 Debian 或 Ubuntu 系统，需要手动下载最新版的内核来安装升级。可以去 http://kernel.ubuntu.com/~kernel-ppa/mainline/下载最新版的格式为 deb 的内核安装包。如果系统是 64 位，则下载 amd64 的 linux-image 中含有 generic 的 deb 包；如果系统是 32 位，则下载 i386 的 linux-image 中含有 generic 的 deb 包。

安装的命令如下（以 64 位 4.12.4 举例，如果不同请替换为下载好的 deb 包）：dpkg -i linux-image-4.12.4-041204-generic_4.12.4-041204.201707271932_amd64.deb；安装完成以后，再执行命令/usr/sbin/update-grub，最后重启服务器即可。

Get started

Import the public key:

rpm --import https://www.elrepo.org/RPM-GPG-KEY-elrepo.org

Detailed info on the GPG key used by the ELRepo Project can be found on https://www.elrepo.org/tiki/key
If you have a system with Secure Boot enabled, please see the SecureBootKey page for more information.

To install ELRepo for RHEL-**7**, SL-**7** or CentOS-**7**:

rpm -Uvh http://www.elrepo.org/elrepo-release-7.0-3.el7.elrepo.noarch.rpm

To make use of our mirror system, **please also install yum-plugin-fastestmirror**.

To install ELRepo for RHEL-**6**, SL-**6** or CentOS-**6**:

rpm -Uvh http://www.elrepo.org/elrepo-release-6-8.el6.elrepo.noarch.rpm

To make use of our mirror system, **please also install yum-plugin-fastestmirror**.

图 16-4　ELRepo 仓库官网安装提示

拓展知识：

如果使用的是 Google Cloud Platform 的服务器，在更换内核后有时会遇到重启后整个磁盘变为只读的情况，只需执行命令 mount -o remount rw /即可恢复正常。

16.1.2　安装使用 BBR 一键安装脚本

使用超级管理员 root 登录服务器，输入以下代码块：

```
wget --no-check-certificate
https://github.com/teddysun/across/raw/master/bbr.sh
chmod +x bbr.sh
./bbr.sh
```

服务器下载完成这个一键安装脚本以后，按一次 Enter 键执行命令，接下来系统会提示随意按一个键来安装脚本，继续按 Enter 键即可。脚本安装完成后，按照系统提示输入 y 来重启系统。

系统重启完成以后进入服务器，如图 16-5 所示，输入命令 sysctl net.ipv4.tcp_available_congestion_control，系统的反馈信息通常情况下会为 net.ipv4.tcp_available_congestion_control = bbr cubic reno；接下来输入命令 sysctl net.ipv4.tcp_congestion_control，系统的反馈信息通常情况下会为 net.ipv4.tcp_congestion_control = bbr；接着，输入命令 sysctl net.core.default_qdisc，系统的反馈信息通常情况下会为 net.core.default_qdisc = fq；最后输入命令 lsmod | grep bbr，如果系统反馈信息中出现 tcp_bbr 模块，即说明 TCP BBR 已经成功启动。

```
[root@VM_56_159_centos ~]# uname -r
4.13.4-1.el7.elrepo.x86_64
[root@VM_56_159_centos ~]# sysctl net.ipv4.tcp_available_congestion_control
net.ipv4.tcp_available_congestion_control = bbr cubic reno
[root@VM_56_159_centos ~]# sysctl net.ipv4.tcp_congestion_control
net.ipv4.tcp_congestion_control = bbr
[root@VM_56_159_centos ~]# sysctl net.core.default_qdisc
net.core.default_qdisc = fq
[root@VM_56_159_centos ~]# lsmod | grep bbr
tcp_bbr                20480  16
```

图 16-5　查看 BBR 模块是否成功启动

16.2 Web 服务端缓存：CDN

一开始的方案的想法是针对 Web 服务器本身进行优化，调整 Apache 和 Nginx 的各项性能参数，但是又想到不同的业务具体的性能要求又不同，这样会大大增加具体操作难度。故想到了使用一键优化脚本的简单办法，不过这个脚本的适用性不高，只能在有限的场景里使用。考虑到使用阿里云的人数比较多，所以在阿里云的 OneinStack 镜像里，增加了一个专用的一键优化脚本；它除了能优化 Apache 和 Nginx 的性能参数外，也能根据服务器实际情况优化如 MySQL 的性能参数。具体代码块如下：

```
wget http://mirrors.linuxeye.com/scripts/optimize.sh
chmod +x ./optimize.sh
./optimize.sh
```

后来在查询资料的过程中，发现谷歌开源过一个 PageSpeed 模块。这个模块可以让管理员无需更改网页内容和工作流程，自动将网页性能最佳实践应用到前端页面和相关资源，从而加速网站、减少页面加载时间。不过深入了解后发现 PageSpeed 模块还是不够稳定，贸然使用可能会出现一些未知的麻烦，如果个人不是相关方面的高手很难解决，再加上中文网络世界里有关 PageSpeed 模块的详实有用的资料不是很多，所以又放弃了这个方案。

拓展知识：

如果大家想尝尝鲜的话，可以自行参考帮大家筛选出的以下资料：

Google 网页性能优化分析工具 https://developers.google.com/speed/pagespeed/insights/

Google PageSpeed Module 英文官网 https://developers.google.com/speed/pagespeed/module/

Google PageSpeed Module 官方英文文档 https://www.modpagespeed.com/doc/

《Apache 下安装配置 PageSpeed 模块，轻松完成网站提速》https://blog.linuxeye.cn/349.html

《Nginx 下安装配置 PageSpeed 模块，轻松完成网站提速》https://blog.linuxeye.cn/318.html

《实测 Nginx 服务器开启 PageSpeed 后的加速效果》https://zhangge.net/5063.html

更多关于 PageSpeed 模块的资料，请大家自行使用百度或谷歌等搜索引擎进行搜索。

在进行综合考虑以后，我们选择了一个最常用的成熟方案——使用内容分发网络即 CDN 来加速网站，并且使用 CDN 无需进行操作复杂的配置过程！目前，云服务市场上大致有两种类型的 CDN，一种是混合型 CDN，它除了有加速网站应用的效果，通常还有其他功能如 WAF 即 Web 应用防火墙；另外一种就是专用型 CDN，这种类型的 CDN 功能很纯粹，不过配置过程可能要比前面提到的混合型 CDN 配置要复杂些。

CDN 这个云服务的细分市场的竞争十分激烈，可以说早已经是一片红海了，因此以免费为噱头来吸引新用户注册使用的云服务厂商的数量特别多。但是，敢于到处宣传自己的 CDN 产品支持 HTTPS 流量，并提供一定免费额度的云服务厂商，就不是特别多了。下面提到的五家云服务厂商，是我们精选出的、云服务市场上比较有名的、且有一定的免费 HTTPS 流量额度的、实力和财力都还不错的厂商！

16.2.1 混合型 CDN

从国内外选择了混合型 CDN 的两个代表，它们分别是 360 网站卫士和 Cloudflare。

360 网站卫士中文官网 http://wangzhan.360.com/

Cloudflare 英文官网 https://www.cloudflare.com/

360 网站卫士属于前面提到的混合型 CDN，除了可以对网站应用加速以外，还把功能拓展到了与 360 的核心业务——安全上。

使用 360 网站卫士，来为网站应用加速保护的配置过程十分简单，按照系统提示，将 DNS 解析配置好即可。不过，有些设置项，需要按照网站应用的需求专门配置一下；如图 16-6 和图 16-7 所示，如果网站是使用 WordPress 为基础开发的，则防护设置中的“防火墙绿色通道”和加速设置中的“静态资源”，这样设置以后使用过程中才不会出现问题。

防火墙绿色通道

以下URL不会经过网站卫士的规则库，风险操作不会再被拦截，请站长考虑风险因素 ，最多添加10条数据

支持http|https形式，相同URL无需重复添加

添加

数据保存形式为域名+目录，后缀自动去掉

以下URL添加成功：

ipc.im/wp-admin/

ipc.im/wp-admin/post.php

图 16-6　设置防火墙绿色通道

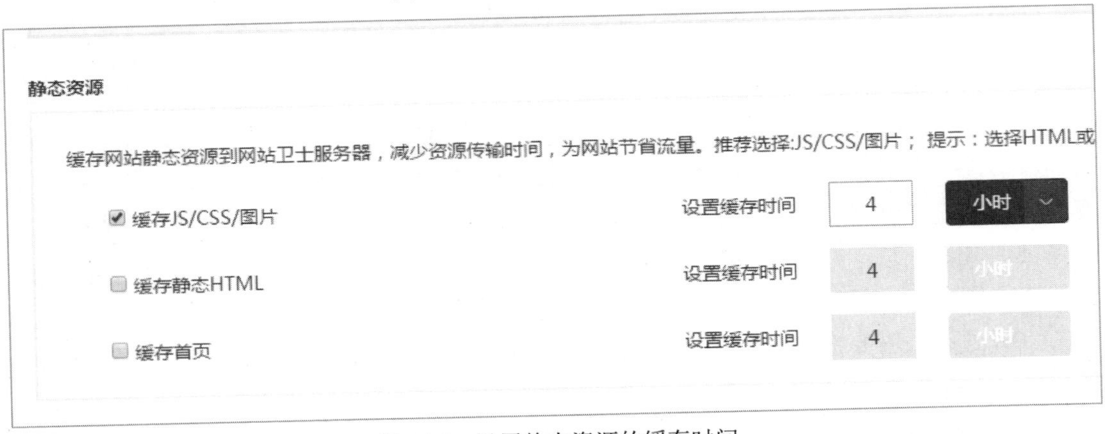

静态资源

缓存网站静态资源到网站卫士服务器，减少资源传输时间，为网站节省流量。推荐选择:JS/CSS/图片； 提示：选择HTML或

缓存JS/CSS/图片　设置缓存时间　4　小时

缓存静态HTML　设置缓存时间　4　小时

缓存首页　设置缓存时间　4　小时

图 16-7　设置静态资源的缓存时间

360 网站卫士也可以对 HTTPS 流量进行加速，把相关证书上传即可，不过其前提是网站本身已经配置好了安全证书，然后才能正常使用此功能。不过测试后发现，开启 HTTPS 流量加速后，网站应用的速度反而慢了好几倍，还不如不用这个功能。可能是由于 360 网站卫士这个业务不赚钱反而还亏钱，所以 360 方面没有认真对待。

Cloudflare 的使用配置过程，大致流程和 360 网站卫士相似。不过还是有细小差别的，使用其服务无需对域名进行备案；另外必须把域名的解析全部交给 Cloudflare，单独对域名的某个前缀进行配置比较麻烦。

16.2.2　专用型 CDN

从国内选择了专用型 CDN 的三个代表，它们分别是腾讯云 CDN、VeryCloud 云分发和又拍云 CDN。

腾讯云 CDN 中文官网 https://cloud.tencent.com/product/cdn

VeryCloud 云分发中文官网 https://www.verycloud.cn/cloud/cdninfo

又拍云 CDN 中文官网 https://www.upyun.com/products/cdn

三家云服务商都提供了一定的免费 HTTPS 流量额度——腾讯云 CDN 提供了每个月 10GB 的额度；VeryCloud 云分发提供了每个月 50GB 的额度；又拍云 CDN 则提供了每个月 15GB 的额度和 10GB 的存储空间，不过前提是加入又拍云联盟，在网站页面底部挂上又拍云的标识。这三家云服务厂商的 CDN，其中的两家——腾讯云和又拍云深度使用过，用户体验相对比较好；这三家云服务厂商的 CDN 的使用配置过程，要属腾讯云 CDN 的配置最为细致烦琐，按照系统流程配置完成以后，还需要对各种配置参数的细节按照网站应用的需求进行测试调整，然后才能发挥出最大的效果。

可以对这三家云服务厂商的 CDN 单独测试，也可以结合智能 DNS 来一起进行测试。如图 16-8 所示，可以利用第 9 章的内容里介绍的 CloudXNS 的 CNAMEX 解析，来为将要测试的这些 CDN 进行赋权。

☐	www	CNAMEX	全网默认	1	3600
☐	www	CNAMEX	全网默认	100	3600

图 16-8　使用智能 DNS 为 CDN 赋权

如图 16-8 所示，其中的 1 和 100 分别代表 1%和 100%。在某一项的数值为 100 时，相当于对某一家的 CDN 做单独测试；几项值的数字加起来等于 100 时，相当于同时进行测试。只不过比例可能是大致平分，几家的 CDN 轮流当主力；也可能是某一家的 CDN 作为测试主力，其他几家则是测试替补。

接下来，以腾讯云 CDN 作为示例，来详细展示配置腾讯云 CDN 的几个主要细节；此配置细节可能只能应用在 WordPress 中，如果要使用到其他 CMS 中，请大家认真思考后再进行模仿操作。按照系统提示配置完成 DNS 解析等各项操作以后，再对对除基本配置外的其他四项配置——访问控制、缓存配置、回源配置和高级配置，来一一进行细节展示。

首先，基本配置必须填写无误。基本信息中，业务类型应为静态加速；源站信息中的源站类型一般应为自有源，源站地址应为类似 192.168.1.1:443 或 192.168.1.1:80 的记录形式。只不过大家需要将 192.168.1.1 更改成自己购买的服务器的公网 IP 地址，后面的端口是 443 还是 80 取决于网站应用是否配置了安全证书；回源配置中的回源 host 填写源站的访问域名，而不是专用于 CDN 的加速域名。例如，为爱评测网配置回源主机名，应该填写主域名 ipc.im，而不是 CDN

专用的二级域名 cdn.ipc.im 或 CDN 专用服务域名的二级域名 cdn.ibeatx.com。

访问控制的主要重点在过滤参数配置和 IP 访问限频配置。如图 16-9 所示，必须将过滤参数关闭。因为 WordPress 后台的不少功能的 URL 地址中都含有“?”这个符号，打开过滤参数功能后会影响网站的正常运行；IP 访问限频，限制的是每一个 IP 在每一个节点每一秒钟的访问次数，它是在传输层上对 CC 攻击进行抵御。腾讯云 CDN 的默认单 IP 访问阈值是 10QPS，一般来说不需要修改默认值。

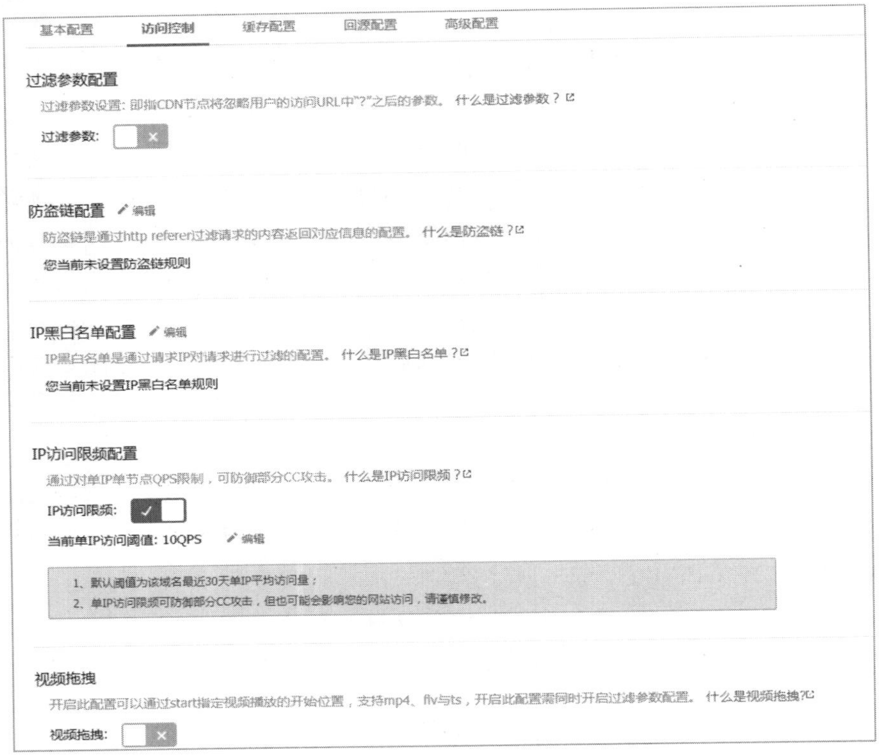

图 16-9 腾讯云 CDN 的访问控制

其他的三个选项中，防盗链配置和 IP 黑白名单配置暂时不用管，视频拖曳基本上用不到。如果使用的是如 OneinStack 这样的工具搭建的网站应用，防盗链配置则不用开启。一是因为这些工具本身便会提供防盗链功能。二是使用工具提供的防盗链功能后再开启这里的防盗链，会发生规则上的冲突，导致网站应用没有权限访问的故障出现；IP 黑白名单配置，作用类似于前面提到的 iptables 防火墙和安全组。如果已经设置好了 iptables 防火墙和安全组的规则，就没有必要再进行重复设置；之所以说视频拖曳基本用不到，是因为很少有把视频等流媒体文件存储在私人服务器上进行播放的需求。一般来说，都是将视频上传到如优酷、YouTube 和哔哩哔哩等第三方视频网站，通过审核后再引用相关视频的播放代码到自己网站上使用。

如图 16-10 所示，缓存配置部分的主要重点在于具体的缓存过期规则和一条条缓存过期规则的权重分配，越在上面的规则其被执行时的权重越低。

在此，将在下面展示为 WordPress 打造的具体缓存过期规则，如表 16-1 所示，请大家根据个人需求再进行参考使用。

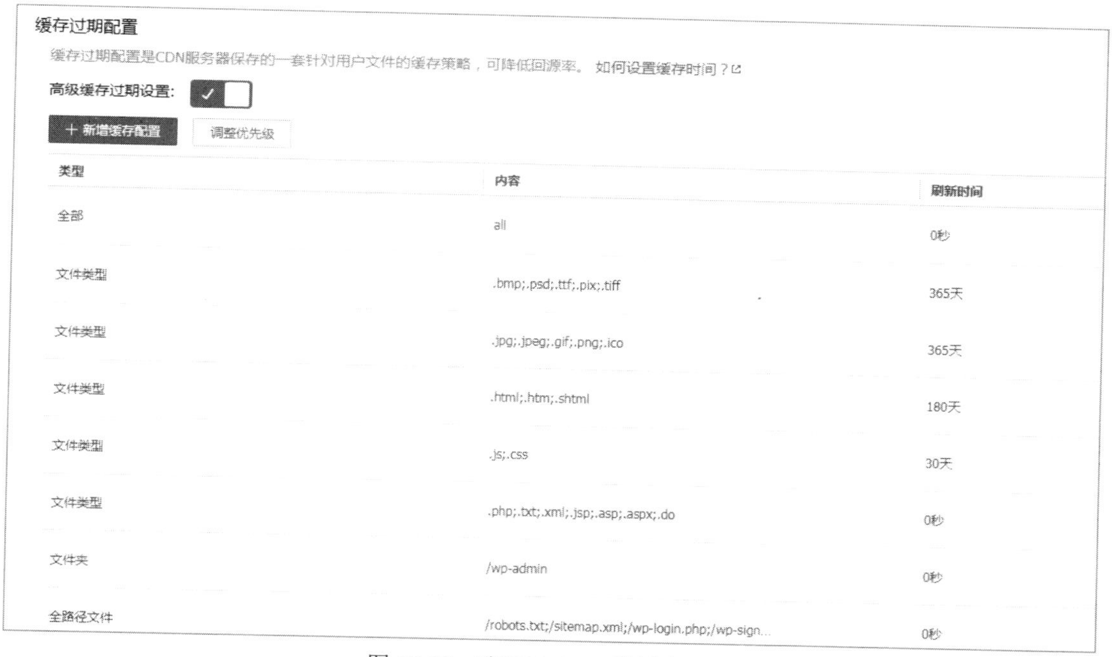

缓存过期配置

缓存过期配置是CDN服务器保存的一套针对用户文件的缓存策略，可降低回源率。 如何设置缓存时间？

高级缓存过期设置:

＋ 新增缓存配置　调整优先级

类型	内容	刷新时间
全部	all	0秒
文件类型	.bmp;.psd;.ttf;.pix;.tiff	365天
文件类型	.jpg;.jpeg;.gif;.png;.ico	365天
文件类型	.html;.htm;.shtml	180天
文件类型	.js;.css	30天
文件类型	.php;.txt;.xml;.jsp;.asp;.aspx;.do	0秒
文件夹	/wp-admin	0秒
全路径文件	/robots.txt;/sitemap.xml;/wp-login.php;/wp-sign...	0秒

图 16-10　腾讯云 CDN 的缓存配置

表 16-1

类　型	内　容	刷新时间
全部	All	0 秒
文件类型	.bmp、.psd、.ttf、.pix、.tiff	365 天
文件类型	.jpg、.jpeg、.gif、.png、.ico	365 天
文件类型	.html、.htm、.shtml	180 天
文件类型	.js、.css	30 天
文件类型	.php、.txt、.xml、.jsp、.asp、.aspx、.do	0 秒
文件夹	/wp-admin	0 秒
全路径文件	/robots.txt、/sitemap.xml、/wp-login.php、/wp-signup.php	0 秒

请注意内容中的标点符号，都是使用半角状态下的英文输入法编写的；如果需要调整每一条缓存过期规则的具体顺序，请先单击“调整优先级”命令。

回源配置的具体细节如图 16-11 所示，一开始可以把三项回源设置都开启，然后在使用过程中根据自身业务特点进行微调。其中的 Range 回源配置一定得开启，因为它有助于减少大文件分发时的回源消耗，缩短网站应用的响应时间；中间源配置可以根据服务器的性能决定是否开启。不过还是建议开启此项，因为它可以降低回源后源站的访问压力；回源跟随 302 配置暂时不建议开启。因为开启它后会出现一些偶尔的错误，影响访客访问网站时的浏览体验。

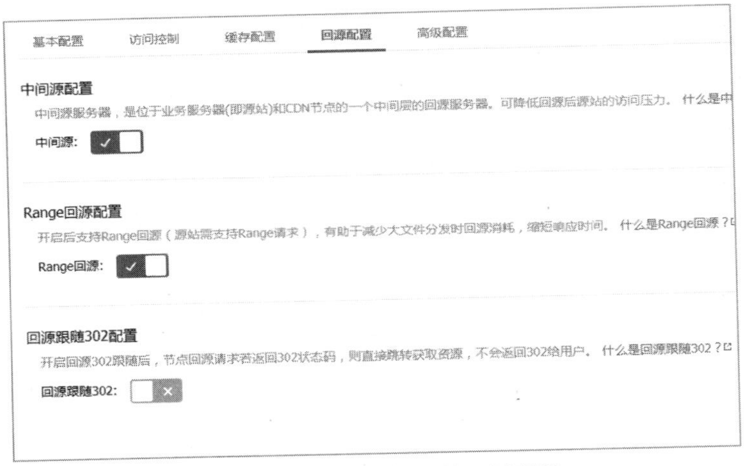

图 16-11　腾讯云 CDN 的回源配置

如图 16-12 所示，高级配置的主要重点在前面三项；最后一个选项是超高难度的选项，暂时使用不到，可以先不管，保持默认状态不会影响具体使用时的体验。带宽封顶配置中，请选择“带宽封顶”选项。这个设置项默认的带宽阀值是带宽阈值 10Gbps，超出免费流量额度后，其流量会回到源服务器的 IP ，也就是说会暴露服务器的真实 IP 地址。但是不得不打开这个选项，如果有人恶意攻击网站，不打开这个选项，CDN 的使用成本将会十分高昂，可以说一夜之间赔一套房子都有可能。目前的解决方法，除了使用 CloudXNS 进行流量负载均衡等措施以外，还可以提前购买一个足额的流量包以备不时之需；HTTPS 配置的设置项中，一定要将“强制跳转 HTTPS”打开，并将跳转方式设置为 301 跳转（设置成 302 跳转也可以，只不过前者是永久性跳转，后者是临时性跳转）。证书可以在腾讯云里面申请后导入到 CDN 中，也可以在别的云服务厂商处申请后将证书的公钥和私钥文本复制粘贴进去。需要注意的是，如果服务器上没有配置证书，这里最好不要开启配置；SEO 优化配置选项处，选择打开“搜索引擎自动回源”选项。

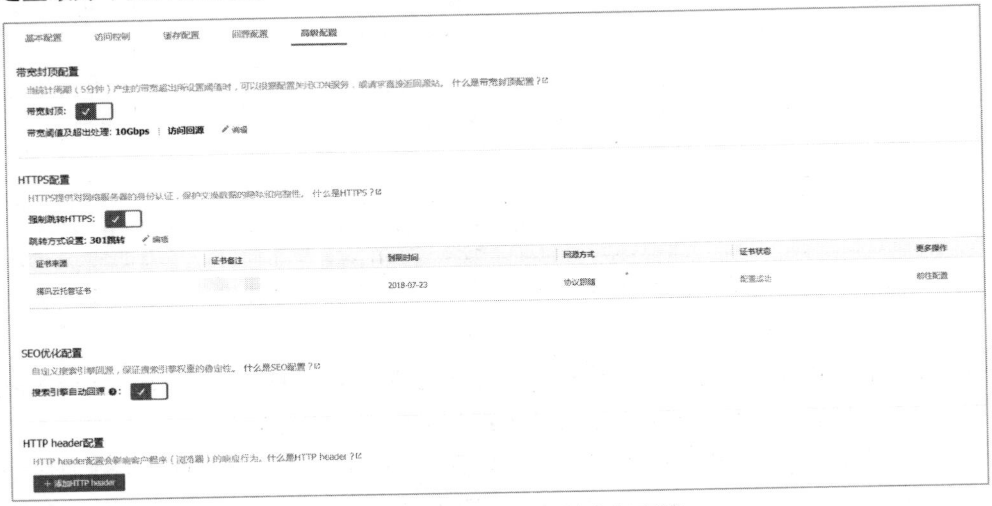

图 16-12　腾讯云 CDN 的高级配置

最后一个设置项，“HTTP header 配置”可以先不管，不进行配置也不会对网站应用有影响。如果大家想进行尝试，可以先查看腾讯云提供的指导文档，具体的网址是 https://

cloud.tencent.com/document/product/228/6296；也可以购买本书后面的推荐书单中出现的相关入门书籍，如《图解 HTTP》。如果不带 www 的域名和带 www 的域名同时接入了腾讯云 CDN，可以利用 HTTP header 配置，将不带 www 的域名永久重定向到带 www 的域名（这里只需要在 example.com 处设置），具体设置为：将 HTTP header 参数设置为 Access-Control-Expose-Headers，并在弹出的相关输入框中填写设置为 response.sendRedirect("http://www.example.com")；这里的 www.example.com 请替换为大家自己购买的域名。如果网站启用了安全证书，请将 http 更换为 https。

16.3　PHP 加速：代码缓存和进程管理

16.3.1　PHP 代码缓存：Zend OPcache

为了提高 PHP 的性能，同时降低对服务器的压力，可以使用 PHP 缓存插件来提升 PHP 代码的执行效率。

比较常见的 PHP 缓存插件一般有三个：APC、XCache、eAccelerator。不过，2012 年 11 月中旬发布的 PHP 5.5 版本中集成了一个官方的 PHP 缓存插件——Zend OPcache，所以常见的 PHP 缓存插件目前是四个。

前面介绍的 OneinStack 里面已经集成了这四种 PHP 缓存插件：官方的 Zend OPcache、国内自己开发的 XCache、APC 的简化版 APCu，以及 eAccelerator。如果想使用 PHP 缓存插件，一般情况下推荐官方的 Zend OPcache。不过，如果大家想要试试其他的插件如 XCache 也是可以的，只不过使用上可能要稍微麻烦一点，因为它需要另外设置一个单独的密码。

使用 OneinStack 安装 PHP 缓存插件有两种途径：如图 16-13 所示，一种是在搭建网站应用运行的环境时顺便安装上；如果在前面的操作步骤中忘记安装了，还可以使用 OneinStack 附带的附加组件安装脚本来安装，把遗漏安装的 PHP 缓存插件补充进去。可以登录服务器，输入 cd oneinstack 命令进入相应的目录，然后执行./addons.sh 命令，这时会出现如图 16-14 所示的安装选项。选择 1，然后再输入 1 确认，这时会出现如图 16-15 所示的四个选项，根据自己的喜好选择即可，一般情况下只需要安装一个；OneinStack 官方默认选择 1，不输入直接按 Enter 键确认会安装 Zend OPcache。

```
Do you want to install opcode cache of the PHP? [y/n]: y
Please select a opcode cache of the PHP:
        1. Install Zend OPcache
        2. Install XCache
        3. Install APCU
Please input a number:(Default 1 press Enter) 1
```

图 16-13　搭建网站应用运行环境时安装 PHP 缓存插件

```
What Are You Doing?
        1. Install/Uninstall PHP opcode cache
        2. Install/Uninstall ZendGuardLoader/ionCube PHP Extension
        3. Install/Uninstall ImageMagick/GraphicsMagick PHP Extension
        4. Install/Uninstall fileinfo PHP Extension
        5. Install/Uninstall memcached/memcache
        6. Install/Uninstall Redis
        7. Install/Uninstall Let's Encrypt client
        8. Install/Uninstall fail2ban
        q. Exit
Please input the correct option: 1

Please select an action:
        1. install
        2. uninstall
Please input a number:(Default 1 press Enter)
```

图 16-14　网站应用运行环境搭建完成以后独立安装 PHP 缓存插件

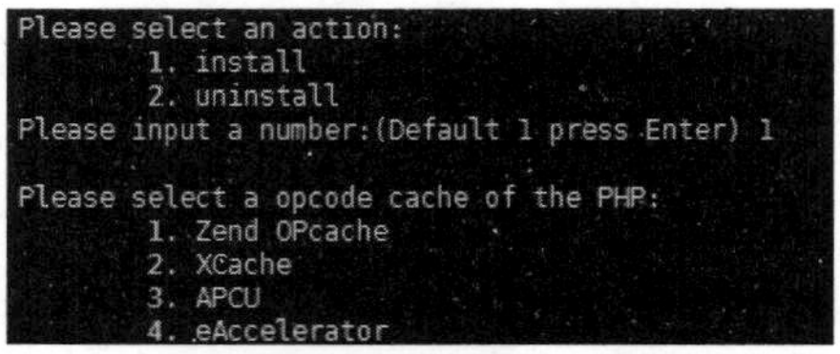

```
Please select an action:
        1. install
        2. uninstall
Please input a number:(Default 1 press Enter) 1

Please select a opcode cache of the PHP:
        1. Zend OPcache
        2. XCache
        3. APCU
        4. eAccelerator
```

图 16-15　选择需要安装的 PHP 缓存插件

16.3.2　PHP 进程管理：PHP-FPM

PHP-FPM（FPM 英文全称：FastCGI Process Manager）是一个 PHP FastCGI 进程管理器，它可以用来替换 PHP FastCGI 的大部分附加功能，这对于高负载网站来说是非常有用的。

从 PHP 5.3.3 版本开始，官方已经将 PHP-FPM 收录进来了，使用它时无须单独安装，只需在安装 PHP 选择版本时注意一下，大于或等于这个版本号即可。如果是使用 OneinStack 安装的 PHP，可以使用如图 16-16 所示的组合命令来管理其进程。假设想查看进程的状态，可以使用命令 service php-fpm status。不过需要注意的是，只有网站应用运行环境为 LAMP 或 LEMP 时才能使用此命令。

如何管理服务？

Nginx/Tengine/OpenResty:

```
service nginx {start|stop|status|restart|reload|configtest}
```

MySQL/MariaDB/Percona:

```
service mysqld {start|stop|restart|reload|status}
```

PHP:

```
service php-fpm {start|stop|restart|reload|status}
```

HHVM:

```
service supervisord {start|stop|status|restart|reload}
```

注：hhvm进程交给supervisord管理，了解更多请访问《Supervisor管理hhvm进程》

图 16-16　管理 PHP-FPM 进程的命令组合

拓展知识：

《PHP-FPM 参数优化》https://blog.linuxeye.cn/380.html

16.4　数据库加速：Redis 和 MemCached/MemCache

Redis、MemCached 和 MemCache 这三者的具体概念就不过多解释了，只简单介绍一下它们的作用——可以用它们来给数据库进行缓存加速。其中，Redis 和 MemCached 及 MemCache 没有太大的联系，它们的优缺点各有不同，使用它们要考虑应用场景后再进行选择；MemCached 可以看作 MemCache 的升级版，是一个后来新开发的分布式高速缓存系统。通常来说，用新不用旧，一般情况下优先使用 MemCached。这里不谈它们的详细情况，就说一下如何安装使用它们。

跟安装 PHP 缓存插件一样，在使用 OneinStack 搭建网站应用运行环境时，可以顺便把 Redis 和 MemCached 安装完成，如图 16-17 所示；也可以在事后使用附加组件安装脚本，单独安装 Redis 和 MemCached，如图 16-18 所示。

```
Do you want to install redis? [y/n]

Do you want to install memcached?
```

图 16-17　搭建网站应用运行环境时安装 Redis 和 MemCached

```
What Are You Doing?
        1. Install/Uninstall PHP opcode cache
        2. Install/Uninstall ZendGuardLoader/ionCube PHP Extension
        3. Install/Uninstall ImageMagick/GraphicsMagick PHP Extension
        4. Install/Uninstall fileinfo PHP Extension
        5. Install/Uninstall memcached/memcache
        6. Install/Uninstall Redis
        7. Install/Uninstall Let's Encrypt client
        8. Install/Uninstall fail2ban
        q. Exit
```

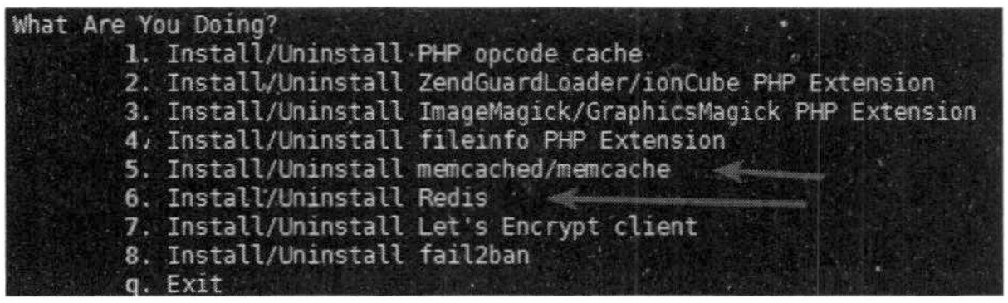

图 16-18　网站应用运行环境搭建完成以后独立安装 Redis 和 MemCached

注意：本方案之所以叫简易方案，是有一些原因的，因为它只是一份完整详细的方案之中的一部分而已。一个完整详细的方案，是需要根据自身业务需要而进行调整——即不是普适的。例如，前面采用一个名为 OpenResty 的高性能 Web 平台，是由于它能方便地搭建处理超高并发、扩展性极高的动态 Web 应用，适合用在后面提到的网站实例中；另外，本方案最后提到的 Redis 和 MemCached，需要配合一些 WordPress 插件进行使用，才能正常发挥其作用。

第 17 章　账号密码简易管理方案

关于域名的第 1 章到第 9 章这部分内容，涉及的账号只有那么几个，数量不是非常多。不过从第 10 章开始，需要管理的账号的数量将会快速上升，再加上后面要说的内容里的，这些账号的总体数量就非常非常多了。因此，有必要聊一聊账号的管理问题，因为就算服务器的安全措施再怎么严格，如果在账号密码的管理上非常业余，那么之前的安全工作就相当于白做了。

为我们提供服务的各大云服务厂商，由于无法得知、也无法干涉他们的安全体系，所以目前只能够先在自己的身上下功夫了，把自己的账号密码管理好，不犯各种低级错误。

17.1　管理策略

17.1.1　常用账号分类

日常生活中，需要管理的账号数不胜数，但是它们的重要程度各不相同。因此，可以根据账号的重要程度，来为它们设计不同的密码策略，来有计划地降低未来可能出现的安全成本。

下面将给出示例，来划分账号的重要程度，大家也可以举一反三，以此示例参考学习，再创造属于自己的分类方案。

1. A 级

它指的是涉及个人信息较少的个人网站。A 级还可以再进行细分，如 A-、A、A+。

“A-”代表着注册使用过一两次以后，可能再也不会访问的特殊网站。这种网站一般只要求纯粹的账号和密码，最多使用邮箱来验证身份。如果害怕信息泄露，还可以在注册时使用临时邮箱或者特殊账号注册专用邮箱；“A”代表着一般的个人网站，使用可能较为频繁，如 V2EX。网站在注册时只要用户名、密码、邮箱这些信息；“A+”则代表比较重要的个人网站，例如优设网旗下的优优网、自己的个人网站。

2. AA 级

它指的是涉及个人信息较多的企业网站。根据过往有无严重的安全事件发生以及对日常生活的重要程度，可以再细分为 AA-、AA、AA+。

“AA-”代表过往曾发生了不可饶恕的安全事件，而且可替代性较强，在日常生活中放弃使用也不会有很大影响，如全球最大中 IT 社区 CSDN；“AA”代表安全事件较少且可替代性一般，如百度；“AA+”则代表安全事件很少且基本上没有替代品，重要程度较高，如腾讯的 QQ。

3. AAA 级

它指的是涉及网络使用较多的核心网站。例如常用的电子邮件、手机号、网银、网上支付、域名管理等，这类网站如果被黑客攻破，则会直接或间接地引起个人财产损失。

电子邮件可以划分到“AAA-”；手机号则划分到“AAA”；网银、网上支付和域名管理等，则可以划分到“AAA+”。

17.1.2　常用密码分类

账号有等级分类，自然与账号对应的密码也有强度分类了。

1. 弱强度密码

弱强度密码代表最容易记忆的且默认可以丢失的密码。

弱强度密码示例如下。

（1）使用自己或亲人朋友的生日、学号、英文名、手机号、姓名拼音、身份证号码等（易因个人信息泄露被猜解）；

（2）与账号或网站名称相同或仅仅加上几个简单字符（如注册的账号为 ipc，密码设置为 ipc123）；

（3）简单的密码，如：000000、888888、12345678、qwertyui、aaaabbbb、abcd1234、abcdefgh 等；

（4）长度少于 8 位的短密码（和简单密码一样，太容易被暴力破解或字典破解）；

（5）使用简单的英文单词、纯英文、纯拼音、纯数字、顺序排列的字符、键盘连续排序的字符等。

使用场景：在使用次数较少且与使用者真实身份关联性不强的特殊个人网站使用。

具体原因：这些网站的安全性一般情况下不是很好。有些只是将密码 MD5 加密一下存储（MD5 加密的密码可用相对应的彩虹表破解）；有些可能是使用明文来存储密码，热衷于破坏的骇客们很容易从这些网站的数据库中窃取到用户的密码；极端情况下，这些网站有可能会监守自盗。

2. 中强度密码

中等强度的密码长度在9位至16位之间，密码之中至少包括英文字符大小写和阿拉伯数字，有一定抗穷举能力。中强度和高强度密码的示例将在后面合并在一起进行展示。

使用场景：主要在国内的大型网站如网易、腾讯等使用，但不能在主要的邮箱里使用。一定要绑定手机号码，一方面是为了方便以后找回密码，另外一方面则是目前的政策要求。

具体原因：大型互联网企业的安全性一般来说相对较好，通常被破解的可能性低，基本上不可能使用明文来存储密码。需要注意的是，有些国内的网站（如新浪）既提供微博、又提供邮件系统，如果创建账号时系统默认建立了邮箱，那么建议不要在任何地方使用这些邮箱。如果要使用邮箱，最好先确认该邮箱是否具有支持独立密码登录的功能。不过这其中有一个例外，这就是 QQ 邮箱，QQ 邮箱支持设置独立密码，设置好独立密码以后，用户需要输入 QQ 密码和邮箱的独立密码这两个密码之后才能使用。所有的网络游戏账号必须使用独立的随机生成的密码，如果大家喜欢在 Steam 购买游戏可以无视这一条。

3. 高强度密码

高等强度的密码长度在 17 位至 32 位之间（当然还有更高强度的密码），密码之中必须包括英文字符大小写、阿拉伯数字和特殊符号，不能包含符合弱强度密码定义的字符，有非常强的抗穷举能力。为了兼顾便利性和安全性，这样的密码一般使用开源的本地密码管理工具如 KeePass 来生成并加密后妥善保存；如果不怕麻烦，可以先使用坐标纸来创建二维或三维的个人自定义密保卡，然后在个人计算机中用 txt 文件保存相关的账号和对应的密码坐标。如果怕密保卡丢失给自己带来麻烦，建议将密保卡扫描成高清图像后用专业的加密保护工具如 GiliSoft USB Encryption 加密后妥善保管。

使用场景：高强度的密码主要用于邮箱、网银、域名、云服务、第三方支付等与财产直接挂钩的账号。

具体原因：与财产直接挂钩的网站是我们日常生活中最重要最核心的网站，如网银和第三方支付直接与财产安全有关，邮箱则可以用来把以前注册过的网站账号的密码重置或是接收验证码，所以这些网站的账号密码必须使用高强度的密码组合，以保证其绝对安全。

17.1.3 密码生成策略

上面展示了弱密码，以下展示一些优秀的中高强度密码生成原则。

（1）密码长度至少设置为 9 位或以上，尽量设置为网站允许的最长位数；

（2）至少使用英文字符大小写和阿拉伯数字，如果网站允许，请务必加上特殊符号（特殊符号指()`~!@#$%^&*-+=|{}[]:;'<>,.?/这些符号等）；

（3）密码没有一眼就能看破的组成规则；

（4）常用账号的密码必须是自己能轻易记住，但别人看不穿，觉得是毫无意义的乱码（误认为你记忆力强大）；

（5）不能有符合弱强度密码的特征。

上面的五点原则已经展示了如何生成一个优秀的密码。例如“,.IpApc41gSlzpC!”，它既包含了 9 位以上英文字符大小写、阿拉伯数字加特殊符号，也符合上面说到的中高强度密码生成原则，没有一眼就能看破的明显特征，即使被旁人看到也无大碍，而作为规则制定者却能轻易看懂并能轻松记住！下面就来解释一下吧。

人们都知道，如果一项事物没有某种意义，大脑便很难记住它，如果想要强行记住，那只能靠大量枯燥无味的重复记忆了。这种方法是很痛苦的，看来只有自定义一套个人的密码生成策略库，才能解决这个问题了。

日常生活中的账号，大部分在 AA 级，对应到的密码强度大多应该为中强度。那么，应该首先为它们生成一个易于记忆的基础组合密码，然后根据网站的某种特征（英文域名，中文拼音等），为整体的组合密码生成如下的记忆规则：网站英文域名前两字母的大写与小写 + 基础组合密码 + 网站英文域名后两字母的小写与大写（可自定义重新生成，不能完全照抄）。

首先，必须为基础组合密码选定某种有意义的规则（可自定义重新生成，不能完全照抄），示例如下。

（1）选取自己喜欢的歌名、歌词、一句话的拼音或英文单词的首字母组合：如歌名 *Never Had A Dream Come True* 可选取为“nhADct”；“爱评测是一个示例站”，适当变形后可选取为“Apc41gSlz”（可以适当变化大小写或加入谐音相对应的阿拉伯数字、特殊符号）；

（2）将拼音或英文句子的顺序反转或对称变换，如“GoodJob!变成“!BojDoog”；

（3）将数字或符号按一定的规律插入到密码中，如“Apc41gSlz”与“7-5>1”拼凑，每隔两个字母插入变成“7Ap-c451g>Sl1z”；

（4）如果大家对五笔输入法很精通，也可以将某个词语的字根进行拼凑；

（5）选一个喜欢的特别的单词，然后将手指在键盘上向上/下/左/右移一格。例如基础密码是“different”，按键盘时就变成了“e8rr343h5”；

（6）根据自己所学专业例如数学的某项知识点的规律生成一个基础组合密码；

（7）终极大招：将上面的各种规则融会贯通，并继续发挥想象力创造新的规则，找出更加无厘头又适合自己的终极密码规则。

到这里，基础组合密码就明了了，它是“Apc41gSlz”，示例网站 ipc.im 的域名主体部分是“ipc”，那么根据上面的记忆规则生成的就是“IpApc41gSlzpC”，再加上选定的特殊符号将这个生成的密码包起来，就变成了上面的“,.IpApc41gSlzpC!”。

17.1.4　找回密码问题管理

找回密码问题是一个大多数人会忽略的细节，而且有时候厂商也会忽视掉这个细节。

例如下面的几个常见找回密码的问题。

（1）你的生日是几月几号？

（2）你的姓名是什么？

（3）你的出生地是哪里？

（4）你的手机号码是多少？

像这种类型的问题，基本上都属于没有动脑袋仔细想的问题。因为这些信息在网上早已不是秘密，大数据时代个人隐私不复存在，尤其是当前这个利欲熏心的时代。如果只提供这些白痴问题而且不能自定义修改，那就是愚蠢至极了。

如果找回密码问题是属于这种类型的问题，那么黑客通过一些毫无技术含量的社会工程学技巧，就能轻易地重置账号密码。

所以，找回密码问题应该设置为一个只有自己知道答案的问题，并且自己永远不会告诉他人、别人通过正常方法也很难知道。例如，“你中学时候暗恋的人叫什么？”“你初三时的同桌叫什么？”“你小学时最好的朋友叫什么？”“你第一个初恋情人叫什么？”等，这些问题通常别人很难猜到，这样的问题才能作为一个好的找回密码问题。

17.2　管理工具

17.2.1　邮箱分类

这里的邮箱主要指的是个人邮箱，一般来说，大部分情况下两个邮箱基本上绰绰有余了，剩下的多余的邮箱，该关闭的就关闭，实在没法删除账号的话，就清除与这个邮箱有关的内容。

邮箱分为两种类型，常用邮箱和密保邮箱，除安全管理外的邮箱使用常用邮箱即可。

目前来说，使用 Gmail 邮箱是最好的选择。因为只有它才支持手机动态密码验证，就算密码被盗黑客也无法入侵，除非手机也同时被偷。不过由于政策原因，目前国内无法使用 Gmail 邮箱，只好退而求其次，使用 QQ 邮箱并开启独立密码。QQ 邮箱有一个比较人性化的设计，就是除 QQ 号邮箱外，还可以给这个邮箱添加别名如 ipc@qq.com、ipc@vip.qq.com、ipc@foxmail.com，使之看起来变成四个邮箱。其实本质上还是初始邮箱，只不过这样使用会大大方便管理各种网络账号。开启别名以后，可以弃用原先的会导致信息泄露的 QQ 号邮箱。综上所述，常用邮箱应该使用 QQ 别名邮箱，而安全邮箱则使用 Gmail 邮箱。

17.2.2 手机号分类

同上面的邮箱分类一样，手机号应该大致分为常用手机号、商务手机号和网络手机号。

常用手机号则用来办理与财产关系比较紧密的事物，如银行、税务和工商等，当然平时大多数的时间里则是用来与家人联系；商务手机号，顾名思义是用来进行商务活动的，例如一场商务会议上与人交换名片，上面的就应该印刷这个手机号。这个手机号一定不能注册各种账号，要保证关系链纯净；而网络手机号则是专门用来进行上网活动时，抵挡各种广告推销使用的。例如在淘宝购物时，可以在收货电话中填写专门的小号，这个小号在阿里小号里有卖，在 2017 年只要 20 元一年。是的，大家没有看错，只要花个盒饭钱，一年广告无踪影。

17.2.3 动态验证码

现在动态验证码大致分为三类：邮箱动态验证码、短信动态验证码和软件动态验证码。还有一个比较特殊的存在，那就是硬件动态验证码，不过大多数人基本只在金融领域见过。

邮箱动态验证码相对少见，在此就不多言了，其安全性依赖邮箱服务提供者和使用者本身；比较多见的是短信动态验证码，目前来说安全性还行，只不过前提是手机号不被盗用或者没有换号；如图 17-1 和图 17-2 所示，最安全的要属以 Google Authenticator 和 Lastpass Authenticator 等为代表的软件动态验证码，因为它们都是无须联网就能使用的。不过有时候它们也有一些缺点，一旦手机丢失就会非常麻烦。与之类似的还有 Authy 等手机应用，只不过它是联网应用。上面介绍的都是通用的，下面的这些应用则是专用的，一般都是所属厂商自行开发的，如图 17-3 所示。如果网络账号的服务商提供了软件动态验证码的安全服务，请一定要使用。

图 17-1　最常用的 Google Authenticator

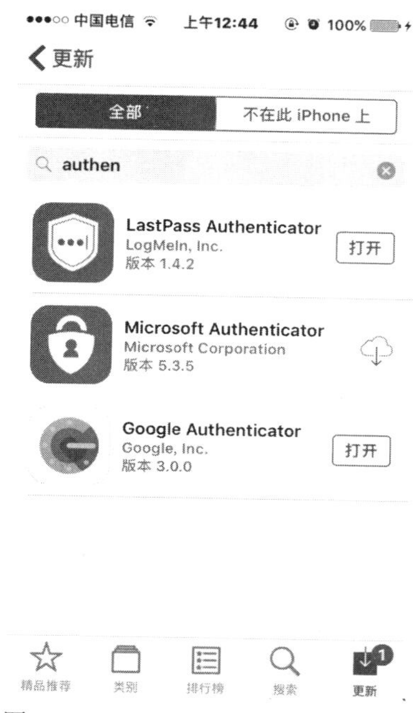

图 17-2　App Store 里的身份验证器

图 17-3　各个软件厂商自主开发的专用身份验证器

17.2.4　第三方密码管理工具

可以使用开源免费的本地密码管理工具如 KeePass 来保管重要账号的密码。

为什么要使用离线的本地工具，而不是使用那些方便易用的在线工具呢？这是因为目前这些第三方的在线密码管理工具，已经被一些黑客们盯上了；而且，把密码保管在自己的手中，总比交给不知底细的第三方好。更重要的是，安全比方便更加重要，为了安全牺牲一点易用性，是完全可以接受的。

废话不多说，接下来进行演示，简单介绍一下如何使用所推荐的本地密码管理工具 KeePass。

首先，登录 KeePass 官网的下载页面，下载 Windows 版本的安装包，下载页面的网址为 http://keepass.info/download.html。如图 17-4 所示，会看到两个版本的安装包，左边的为经典版，右边的为专业版；两个版本的安装包下面分别还有免安装使用的便携版。这里选择下载专业版，安装在合适的位置。在页面下方，还有其他人开发的第三方客户端，里面包含了 Android、iOS 和其他一些小众的系统。

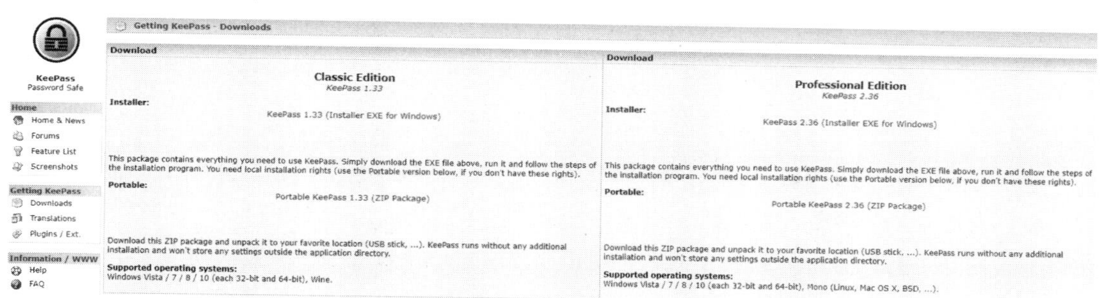

图 17-4　KeePass 官网的软件下载页面

安装好后打开 KeePass 会发现界面默认是英文的，在使用上不是非常方便。如图 17-5 所示，登录到的语言包页面，去下载志愿者们翻译的简体中文语言包，语言包页面的网址为 http://keepass.info/translations.html。下载好语言包压缩包后，如图 17-6 所示，把里面的中文汉化文件提取出来，复制粘贴到 KeePass 的软件安装目录里，然后重新打开软件，KeePass 会自动切换成中文界面（2.37 版本以下，包含 2.37 版本）。如图 17-7 所示，在正式使用以前，先在文档库中创建一个名为“KeePass”的文件，方便以后存放 KeePass 的数据库文件和 KeePass 的本机加密密钥。

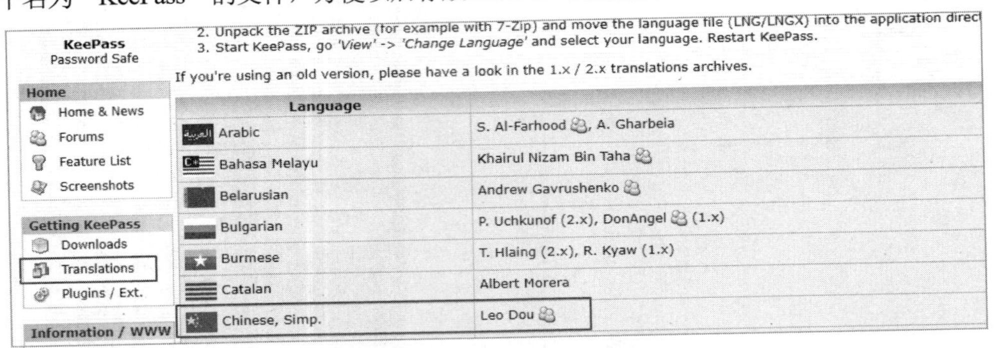

图 17-5　KeePass 官网的语言包下载页面

图 17-6　将中文汉化文件复制粘贴到 KeePass 的软件安装目录中

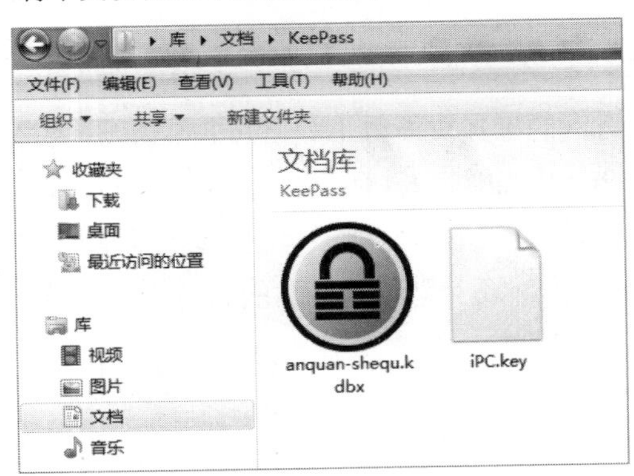

图 17-7　文档库中的专属文件夹

双击打开 KeePass，打开菜单栏里的“工具”下的“选项”界面，出现如图 17-8 所示界面。我们可以在这里预先调整设置，使之符合个人使用习惯。例如，若不想打开一次软件的主界面就输一次安全密码，则如图 17-8 所示，把“最小化主窗口至任务栏时锁定”和“最小化主窗口至托盘时锁定”这两项选项取消选中。如果想对 KeePass 有更个性化的使用需求，可以在设置里慢慢摸索尝试。

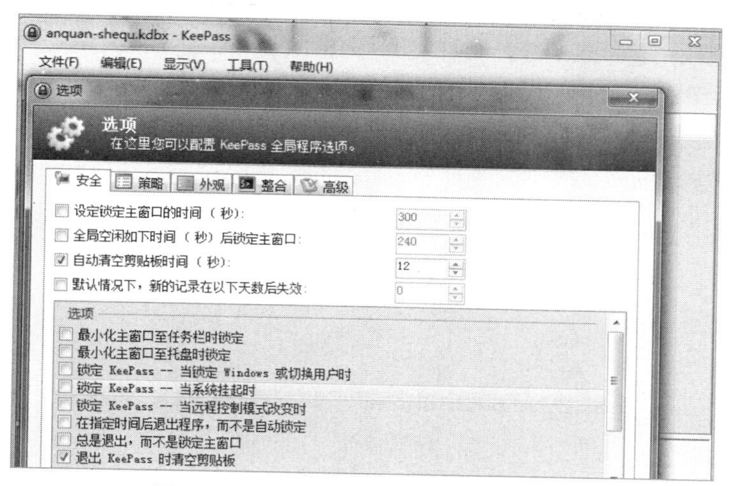

图 17-8 “工具”菜单下的“选项”界面

首先，单击菜单栏中“文件”下的“新建”选项，将默认的保存文件夹选为刚才创建的文档库中的 KeePass 文件夹，创建一个名为“iPC”的数据库文件。然后打开这个数据库文件，出现如图 17-9 所示的设置界面。选择“管理密码”选项，并在后面的输入框中输入该数据库的管理密码，输入完成后确认一次以保证输入正确。输入框后有个小图标，单击之后输入的密码会变成明文展示在我们眼前；接下来选择“密钥文件选项”，然后单击“创建”按钮，将密钥文件保存在文档库中的 KeePass 文件夹；最后还有一个“Windows 用户账号”的选项，可以根据软件提示和个人习惯，选择是否选中。一般情况下，默认选中。不过，为了保险起见，还需将这两个重要文件保存在专用 U 盘里。

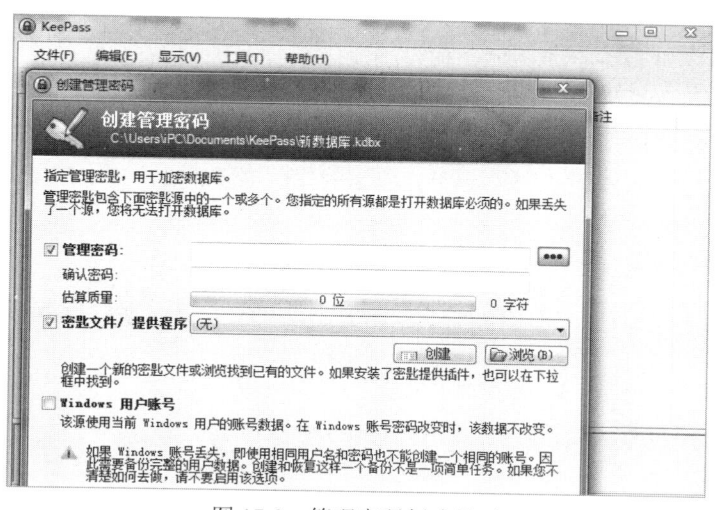

图 17-9　管理密码创建界面

接下来，如图 17-10 所示，给该数据库设定一个名字；并在数据库描述中写上少许关键词来描述此数据库用途；也可以规定以后的新建记录的默认用户名；自定义数据库颜色，如果非常重要，可以用红色来表示，当然也可以用其他颜色例如黄色来表示。后面还有安全、压缩、回收站、高级这四个调整项，可以根据个人需要自行调整。在“安全”调整项中，可以调整数据库文件加密算法和密码转换算法；在“压缩”调整项中，可以根据需要选择是否压缩数据库；

在“回收站”调整项中，可以选择是否启用密码的回收站；在“高级”调整项中，可以调整以下选项——选择喜欢的模板记录组；启用“自动维护记录历史”，选择是否限制每条密码的记录的历史条数和历史大小；启用“管理密码”，选择“建议更改密码”和“强制更改密码”的时间频率等。当然，这四个调整项，暂时不管也是可以的。

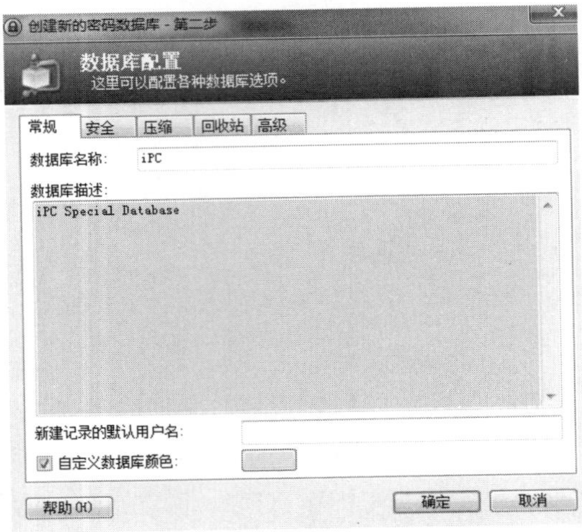

图 17-10　数据库配置界面

最后，单击菜单栏“编辑”下的“添加记录”选项或相应的快捷图标，出现如图 17-11 所示的添加密码记录的界面。在“标题”后的输入框中输入相应网站的名字，并选择合适的图标；在“用户名”中输入登录用户名；接着，输入符合之前制定的密码规则的密码，然后再输入一次这个密码来确认密码正确无误。也可以单击“确认密码”输入框后的图标，使用密码生成器来生成一个符合规则的密码；接下来，在“网址”输入框中，输入密码对应的网站域名，并在下方的备注中输入该网站的名字以及其他合适的关键词等；接着，选择是否启用密码“失效”周期工具。可以在后面的下拉选项中选择一个自定义的时间，也可以在后面的图标中选择一个固定的时间周期例如一周、一月或一年等。以上的调整项完成后，基本上就可以选择确认了，其他的可以暂时先不管。

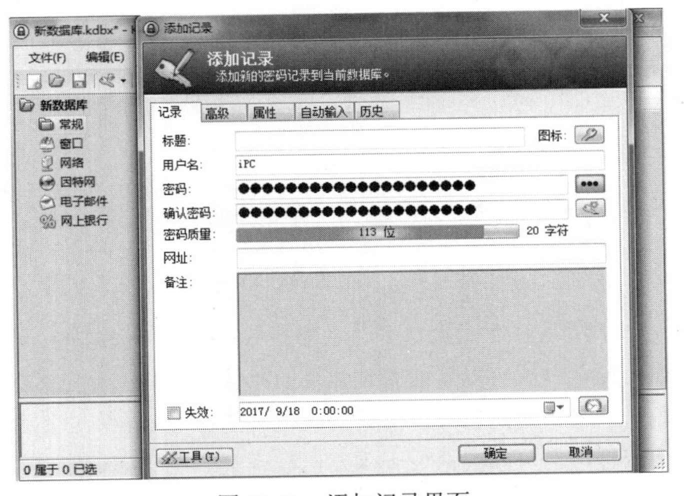

图 17-11　添加记录界面

拓展知识：

常用网站及账号密码示例，下面用阿里云作为示例样板。

用户账号：________________________________

用户密码：________________________________

用户邮箱：________________________________

用户手机：________________________________

验证令牌恢复码：________________________________

旗下产品编号及描述：________________；________________

SSH 服务端口号：________________________________

远程连接密码：________________________________

服务器 root 用户账号：________________________________

服务器 root 用户密码：________________________________

服务器其他用户账号：________________________________

服务器其他用户密码：________________________________

数据库 root 用户账号：________________________________

数据库 root 用户密码：________________________________

网站域名：________________________________

FTP 账号用户名：________________________________

FTP 账号密码：________________________________

其他数据库名：________________________________

其他数据库用户账号名：________________________________

其他数据库用户账号密码：________________________________

网站超级管理员账号名：________________________________

网站超级管理员账号密码：________________________________

第 18 章　正式开始前的准备工作

18.1　本地开发环境

18.1.1　本地开发环境的概念

开发环境，顾名思义就是程序员专门开发程序时使用的实验环境，配置方面可以比较随意，为了开发调试方便，一般打开全部错误报告。比开发环境更进一步的是测试环境，一般情况下会克隆一份生产环境的配置；如果一个程序在测试环境下工作不正常，那么接下来肯定不能把它发布到生产环境上。

一个网站所使用的 CMS，在正式上线运行前，都需要进行测试；然后根据测试结果，来对正式上线时使用的 CMS 和线上的正式生产环境进行调整。

在 18.1.1 节的标题里面，多了一个词“本地”，也就是说，我们将用个人的计算机搭建出一个 CMS 运行的实验环境。它的主要目的是为了降低学习难度，避免浪费过多时间，节省整体的学习费用，尽快上手熟悉将要介绍的 CMS——WordPress。

后面大部分内容里的操作，基本上都可以在搭建的本地开发环境里进行练习。练习完毕以后，就可以直接使用正式的线上生产环境，重新用 WordPress 搭建出自己想要打造出的漂亮好用的网站。之前在国内的云计算服务商例如阿里云里购买的服务器，都需要进行备案，备案时间大致在一个星期至一个月不等；如果备案花了七天，阿里云就会赔偿七天使用时长。在网站备案期间，完全可以在本地开发环境里先进行练习。

当然，也可以直接用服务器搭建一个线上的开发环境，只不过在未备案的情况下只能使用公网 IP 访问；不过为了避免搜索引擎收录致使服务器的公网 IP 暴露以及一些其他情况的出现，建议别轻易使用生产环境用的服务器去搭建开发环境进行练习。

大多数人的个人计算机的系统基本都是 Windows，所以必须找一个能在 Windows 系统下使用的本地开发环境集成软件包。通常情况下，会搜索出以下几个常用的集成软件包——WampServer、XAMPP、phpStudy、宝塔等。前两个集成软件包是国外人士开发的，软件的原生界面不包含中文，新手使用起来会有一定上手难度；后两个集成软件包是国内人士开发的，上手不会有太大难度，而且软件官方有丰富的教程，基本能覆盖到学习过程中的每一个细节。

前面介绍的四个集成软件包中，有一个有点不太一样，那就是宝塔。宝塔是服务器上使用的集成软件包，功能非常强大，可以把它的 Windows 服务器版本下载下来并安装到个人计算机上，作为本地开发环境使用。不过只是用来学习上手，并不需要这么强大的软件，所以这里只简单讲一下 phpStudy。

拓展知识：

WampServe 官方英文站点 http://www.wampserver.com/

XAMPP 官方中文站点 https://www.apachefriends.org/zh_cn/index.html

phpStudy 官方中文站点 http://www.phpstudy.net/

宝塔官方中文站点 http://www.bt.cn/

18.1.2　安装本地开发环境

本书的写作时间是 2017 年，所以 phpStudy 官方给出的软件版本为 2017，如图 18-1 所示，其下载链接为 http://www.phpstudy.net/phpstudy/phpStudy2017.zip。将集成软件包的压缩包下载下来以后，只需要解压出其中的 phpStudySetup.exe 文件，放到个人计算机的桌面上。

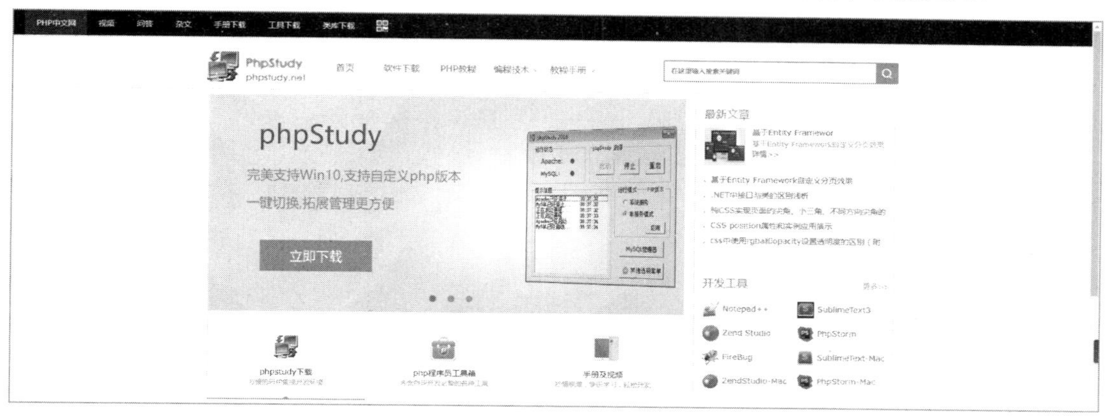

图 18-1　phpStudy 官方网站

双击这个可执行文件，然后软件会提示它的默认安装目录为 C:\phpStudy，按照个人的使用习惯，将安装目录改到 D 盘，即修改后的安装目录为 D:\phpStudy。这里需要记住的是，千万不要把软件安装在 D:\Program Files，至于个中原因，在这里就不细说了。修改完成以后，单击“确定”按钮开始安装，它会被自动安装完成，接下来发生的事不用管。

安装完成后，软件会自动打开主界面，如图 18-2 所示。如果 phpStudy 没有启动，单击“启动”按钮即可，然后单击一下“其他选项菜单”按钮，再单击弹出的选项菜单最上方的“My HomePage”，此时会看到浏览器打开一个 URL 为 http://localhost/index.php 的本地网页，网页上显示“Hello World”字样（也有可能是一个 PHP 探针页面），说明 phpStudy 已经安装成功。

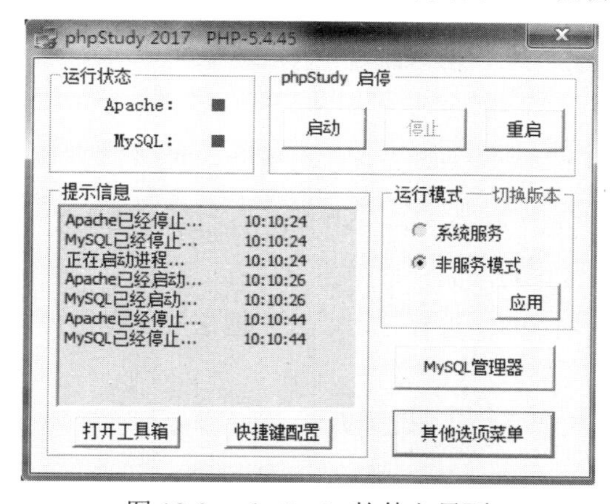

图 18-2　phpStudy 软件主界面

18.1.3　开始配置并使用本地开发环境

先将 phpStudy 中的 Apache 和 MySQL 这两项服务启动，运行模式保持为默认的“非服务模式”即可。单击“其他选项菜单”按钮，如图 18-3 所示，再单击弹出的选项菜单中的“网站根目录”选项，进入路径为 D:\phpStudy\PHPTutorial\WWW 的本地网站目录。在这个目录下，创建一个名为“example.com”的文件夹，如图 18-4 所示。

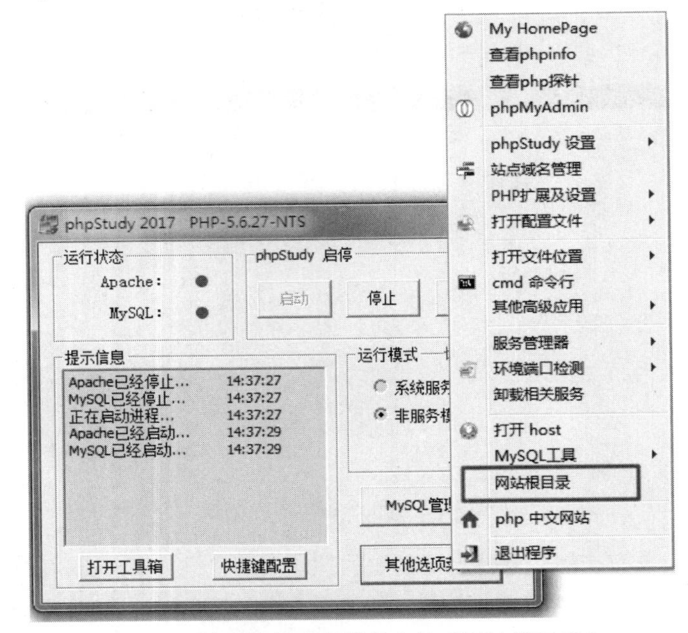

图 18-3　单击其他选项菜单中的“网站根目录”

图 18-4　创建名为“example.com”的文件夹

然后单击“其他选项菜单”按钮，再单击弹出的选项菜单中的“打开 host”选项，在文件中写入如图 18-5 所示的配置，写入完成后单击“保存”按钮后，关闭文件即可。这里需要注意一下，如果以后不再使用 phpStudy 进行学习，记得把这里的配置还原，或者在其前面加上一个#号注释掉。

```
127.0.0.1 www.example.com
127.0.0.1 example.com
```

图 18-5　在 HOST 文件中写入配置

继续单击“其他选项菜单”按钮，再单击弹出的选项菜单中的“站点域名管理”选项，在如图 18-6 所示的软件界面中填入相应的配置；网站目录应该为 D:\phpStudy\PHPTutorial\WWW\example.com。配置填写完成以后单击“新增”按钮，接着单击“保存设置并生成配置文件”按钮，完成基本的站点域名配置工作。

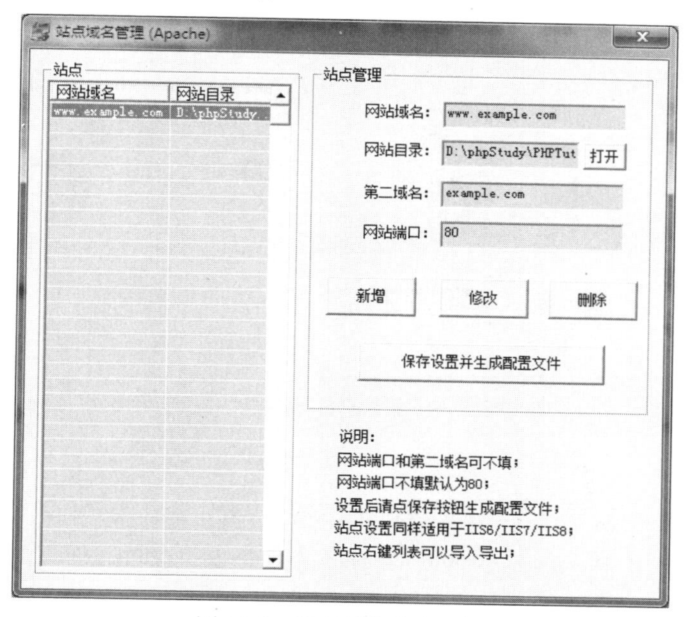

图 18-6　站点域名管理配置

接下来，单击“其他选项菜单”按钮，然后再单击弹出的选项菜单中的“phpMyAdmin”选项，打开 phpMyAdmin 的登录界面。由于 phpStudy 里的 phpMyAdmin 的用户名和密码都为 root，所以这里的登录密码为 root；因为只是在本地进行测试，为了方便操作，所以使用一些简单密码是完全没有问题的。

成功登录 phpMyAdmin 以后，先选择“用户”命令，然后选择“添加用户”命令。在弹出的“添加用户”软件界面中，按照如图 18-7 所示的提示信息，依次选择和输入相关配置，完成以后单击“添加用户”按钮即可；这里的密码可以随意输一个自己喜欢的，例如这里的密码设为“demodb”，然后再重新输入一次。

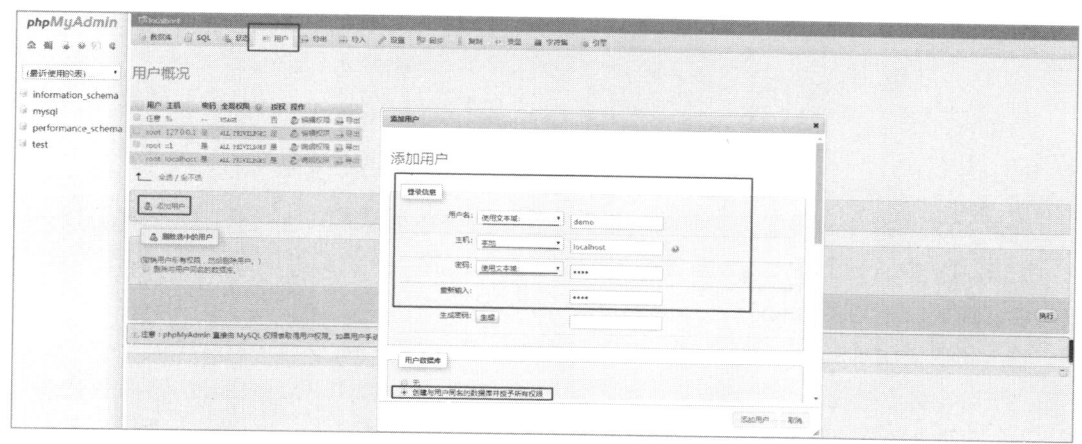

图 18-7　在数据库中添加新用户

以上的步骤操作完成以后，一个适合 WordPress 运行的本地开发环境基本上搭建完成。从 WordPress 中文官网下载一份当前最新的软件压缩包，下载到本地计算机的桌面，然后将压缩包里的 WordPress 文件夹下的所有文件正确解压到 D:\phpStudy\PHPTutorial\WWW\example.com 中，如图 18-8 所示。

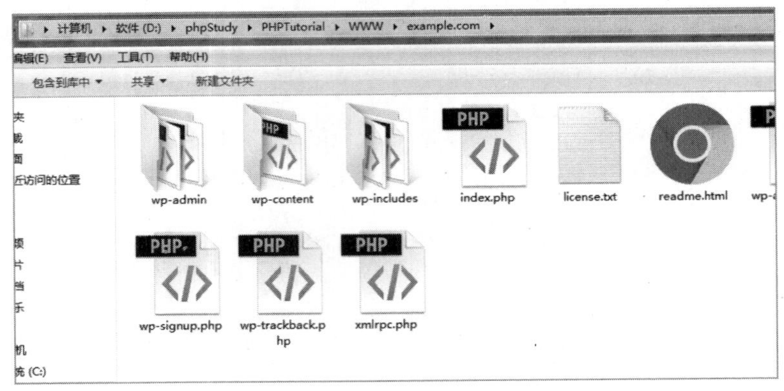

图 18-8　将 WordPress 正确解压到相关文件夹中

接着，在浏览器中输入 http://www.example.com，WordPress 会自动跳到其数据库信息配置界面，其地址为 http://www.example.com/wp-admin/setup-config.php，如图 18-9 所示。

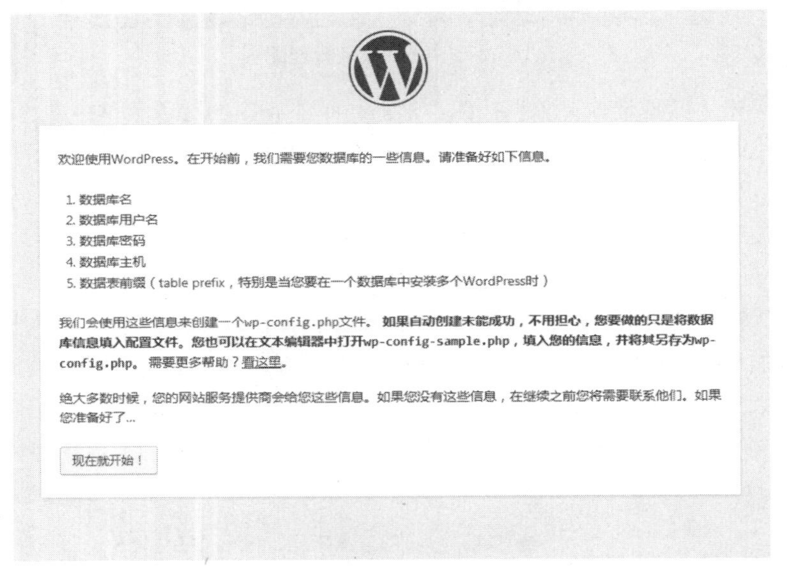

图 18-9　WordPress 安装时的数据库信息配置界面

单击如图 18-9 中所示的“现在就开始！”按钮，跳转到配置文件调整界面，如图 18-10 所示。图 18-10 中的五个输入框，只需要修改前三个的配置，其他的可以先不管；前三个输入框的配置，按顺序应为“demo”“demo”“demodb”。

输入完成以后单击“提交”按钮，WordPress 会提示“已经可以连接数据库了”，于是继续单击“进行安装”按钮，跳转到欢迎界面，如图 18-11 所示。在“站点标题”的输入框里面，输入“demo 的本地测试站点”；“用户名”的输入框里，输入“admin”。当然，为了安全起见，在正式的站点里不能用这么简单常见的用户名；为了省事，也把密码设置成了简单的“admin”。不过要是真使用这样的简单密码，WordPress 会询问是否“确认使用弱密码”，将它选中上就能够正常安装；电子邮件的输入框中，使用的是“admin@example.com”，一个并不存在的邮件地址。在正式的站点中，必须使用安全度比较高的正式邮箱，来作为 WordPress 搭建的网站里的超级管理员的管理邮箱；接下来的“对搜索引擎的可见性”，可以不用理会。不过需要注意的是，如果在安装正式站点时，选择了这个选项，百度、谷歌等搜索引擎将会被我们的站点屏蔽。最后，单击“安装 WordPress”按钮，等待几秒以后，会出现提示安装成功的界面；单击界面上的“登录”按钮，会跳转到地址为 http://www.example.com/wp-login.php 的后台登录界面。

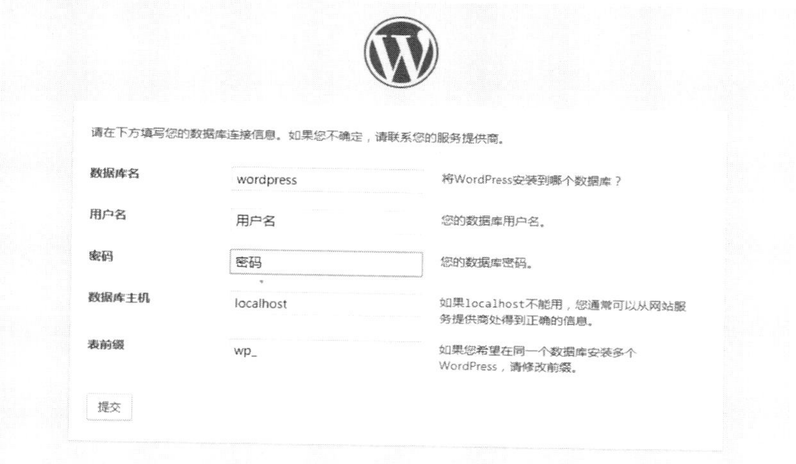

图 18-10　WordPress 安装时的数据库连接信息配置界面

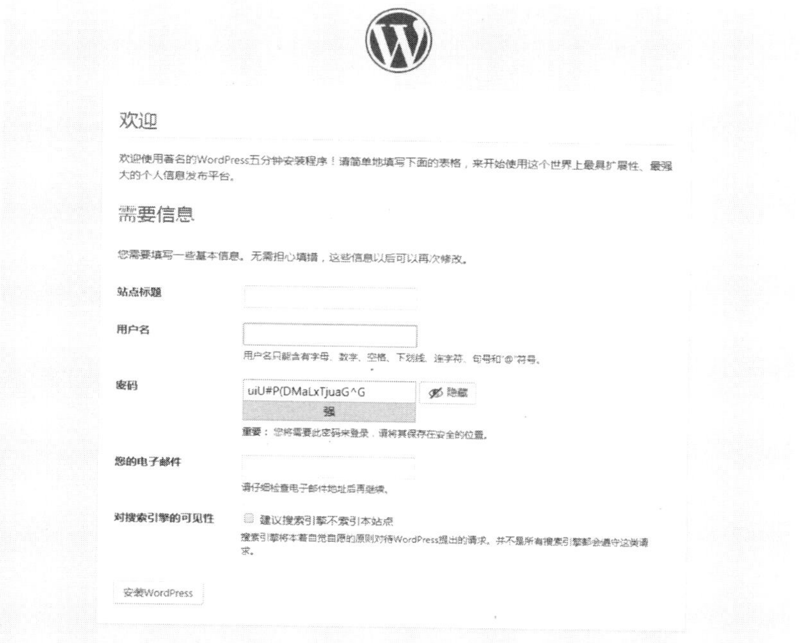

图 18-11　WordPress 安装时的欢迎界面

输入用户名“admin”和密码“admin”，选择“记住我的登录信息”复选框，然后单击“登录”按钮，将成功登录 WordPress 站点的后台，其后台地址为 http://www.example.com/wp-admin/，具体如图 18-12 所示。

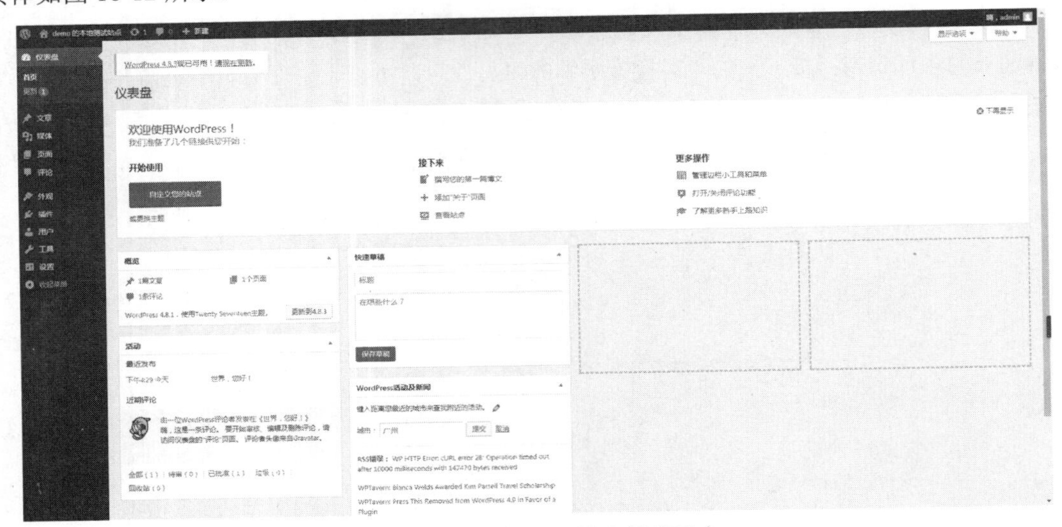

图 18-12　WordPress 站点管理后台

18.2　线上生产环境

18.2.1　线上生产环境的概念

所谓生产环境，与前面的开发环境和测试环境相呼应，是开发→测试→生产这一基本的产品发布流程中的最后一环的基础。

上面标题中的“线上”概念，意味着产品是对大众开放的，并且部署在拥有公网 IP 的服务器上，对其可靠性有较高要求的正式服务；而不是放在自己家里的个人计算机上的，自娱自乐地可以随意处置的小玩意儿。

18.2.2　线上生产环境的选择

无论是这本书中介绍的 WordPress，还是其他的 CMS，基本上都可以使用以下三种线上生产环境——云虚拟主机、云服务器、物理服务器。

这三个名词的概念，大家可以通过百度来了解其具体含义，不过大家可能搞不清楚它们之间的区别。下面来简单解释一下：这三种线上生产环境，最明显的不同在于控制和调度服务器的资源的权限大小。

其中，云虚拟主机<云服务器<物理服务器。

云虚拟主机没有控制和调度服务器的资源的权限。因为它不能使用 SSH 服务（当然也有很多其他服务不能使用），当云服务厂商的系统分配的固定资源消耗过多后，不能自行手动释放一些不必要的服务的资源，只能通知云服务厂商来手动释放，导致使用体验很差。

云服务器也可以叫作 VPS，不过它是 VPS 的进化版。因为可以使用 SSH 服务，所以它可以比较自由地控制、调度服务器资源。由于各个云服务厂商采用的虚拟化技术如 KVM、Xen、OpenVZ 等不同，所以其虚拟出来的云服务器的性能也有很大差异。其中要以使用 OpenVZ 技术虚拟出来的云服务器的性能最差，因为用它可以虚拟出远超过其母机性能的云服务器，也就是说，商家可以很方便地超售来赚取更多的利润；而且虚拟出来的云服务器的资源管控不严。如果别人使用的资源多了，自己使用的资源就会减少，有时候会达不到云服务厂商所承诺的标准（不过要是优化得不错，使用 OpenVZ 技术虚拟出来的云服务器的性能也还可以）。

物理服务器也就是云服务器的母机；当然现在的云服务器的母机，不是只有一台，而是有很多很多台。这样做的好处就是当母机集群中的某一台母机发生了故障，云服务厂商可以迅速地把这台故障母机上的云服务器转移到其他的正常的母机上，使得客户基本感知不到发生了故障，从而保证其服务的高可靠性。

关于这三种线上生产环境的权限，再使用一个生活中的形象例子来解释一下：云虚拟主机就是我们找某一个房东租用的某一套房子中的某一间房间。我们可以在里面睡觉，但是不能改动里面的陈设，也不能在墙上画画，否则就要赔钱。如果运气不好，我们碰到的房东是个黑心的二房东，他租给我们的房间名义上是一间房，但实际使用时，我们就会发现这个房间是用客厅隔出来的；云服务器就是我们的有五十年产权的房产证的一套商品房。我们可以自由改动房间陈设，也可以做其他一些我们喜欢的事情。不过，如果我们妨碍到了周围的邻居，可能会被物业处罚，抑或是被邻居上门投诉外加泼漆；物理服务器，不仅有房子的产权证，还有这套房子下的土地的所有权。也就是说，我们的这套房子，是一个独门独户的高档别墅型的房子。我们高兴的话，可以在外面的草坪上种种菜、养养鸡，自由自在、无忧无虑地生活。如果这套别墅是在山里面，周围没有其他邻居，那么基本上就是天高皇帝远，不用担心邻居的投诉，想怎么玩就怎么玩了。

现在，我们要说到它们的价格和体验之间的平衡点——也就是我们常说的性价比了。我们先不谈这三种房子的具体价格是多少，就只告诉一点——它们之间的价格没有现实生活中那么大差距，我们一般会选择哪一种房子呢？没错，就是买一套小区里的商品房。也就是说，我们应该选择云服务器，来作为我们的线上生产环境；当然，这套房子是一个毛坯房，需要我们自行设计改造。

接下来，将展示云虚拟主机、云服务器和物理服务器的使用价格，让大家直观感受一下它们之间的价格差距，如图 18-13～图 18-15 所示。

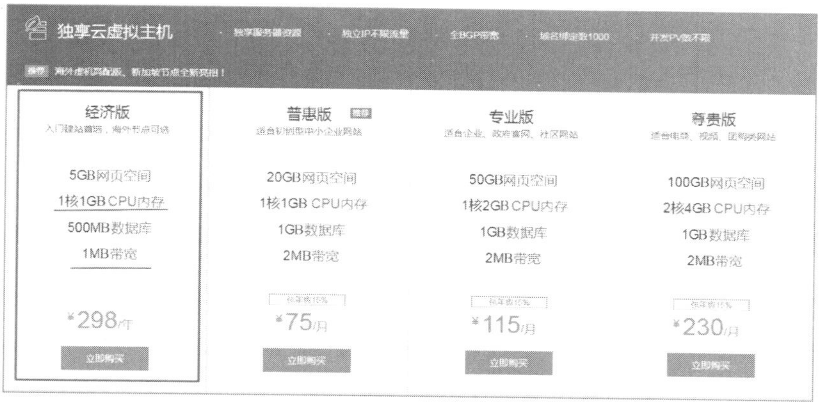

图 18-13　云虚拟主机的标准使用价格

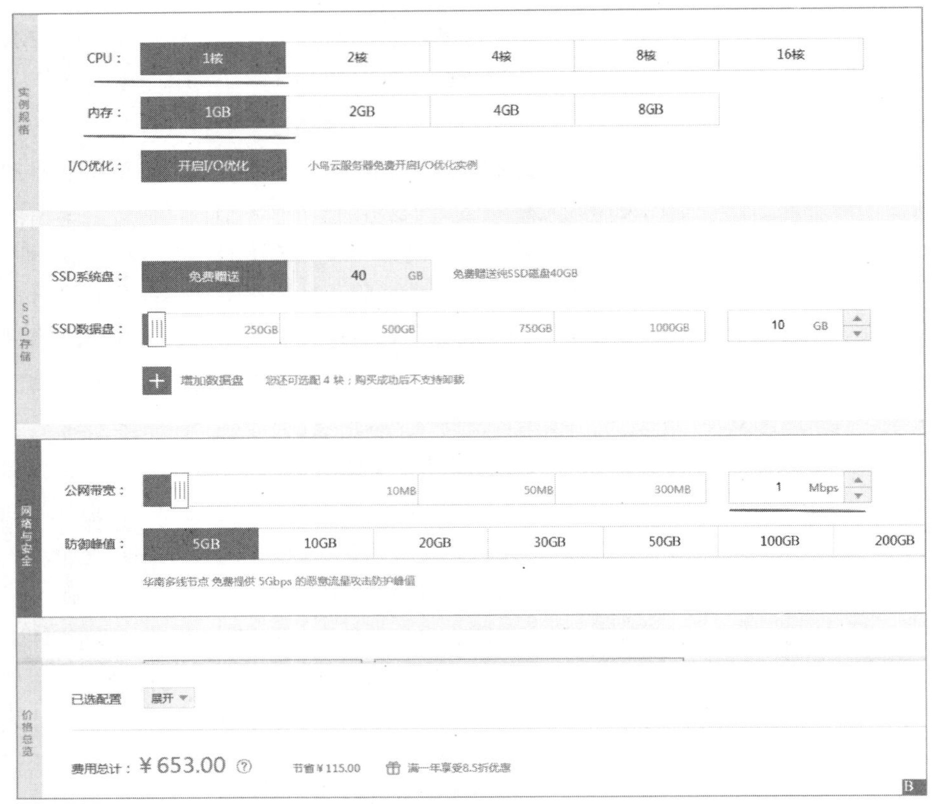

图 18-14　云服务器的标准使用价格

图 18-15　物理服务器的标准托管价格

需要特别说明一下，图 18-14 中的云服务器的价格，在特别活动期间，其价格基本接近于图 18-13 中的云虚拟主机，只比云虚拟主机的价格稍微高一些。而规格为 1U 的物理服务器，跟前面两种就完全没有可比性了；因为它基本算是一个超大面积的独门独栋的别墅，可以说是豪宅了。不过，跟房子有所不同的是，这些东西完全是一个买方市场，各家云服务厂商之间的竞争十分激烈，有时候白送都不一定会有人要。

18.2.3　开始配置并使用线上生产环境

如果选择的是云服务器，那么接下来需要考虑搭建一个适合 WordPress 正常运行的网站应用运行环境，应该优先选择 LAMP 或者 LAEMP 架构，当然选择 LEMP 或者 LEMH 架构也是可以的。只不过由于历史原因，WordPress 更适合在 LAMP 架构下运行；为了兼顾稳定性与灵活性，综合比较之下，选择一个折中方案——LAEMP 架构。关于如何快速搭建一个 LAEMP 架构的网站应用运行环境，已经在前面的第 11 章节中说过，大家可以回过头去仔细阅读。

接下来，只需要处理一些小问题，把一些边边角角的事情做完就可以了。

首先，使用 root 身份登录云服务器，输入 cd oneinstack 命令进入名为“oneinstack”的目录，接着输入./vhost.sh 命令后按 Enter 键确认，正式进入虚拟主机配置界面，如图 18-16 所示。使用 OneinStack 一键工具配置虚拟主机的操作流程可能会因为版本的升级而有所变动，具体操作流程请以官网的说明文档为准。

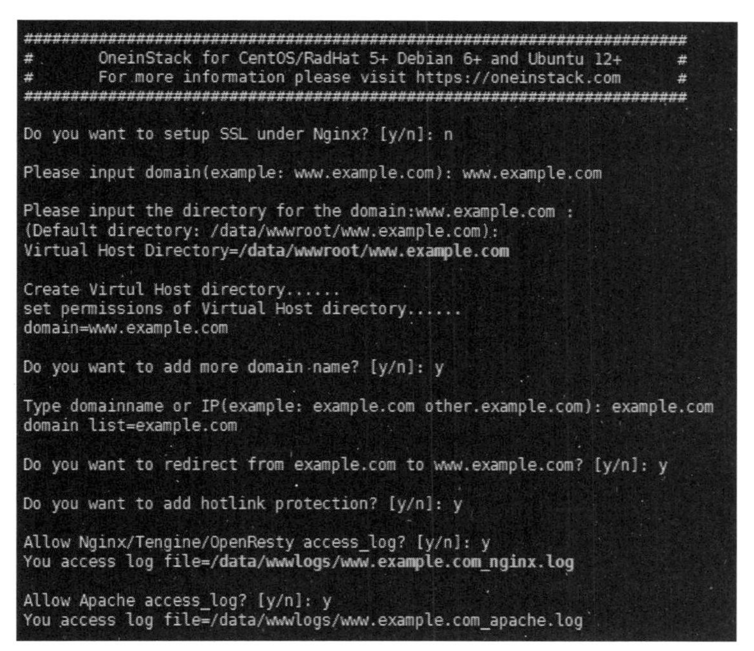

图 18-16　使用 OneinStack 一键工具配置虚拟主机

如图 18-16 所示，一开始系统会询问是否开启 SSL，一般输入 n 按 Enter 键即可。如果输入的是 y，那么步骤会有些不一样，官网有其详细的说明资料，其地址为 https://oneinstack.com/install/；接下来，输入域名 www.example.com 并按 Enter 键，系统会要求输入一个指定的目录名称。在这里可以偷懒不输入，系统将会自动创建一个同名的目录；创建目录完成后，系统会询问是否需要添加更多的域名，在这里选择输入 y，把 example.com 输入进去。因为一般情况下，不带 www 的一级域名会和带 www 的二级域名需要同时使用。这里也可以把一级域名当作主域名使用，而不是非得使用 www；接下来，系统会询问是否把 example.com 重定向到 www.example.com，输入 y 后按 Enter 键；接着系统会询问是否添加防盗链保护，依然选择 y；最后两个选项系统是在询问是否开启 Nginx 日志和 Apache 日志，必须选择 y，以备日后不时之需。

以上所有选项都完成以后，系统会生成一份如下面代码块所展示的配置信息；为了方便日后使用，最好将这份配置信息保存好。

```
####################################################################
#       OneinStack for CentOS/RadHat 5+ Debian 6+ and Ubuntu 12+     #
#       For more information please visit https://oneinstack.com     #
####################################################################
Your domain:                  www.example.com
Nginx Virtualhost conf:       /usr/local/openresty/nginx/conf/vhost/www.example.com.conf
Apache Virtualhost conf:     /usr/local/apache/conf/vhost/www.example.com.conf
Directory of:                /data/wwwroot/www.example.com
```

接下来，将为这个虚拟主机的目录分配一个专用的 FTP 账号。

输入./pureftpd_vhost.sh 命令，进入 FTP 账号管理界面，如图 18-17 所示。输入 1 按 Enter 键确认，开始创建专用 FTP 账号；然后输入用户名和密码 example（这里是为了演示，实际操作时一定不能使用弱智密码）；接着，输入刚才创建的虚拟主机目录/data/wwwroot/www.example.com。在输入完成后进行确认，系统生成的配置信息可以不用保存、记住就行。以上步骤完成后，输入 q 退出 FTP 账号管理界面，接着输入 exit 命令退出服务器。

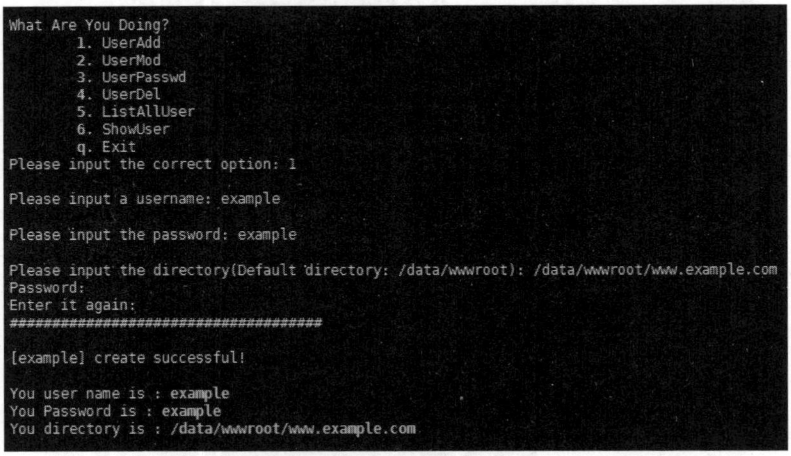

```
What Are You Doing?
        1. UserAdd
        2. UserMod
        3. UserPasswd
        4. UserDel
        5. ListAllUser
        6. ShowUser
        q. Exit
Please input the correct option: 1

Please input a username: example

Please input the password: example

Please input the directory(Default directory: /data/wwwroot): /data/wwwroot/www.example.com
Password:
Enter it again:
#####################################

[example] create successful!

You user name is : example
You Password is : example
You directory is : /data/wwwroot/www.example.com
```

图 18-17　为虚拟主机的目录创建一个专用的 FTP 账号

接着，在浏览器中输入 127.0.0.1/phpMyAdmin，进入云服务器的 phpMyAdmin 管理后台（将 127.0.0.1 替换成我们的云服务器的公网 IP 地址）。参考前面的本地开发环境的操作演示，为网站创建一个专用的数据库和数据库账号。创建完成后，记得将默认的 URL 127.0.0.1/phpMyAdmin 中的“phpMyAdmin”手工更改成喜欢的随机字符；具体更改目录为/data/wwwroot/default。如果大家觉得安全非常重要，最好去云服务厂商处购买一个服务器专用的 VPN 通道，并将这个通道绑定到服务器上，并禁止使用其他 IP 地址登录操作。

接下来，使用专用 FTP 账号，将 WordPress 源代码上传到虚拟主机目录了（上传时记得要使用二进制模式上传）。然后，使用 A 记录解析或者 CNAME 记录解析，将服务器的公网 IP 地址与所购买的域名绑定。一般几秒、最多几分钟，就会绑定成功；绑定成功以后，可以按照前面的本地开发环境的操作演示，来正式安装 WordPress。

安装程序时，如果系统反馈报告文件没有权限，那么使用 root 身份执行以下代码块，它的意思是将/data/wwwroot/下的文件为 644 权限、文件夹为 755 权限、权限用户和用户组为 www。

```
chown -R www.www /data/wwwroot/
find /data/wwwroot/ -type d -exec chmod 755 {} \;
find /data/wwwroot/ -type f -exec chmod 644 {} \;
```

第19章　WordPress快速入门

19.1　安装前的基础知识

下面提到的一些问题，可以在 WordPress 安装完成以后再去解决。如果在正式安装以前就可以把这些问题解决，从而节省一些不必要浪费的时间。那么，为什么不选择提前解决它们呢？

19.1.1　根目录下的 robots.txt 文件

1. 什么是 robots.txt 文件

很多刚刚接触 WordPress 的新手，可能会认为 robots.txt 这个文件有没有无关紧要。——作者想对大家说，这种想法是错误的，robots.txt 文件是站点与搜索引擎的爬虫沟通的关键要素，它可以在 SEO 优化中发挥很重要的作用。当搜索引擎的爬虫访问站点的时候，会先去查看这个文件；它可以告诉搜索引擎，站点不想被搜索引擎收录，或者只允许搜索引擎收录站点里指定的部分。

注意：仅当站点包含不希望被搜索引擎收录的内容时，才需要使用 robots.txt 文件；如果希望搜索引擎收录站点上所有内容，可以不使用 robots.txt 文件。

robots.txt 文件一般直接添加到站点的根目录即可生效，如下面的链接所示 http://www.example.com/robots.txt。并且，很多初次使用 WordPress 的新手也会发现，根目录即使没有这个 robots.txt 文件，访问时也不会出现 404 错误，而是会出现下面的一些内容。

```
User-agent: *
Disallow: /wp-admin/
Allow: /wp-admin/admin-ajax.php
```

看到的这些默认内容就是 WordPress 自身虚拟出来的 robots.txt 文件。它是利用 PHP 的伪静态机制，而实现的虚拟 robots.txt 文件。

还可以自定义这个虚拟文件，将下面的代码块添加到主题的 functions.php 文件里：

```
/**
* WordPress 虚拟 robots.txt 文件
*/
function netnote_add_robots_txt( $output )
{
$output .= "Disallow: /user/ ";
//禁止收录链接中包含 /user/ 的页面
return $output;
}
add_filter( 'robots_txt', 'netnote_add_robots_txt' );
```

这时访问虚拟 robots.txt 文件就会变成：

```
User-agent: *
Disallow: /wp-admin/
Allow: /wp-admin/admin-ajax.php
Disallow: /user/
```

当然，可以直接在站点根目录下添加 robots.txt 文件，这时 WordPress 自身虚拟出来的 robots.txt 文件就会被覆盖；可以直接在 robots.txt 文件中添加想要的规则。

2. robots.txt 文件规则写法

内容项的基本格式：键-值对。

（1）User-Agent 键

后面的内容对应的是各个具体的搜索引擎爬虫的名称。如百度的爬虫是 Baiduspider，谷歌的则是 Googlebot。

一般情况下这样写：

```
User-Agent: *
```

表示允许所有的搜索引擎的蜘蛛来爬行抓取。如果只想让某一个搜索引擎的蜘蛛来爬行，在后面列出名字即可；如果是多个，则重复写。

注意： *User-Agent:后面要有一个空格。在 robots.txt 文件中，键后面加“:”号，后面必有一个空格，和值相区分开。*

（2）“*”和“$”的使用

Baiduspider 支持使用通配符“*”和“$”来模糊匹配 URL。“*”匹配零或多个任意字符，“$”匹配行结束符。

例如 Disallow: /*.jpg，即禁止搜索引擎收录站点所有的“.jpg”格式的文件；Disallow: /.php$，即禁止搜索引擎收录站点所有以“.php”结尾的文件。

（3）Disallow 键的使用

Disallow：描述不需要被索引的网址或者是目录。

例如 Disallow:/wp-，即不允许抓取 URL 中带“wp-”的网址；需要注意的是，Disallow: /data/ 与 Disallow: /data 是不一样的。前者仅仅是不允许抓取 data 目录下的网址，如果 data 目录下还有子文件夹，那么子目录是允许抓取的；后者则可以屏蔽 data 目录下的所有文件，包括其子文件夹。

（4）Allow 键的使用

Allow：描述需要被索引的网址或者是目录。

例如 Allow: /index.php，即允许搜索引擎收录站点的 index.php。它的功能跟 Disallow 相反；特别注意，Disallow 与 Allow 行的顺序是有优先级高低的，在前面的优先级高，在后面的优先级低；故爬虫会根据第一个匹配成功的 Allow 或 Disallow 行确定是否访问某个 URL。

3. robots.txt 文件参考实例

例 1. 禁止所有搜索引擎访问站点的任何部分。

```
User-agent: *
Disallow: /
```

例 2. 允许所有的搜索引擎访问站点的任何部分。

```
User-agent: *
Disallow:
```

例 3. 仅禁止 Baiduspider 访问我们的站点。

```
User-agent: Baiduspider
Disallow: /
```

例 4. 仅允许 Baiduspider 访问我们的站点。

```
User-agent: Baiduspider
Disallow:
```

例 5. 禁止爬虫访问特定目录。

```
User-agent: *
Disallow: /cgi-bin/
Disallow: /tmp/
Disallow: /data/
```

注意：

①三个目录要分别写。

②注意最后要带斜杠。

③注意带斜杠与不带斜杠的区别。

例 6. 允许访问特定目录中的部分 URL。

希望 a 目录下只有 b.html 允许访问，写法应该如下：

```
User-agent: *
Allow: /a/b.html
Disallow: /a/
```

注意：允许收录优先级要高于禁止收录。

通配符包括“$”结束符和“*”任意符，从下面的例 7 开始说明通配符的使用。

例 7. 禁止访问站点中所有的动态页面。

```
User-agent: *
Disallow: /*?*
```

例 8. 禁止搜索引擎抓取站点上所有图片。

```
User-agent: *
Disallow: /*.jpg$
Disallow: /*.jpeg$
Disallow: /*.gif$
Disallow: /*.png$
Disallow: /*.bmp
```

拓展知识：

适合 WordPress 使用的常见 robots.txt 文件范例如下（仅供参考）：

```
User-agent: *
Disallow: /wp-admin/          //禁止收录后台/wp-admin/目录
Disallow: /wp-content/        //禁止收录后台/wp-content 目录
Disallow: /wp-includes/       //禁止收录后台/wp-includes 目录
Disallow: /*/comment-page-*
Disallow: /*?replytocom=*
Disallow: /category/*/page/
Disallow: /tag/*/page/
Disallow: /*/trackback
Disallow: /feed
Disallow: /*/feed
Disallow: /comments/feed
Disallow: /?s=*
```

```
Disallow: /*/?s=*\
Disallow: /*?*
Disallow: /attachment/
```

19.1.2　根目录下的.htaccess 文件

1. 什么是.htaccess 文件

笼统地说，.htaccess 文件就是 Apache 里的一个有特殊作用的分布式配置文件，它负责相关目录下的网页配置；可以在一个特定的文档目录中放置一个包含一个或多个指令的.htaccess 文件，以作用于此目录及其所有子目录。

通过.htaccess 文件，可以轻松实现：文件夹密码保护、用户自动重定向、自定义错误页面、改变文件扩展名、禁止特定 IP 地址的用户访问、只允许特定 IP 地址的用户访问、禁止目录列表以及使用其他文件作为首页文件等一些功能。

2. 快速生成.htaccess 文件

一般来说，.htaccess 文件会在安装 WordPress 时自动生成；不过，有时候也会出现问题。这个自动生成的.htaccess 文件，能对 WordPress 的 URL 进行规则重写，使其美观易用。

自动生成的.htaccess 文件，应如下面的代码块所示：

```
# BEGIN WordPress
<IfModule mod_rewrite.c>
RewriteEngine On
RewriteBase /
RewriteRule ^index\.php$ - [L]
RewriteCond %{REQUEST_FILENAME} !-f
RewriteCond %{REQUEST_FILENAME} !-d
RewriteRule . /index.php [L]
</IfModule>
# END WordPress
```

万一没有自动生成这个文件，那么怎么创建这个文件呢？

可以安装一个 Notepad++，其官网地址为 https://notepad-plus-plus.org/。安装好以后，打开 Notepad++，会自动新建一个文件，将上面的代码块复制粘贴到文件中保存即可。

注意：保存时请确保文件的编码格式为“以 UTF-8 无 BOM 格式编码”（如图 19-1 所示，在软件的“编码”菜单下），并且保存时将格式选择为“All types”，如图 19-2 所示；在上传过程中以 ASCII 模式上传，上传完成后最好将其权限设置为 644。

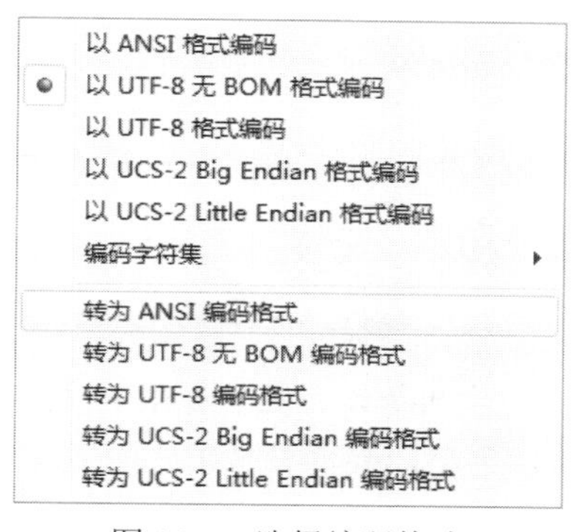

图 19-1　选择编码格式

图 19-2 选择保存类型

虽然.htaccess 文件的功能强大，但是在很长一段时间内用不上其中的大部分指令，而且使用它来实现功能的效率不高。

尽管如此，还是有几个指令经常会用到的。

例如，下面的代码块可以通过配置 HTTP 响应头的方法，禁止站点的网页被恶意嵌入到其他人的网页中，避免单击劫持的事情发生。这个代码块，强烈建议添加到上面给出的默认.htaccess 文件中。

```
Header set X-XSS-Protection "1; mode=block"
Header always append X-Frame-Options SAMEORIGIN
Header set X-Content-Type-Options: "nosniff"
```

还有一个代码块，也是会经常使用到的，它的作用就是自动重定向，经常用到的是 301 永久重定向。

除此之外，还有一个 302 临时重定向，不过这个重定向必须少用。如果使用不当，可能会使站点在搜索引擎中的权重降低。

301 永久重定向的代码块如下，它的作用是使不带“www”的 example.com 永久重定向到带有“www”的 www.example.com；如果安装了 SSL 安全证书，可以在“http”后加上一个“s”，使其字段变为“https”，这样就能把访问 example.com 的流量自动重定向到 https:// www.example.com/。

注意：如果参照前面的简易加速方案使用了更加高效的 HTTP 响应头来进行重定向，在这里就完全没有必要使用这个多余的设置。

```
RewriteCond %{HTTP_HOST} ^example.com$ [NC]
RewriteRule ^(.*)$ http://www.example.com/$1 [R=301,L]
```

总体来说，如果是使用云虚拟主机等没有完全权限的站点应用环境时，只能使用.htaccess 文件来达到配置目的；在其他情况下是不太推荐使用它的。避免使用.htaccess 文件有两个主要原因：首先是性能，启用.htaccess 文件会导致性能上有一部分损失；其次是安全，启用.htaccess

文件可能会导致某些意想不到的错误出现。

不过，使用上面给出的代码块进行简单的设置，来避免一些配置上的麻烦，还是比较推荐的。

拓展知识：

如果想要深入了解.htaccess 文件，可以查看以下参考资料：

有用的.htaccess 文件代码块 https://github.com/phanan/htaccess

WordPress 官方英文指导文档 https://codex.wordpress.org/htaccess

Apache 基金会官方英文指导文档 https://httpd.apache.org/docs/current/howto/htaccess.html

Apache .htaccess Guide & Tutorial http://www.htaccess-guide.com/

Ask Apache .htaccess 文件英文指导文档 https://www.askapache.com/htaccess/

MDN Web 文档 https://developer.mozilla.org/zh-CN/

19.2　安装后需要处理的小细节

19.2.1　使用 youpzt-optimizer 优化站点

安装完 WordPress 以后，第一次登录后台时可能就会发现一个严重的问题：页面加载的速度太慢了，慢到让人想关掉网页。

然后当搜索问题原因时，会搜索出一大堆可能的原因，例如 WordPress 自带的谷歌字体加载失败、Gravatar 头像加载缓慢以及加载了一些额外的垃圾数据等多达一二十个原因。通常情况下，搜索出来的资料后面，都会附带解决这个问题的方法，大多数情况下给出的是一段代码，运气好的话就是一个可以马上使用的插件。

那么，有没有能一次性解决这些问题的方法呢？

有的，它就是接下来要介绍的 youpzt-optimizer 站点优化插件，它可以一次性帮我们解决多达 19 个需要优化的小细节（目前版本号为 1.3.1），非常适合新手和懒人使用的。插件的下载地址为 https://github.com/fengdou902/youpzt-optimizer，单击“Download ZIP”按钮将插件的压缩包下载下来，如图 19-3 所示。下载到本地计算机以后，将压缩包里面的文件夹重命名为 youpzt-optimizer，如图 19-4 所示。

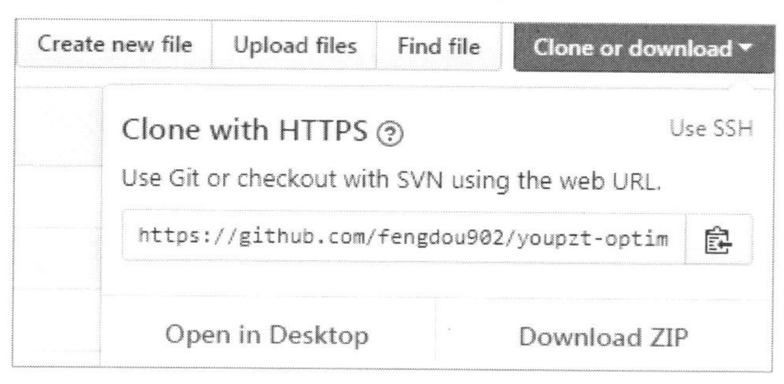

图 19-3　单击“Download ZIP”按钮

然后，将压缩包上传到站点中，插件上传完成后单击“启用”按钮使插件生效，如图 19-5 所示。

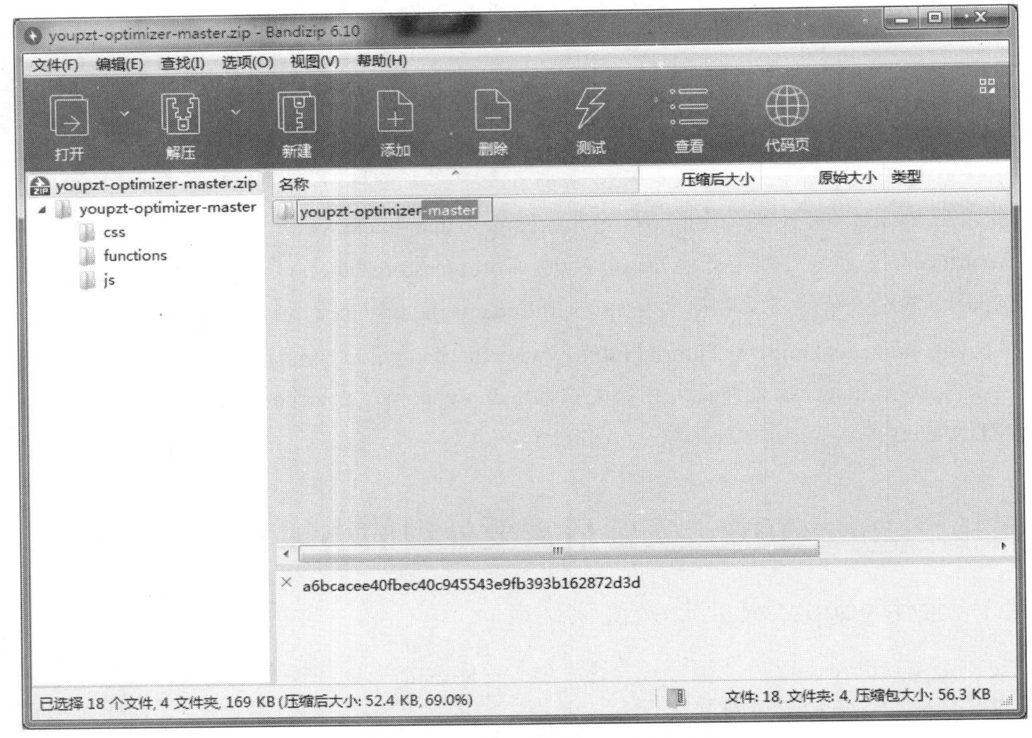

图 19-4　重命名插件的文件夹

图 19-5　上传插件的压缩包

然后单击左侧的菜单栏中新出现的“站点优化工具”按钮（启用插件后会出现），开启如图 19-6 所示的全部选项后，单击“保存选项”按钮。

图 19-6　开启全部相关选项

特别说明一下，前两项选项在选择时需要注意。

第一项选项“更换 Gravatar 镜像”中，“多说”的服务是无法正常使用的；如果站点使用了 SSL 安全证书，请将选项选择为“SSL”，否则安全证书的绿锁会变灰。

第二项选项“替换谷歌【google】字体镜像”，可以选择“禁用”单选按钮。因为 WordPress 从 4.6 版本开始，已经放弃使用谷歌在线字体服务，转而使用系统自带的原生字体。如果启用这个选项，请不要选择“360”单选按钮，因为 360 的相关团队已经放弃维护了。

选择“数据库优化”命令，可以将数据库里的垃圾数据删除掉。不过在删除以前，提前确认一下，以免删除当前正在使用的数据。

选择“功能设置”命令，将里面的选项全部开启，其中的“启用工具栏链接”选项可以方便人们进行使用，“卸载插件同时删除配置数据”这个选项则可以保证在删除该插件后不会留下残余的垃圾数据。

19.2.2　删除一些多余的文件

有一些 WordPress 文件比较敏感，安装完成以后必须将它们删除，以提高站点的安全程度，如图 19-7 所示。

例如站点根目录下的 readme.html 和 license.txt 文件，安装完成后就可以立即删除它们；更新 WordPress 版本后，这两个文件会再次出现。删除它们的原因是因为它们会暴露当前使用的 WordPress 版本，给别有用心的攻击者提供一些可利用的线索。

还有一些文件也必须删除，例如根目录下的 wp-config-sample.php 文件、wp-admin 目录下的 install.php 和 install-helper.php 文件等。

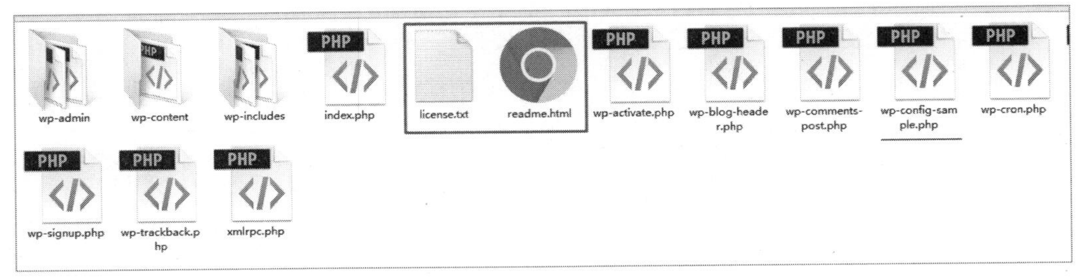

图 19-7　删除敏感的 WordPress 文件

另外，WordPress 里面自带了三个主题，可以将其中两个较旧的多余主题删除；除了主题以外，WordPress 本身还自带两个插件：Akismet Anti-Spam 和你好多莉。Akismet Anti-Spam 的作用是反垃圾评论，不过这个插件不太适合在国内的网络环境下使用，建议立即卸载掉。你好多莉启用后，在站点后台每个页面的右上角，都可以看到一句来自《俏红娘》音乐剧的英文原版台词；换句话说，这是个鸡肋功能，没有什么实际作用，可以马上把插件卸载。在“文章”和“页面”这两个菜单下，有两个 Demo，可以把它们删除，或者修改成自己需要的文章和页面；在“评论”菜单里，有一个 Demo，可以把它删除掉。

注意： 如果删除了 Akismet Anti-Spam 插件，在站点的前期建设时，一定不要将注册开关打开，并且将“其他评论设置”设置为“用户必须注册并登录才可以发表评论”，具体如图 19-8、图 19-9 所示。

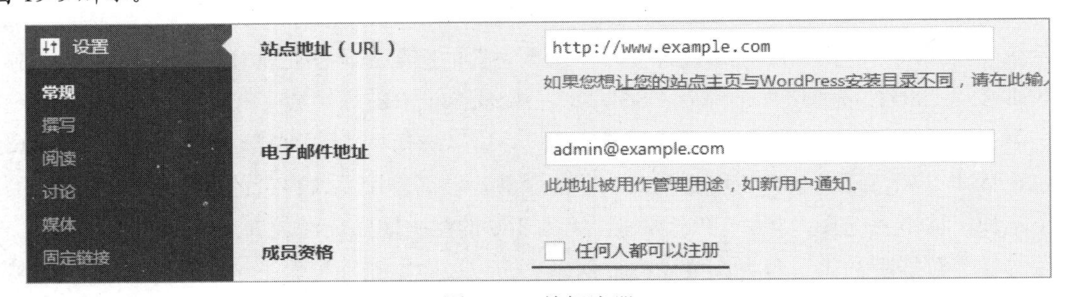

图 19-8　关闭注册

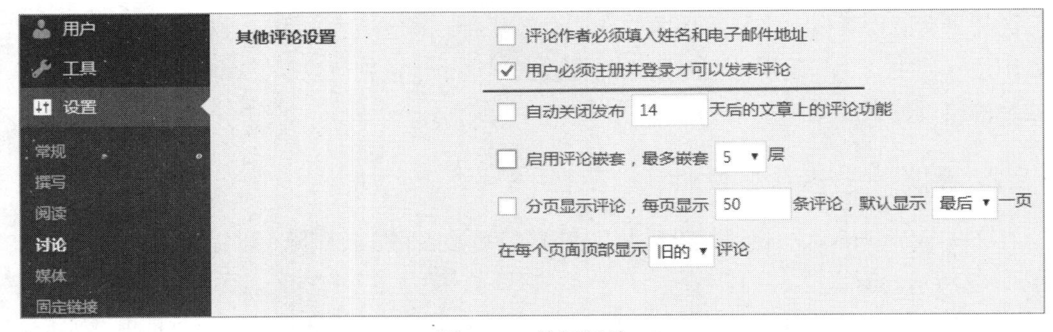

图 19-9　关闭评论

19.2.3　使用 WP SMTP 启用站点邮件通知

常规情况下，WordPress 会使用与邮件相关的 PHP 函数来发送站点的邮件通知。不过，如果使用的是虚拟主机，有时候可能就无法正常发送邮件了。更重要的是，使用默认方式来发送站点邮件，容易暴露服务器的真实公网 IP 地址，对站点的安全造成一定威胁。

综合各种情况来考虑，还是使用第三方的邮件服务比较稳妥。这里使用的是阿里云的企业邮箱服务——在使用其服务前，必须把与邮件相关的域名解析做好，并创建一个专门用来收发邮件的账号，详细的域名解析记录如图 19-10 所示。

记录类型	主机记录	解析线路(isp)	记录值	MX优先级	TTL值
CNAME	imap	默认	imap.mxhichina.com	--	10 分钟
TXT	@	默认	v=spf1 include:spf.mxhichina.com -all	--	10 分钟
CNAME	mail	默认	mail.mxhichina.com	--	10 分钟
CNAME	smtp	默认	smtp.mxhichina.com	--	10 分钟
CNAME	pop3	默认	pop3.mxhichina.com	--	10 分钟
MX	@	默认	mxw.mxhichina.com.	10	10 分钟
MX	@	默认	mxn.mxhichina.com.	5	10 分钟

图 19-10　详细的域名解析记录

然后，在插件安装管理页面里搜索关键词“WP SMTP”，这时会发现一大堆的可选插件，使选择有些困难。这里启用的是一位名为“BoLiQuan”的作者开发的 WP SMTP 插件，直接搜这位开发者的昵称即可找到插件。安装好以后，按照如图 19-11 所示的具体参数，设置保存好即可；最下面的“当禁用此插件时自动删除此插件的设置数据”复选框可以按需选中。设置好以后，可以发一封测试邮件到自己的私人邮箱，测试专用邮箱是否能正常工作。

发件人地址　ibeatx@unitedstarks.com
发件人昵称　爱评测网
SMTP服务器地址　smtp.mxhichina.com
SMTP加密方式　None　SSL　TLS
SMTP端口　465
SMTP认证　No　Yes
认证用户名 (完整邮件地址)　ibeatx@unitedstarks.com
认证密码　••••••••••••••••••••
禁用时自动删除设置　当禁用此插件时自动删除此插件的设置数据.

图 19-11　WP SMTP 插件的参考设置

拓展知识：

阿里云企业邮箱官网 https://wanwang.aliyun.com/mail/freemail/

阿里云企业邮箱帮助文档 https://help.aliyun.com/product/35466.html

阿里云企业邮箱域名解析指导文档 https://help.aliyun.com/knowledge_detail/36723.html

阿里云企业邮箱 POP/SMTP/IMAP 地址和端口信息 https://help.aliyun.com/knowledge_detail/36576.html

腾讯云企业邮箱官网 https://exmail.qq.com/

腾讯企业邮帮助中心 http://service.exmail.qq.com/cgi-bin/help

腾讯企业邮域名解析流程 http://service.exmail.qq.com/cgi-bin/help?subtype=1&&no=1001511&&id=36

如何使用域名在客户端设置 IMAP/POP3/SMTP？ http://service.exmail.qq.com/cgi-bin/help?subtype=1&&id=28&&no=1001254

19.3 WordPress 后台

19.3.1 菜单栏和工具栏

后台首页概览界面如图 19-12 所示，左侧黑色区域里的是菜单栏，顶部黑色区域的是工具栏；占据了人们视觉中心的白色区域里的部分，是对应的菜单栏（或工具栏）里的子菜单（或小工具）的管理页面。

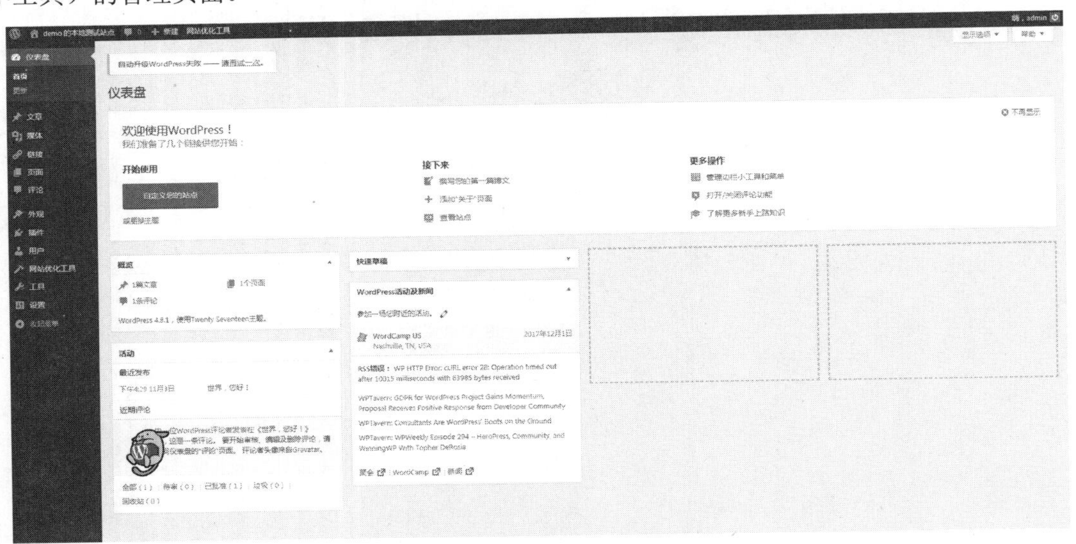

图 19-12　后台首页的概览界面

1. 菜单栏

左侧的菜单栏，在没有其他主题和插件的纯净环境下，包含以下 11 个设置管理菜单（从上到下排序）：仪表盘（也就是首页）、文章、媒体、链接、页面、评论、外观、插件、用户、工具、设置。在设置下方，有一个名为“收起菜单”的单选按钮，单击以后，左侧的菜单栏会变窄，菜单栏的说明文字会消失，只显示相关图标出来。

2. 工具栏

顶部的工具栏，在没有其他主题和插件的纯净环境下，包含以下六个快捷工具（从左到右排序）：左上角的 WordPress 图标、查看站点、更新、评论、新建和右上角的个人资料。工具栏在 WordPress 前台也是可以使用的，不过使用它的前提是处于登录状态下。这里介绍的顶部工具栏，主要指的是在后台时的工具栏；如果是在前台的顶部工具栏，左上角的 WordPress 图标后紧接着的快捷工具会稍有不同，并且会多出一个名为“自定义”的快捷工具。

（1）左上角的 WordPress 图标，在鼠标移动到上面后，会显示五个链接：一个内部链接（关于 WordPress）和四个外部链接（WordPress.org、文档、支持论坛和反馈）。“关于 WordPress”链接在单击以后，首先会看到当前版本的“更新内容”，主要是关于修复的问题以及增加的新功能的简单介绍；紧随其后的“鸣谢”部分，主要是关于 WordPress 的开发者团队和 WordPress 所使用的外部的开源代码库；接着是“您的自由”部分，主要是使用 WordPress 的权利和义务；从 4.9 版本开始，多了一个名为“隐私”的部分，主要是使用 WordPress 时的隐私政策。“WordPress.org”这个外部链接，在中文版本下，指向的是其中文官网；“文档”这个外部链接，指向的是 WordPress 官方英文文档，其官方中文文档地址为 https://codex.wordpress.org/zh-cn:Main_Page。WordPress 的官方文档，在新手期间基本上是用不着的，只有当自己的水平提高到了一定层次后才会比较需要它；“支持论坛”这个外部链接，在中文版本下，指向的是其官方中文论坛；“反馈”这个外部链接，在中文版本下，指向的是其官方中文论坛的意见建议板块。

（2）“查看站点”：指向站点前台的首页的内部链接，只有在鼠标移动到站点名的部分时，才会显示出来。直接单击站点名，抑或是选择“查看站点”命令，都可以跳转到站点首页，不过这样做会使自己离开站点后台；建议在使用时，用新建标签页的方式来进行操作。

（3）“更新”：指向站点后台的更新管理页面的内部链接，在大多数情况下是看不见的，只有当 WordPress、主题、插件、翻译等需要更新时，才会在工具栏显示出来。如果使用了屏蔽 WordPress 官方推送的插件或者代码块，在这种特殊情况下，也是看不见“更新”的。

（4）“评论”：指向站点后台的评论管理页面的内部链接，当 WordPress 站点里面有需要管理的新评论时，会显示一个红色的数字出来，其数字代表了需要管理的新评论数量。

（5）“新建”：能使人们快速撰写文章、上传新媒体文件、新增友情链接、快速新建页面以及手动创建新用户资料。

（6）“个人资料”：在鼠标移动到上面后，会显示两个内部链接和当前登录用户的个人头像和用户名。两个内部链接，分别是个人资料管理页面和登出：在个人资料管理页面，可以编辑个人资料。单击个人头像和用户名，也可以跳转到个人资料管理页面；如果单击了“登出”按钮，我们就会退出后台，跳转到 WordPress 的用户登录页面。

19.3.2　“仪表盘”菜单

1. 仪表盘的五个模块

仪表盘，是登录后台以后，看到的第一个页面，就是如图 19-12 所示的白色区域。仪表盘有五个模块，按照从上到下、从左到右的顺序，它们分别是欢迎（Welcome）、概览、快速草稿、活动、WordPress 活动及新闻。

（1）“欢迎”模块：主要展示的是配置新站点的一些实用功能，如更换主题、查看站点等；

（2）“概览”模块：主要展示站点上的内容概况以及主题与 WordPress 程序的版本信息；

（3）“快速草稿”模块：可以快速创建新文章并保存为草稿，并显示 5 个指向最近草稿的链接；

（4）“活动”模块：可以展示即将发布和最近发布的文章、近期的若干条评论，并快速进行审核；

（5）“WordPress 活动及新闻”模块：主要展示一些来自 WordPress 项目的最新消息、WordPress Planet 以及当下最新与热门的插件。

如果想要隐藏一些模块，可以单击页面右上方的“显示选项”选项卡，将对应的模块去掉选中即可（在大多数菜单的管理页面的右上方，都存在“显示选项”和“帮助”选项卡，可以通过它们进行个性化设置以及得到一些基本操作的提示）。

例如，可以将“WordPress 活动及新闻”模块隐藏，因为它所展示的信息对大部分人来说是没有必要的。还可以拖动这些模块，放在当前页面的其他位置，以满足个性化需求。

2. “更新”子菜单

在左侧的“仪表盘”菜单下，有一个名为“更新”的子菜单，可以在这里对 WordPress、主题、插件、翻译等进行更新操作。在大多数情况下，直接进行更新是没有问题的，不过偶尔也会出问题，所以在更新页面上有一个黄色警告来提醒人们——在升级前，一定要备份好数据库和文件。关于备份的问题，前面已经提到过用 OneinStack 里的备份脚本高效安全地进行备份的方法，请大家回过头重新阅读一遍。

19.3.3 “文章”菜单

当鼠标移动到“文章”设置管理菜单时，会出现四个子菜单：所有文章、写文章、分类目录和标签。接下来，将用一些实际操作，来展示使用它们的过程。

1. “所有文章”子菜单

单击“文章”菜单或者“所有文章”子菜单，都可以跳转到“所有文章”这个菜单的管理页面；如果之前没有将系统自带的测试文章删除，此时就会看到一篇标题为“世界，您好！”的文章。可以使用如图 19-13 所示的“移至回收站”操作，将测试文章移动到回收站，等待下一步的处理；两个位置的操作稍有不同，左上角的可以进行批量操作，而文章下方的只能对当前文章进行操作。

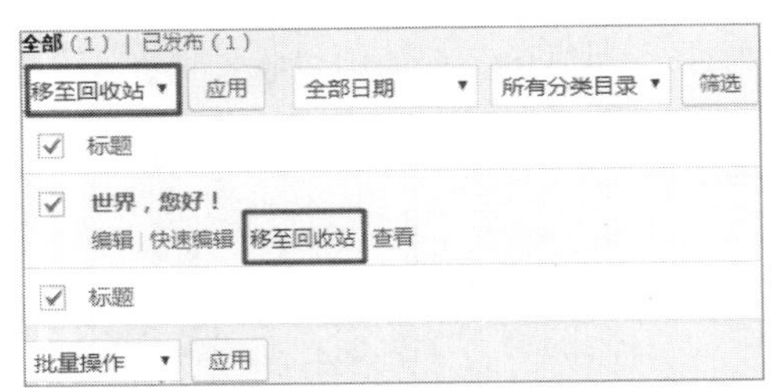

图 19-13　将文章移至回收站

如果对测试文章进行了“移至回收站”操作，图 19-13 中的“已发布（1）”将会变成图 19-14 中的“回收站（1）”，同时会出现一个可以撤销当前操作的小提示。单击进入回收站，使用如图 19-14 所示的“永久删除”操作，对回收站进行清空；当然，也可以还原它。永久删除这篇测试文章之后，“所有文章”管理页面里，就一篇文章都没有了。同时，与这篇文章相关联的测试评论，也会随之在评论管理页面永久消失。

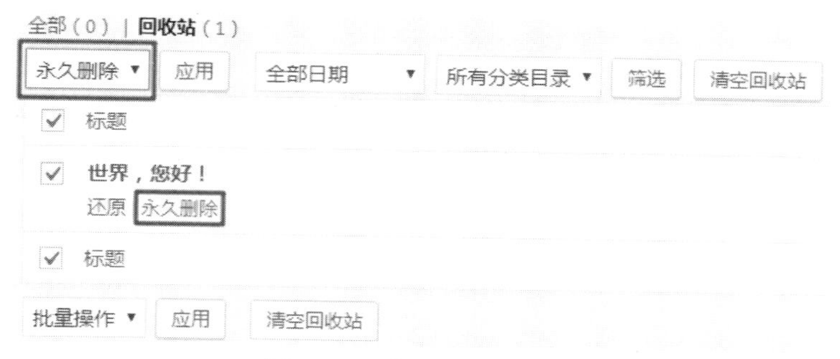

图 19-14　将文章永久删除

先在“写文章”管理页面里，重新发布几篇测试文章；单击“所有文章”管理页面里的“写文章”，或者“文章”菜单下的“写文章”子菜单，都可以跳转到“写文章”管理页面。如图 19-15 所示，发布了三篇测试文章；作者都是 admin，分类目录为“未分类”，此时没有标签，也没有评论。

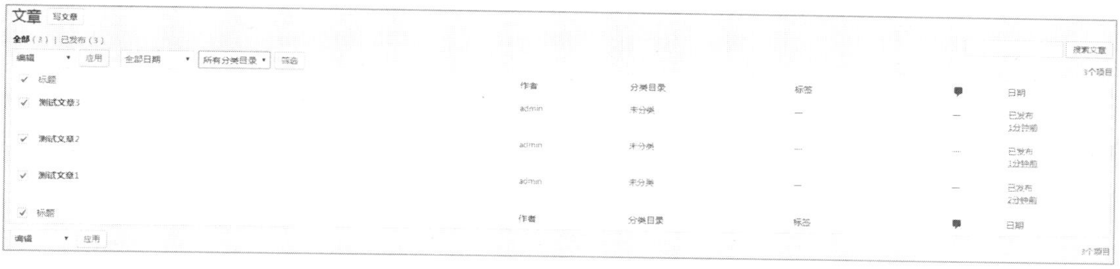

图 19-15　发布的三篇测试文章

如图 19-16 所示，选择对这两篇文章进行批量编辑操作，单击“应用”按钮使操作立即生效，进入了“批量编辑”管理界面。

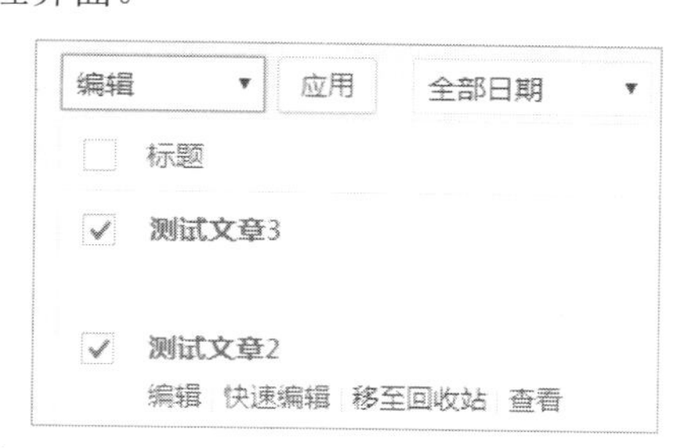

图 19-16　对两篇测试文章进行批量编辑操作

如图 19-17 所示，单击“测试文章 2”前的叉号，将测试文章 2 取消编辑。

图 19-17　将测试文章 2 取消编辑

接着，如图 19-18 所示，将分类目录选择提前准备好的“测试文章”分类目录。

图 19-18　选择分类目录

如图 19-19 所示，在“标签”下的输入框里添加一个名为“测试文章”的中文标签。下面的“作者”无须更改，如果想更改为其他账号的话，至少需要两个账号才能完成。“评论”有两个选项，我们可以将评论设置为“允许”或“不允许”。在默认设置下，一般是允许评论的；如果将全局评论设置为默认不允许，这里将是默认不允许。接下来，可以更改文章的发布“状态”，有四个选项：已发布、私密、等待复审、草稿；除了“已发布”状态，其他选项对于普通访客来说都是不可以直接看到内容的；“私密”状态的文章，在前台不可以被普通访客所发现，只有登录了账号的访客才可以看到。紧接着的文章“形式”，在 WordPress 自带的 Twenty Seventeen 主题的影响下，会有八种形式：标准、日志、图像、视频、引语、链接、相册、音频；这八种形式的文章的不同之处，大家可以在实际操作时感受到；在这里特别说明一下，不同的主题的文章形式，会各有不同。倒数第二的“Ping 通告”，建议选为“不允许”，以避免站点受到垃圾 Ping 通告的攻击。最后是“置顶”操作，可以选项选为“不置顶”；因为测试文章 3 是最新发布的，通常会在最上面，无须置顶；不过如果发布了一篇专题文章，而它又不是最新文章，就可以对它进行置顶操作。

图 19-19　添加标签并对文章进行设置

需要注意的是，后台里的一些敏感操作，低权限的账号是无法对高权限的账号的操作进行更改的。

以上设置完成后单击“更新”按钮，更新文章的设置；如果突然不想更改文章设置了，可以单击左侧的“取消”按钮。如果想对某篇文章进行单独设置，可以单击文章下方的“快速编辑”按钮；不过这里的“快速编辑”跟前面的批量编辑稍有不同，它还可以对文章的“标题”“别名”（也就是 URL 部分）、发布“日期”进行专门设置。

注意：文章标题下的“编辑”和“查看”，前一个是跳转到文章的内容编辑管理页面，后一个则是跳转到文章的前台页面。

如果想对所有文章进行排序操作，可以选择以下条件中的一项来进行筛选——分别是日期、分类目录、标题、评论以及关键字，如图 19-20 所示。还可以按照作者和标签，来查看、管理文章。

图 19-20　对文章进行排序操作

2. “写文章”子菜单

在单击“写文章”子菜单后，会马上跳转到新文章撰写页面，如图 19-21 所示。在标题框中输入文章标题“专题文章 1”，接着在编辑器中输入相应的内容。如果服务器还不错、站点反应够灵敏，此时会出现一个固定链接，如图 19-21 画线部分所示，用红线标记的部分就是可以自由编辑的部分；这个可以修改的部分不建议使用中文，为了有利于网页被快速收录，建议使用英文“special-one”或者数字等来作为固定链接的一部分。接下来的添加媒体和内容排版，只要使用过 Office 三件套里的 Word，这里就能很快上手使用，故不做过多叙述。在编辑器下方，还可以看到一些提示信息——“字数统计”和文章发布状态，如图 19-21 红框部分所示。

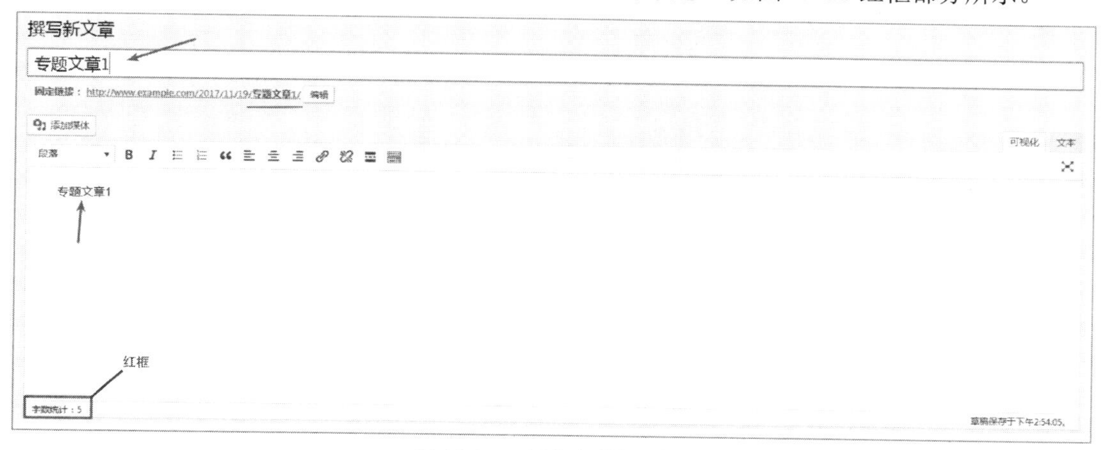

图 19-21　新文章撰写页面

文章在撰写完成以后，就可以选择文章形式了，一般情况下，选择默认的“标准”形式即可；如果是其他形式的文章，根据需要进行选择，如图 19-22 所示。

接下来，为文章选择合适的分类目录，这里选择的是“测试文章”复选框，如图 19-23 所示。如果已经发布过很多篇文章了，此时单击“最常用”选项卡，可以很迅速地找到过去常使用的一些分类目录，快速完成选择。

图 19-22　选择文章形式

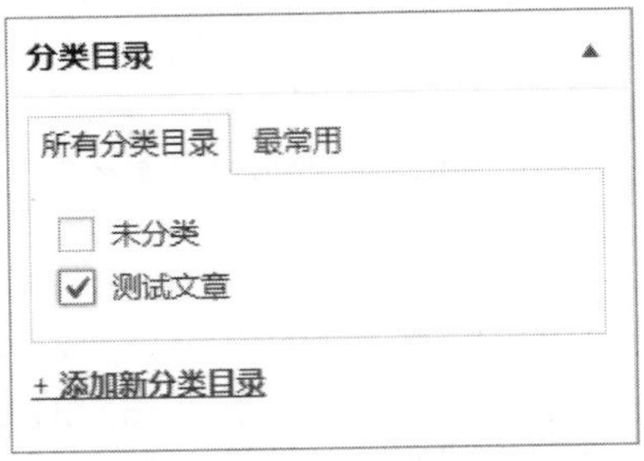

图 19-23　选择分类目录

然后，为文章添加一个或多个标签——在输入框中输入“测试文章”，单击“添加”按钮即可。如果之前发布的文章，已经使用了一些合适的标签，可以使用“从常用标签中选择”命令，把“测试文章”这个中文标签选出来，如图 19-24 所示。

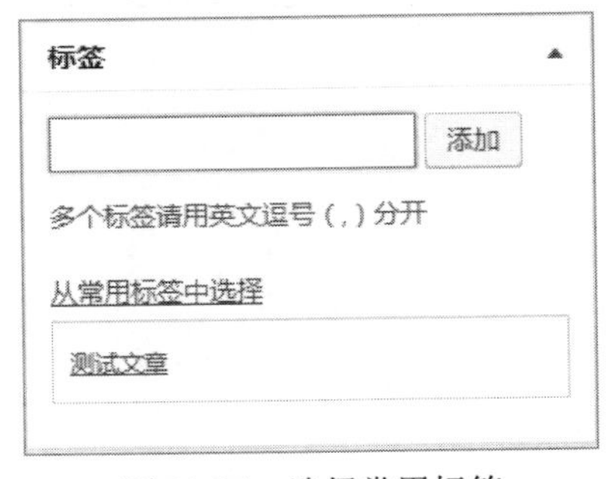

图 19-24　选择常用标签

接下来，选择一张合适的特色图片，如图 19-25 所示。在大多数时候，特色图片是文章里的第一张图片（与主题有关），它通常是作为一篇文章的封面图片，出现在站点首页、分类目录、标签等位置的；如图 19-26 所示，一张好看的封面图片，能让来到站点的访客充满打开文章的欲望（图 19-26 的图片只是作为示范，并不代表它们真的很不错）。

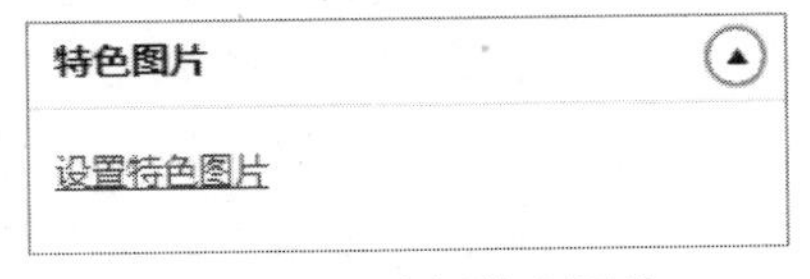

图 19-25　选择特色图片

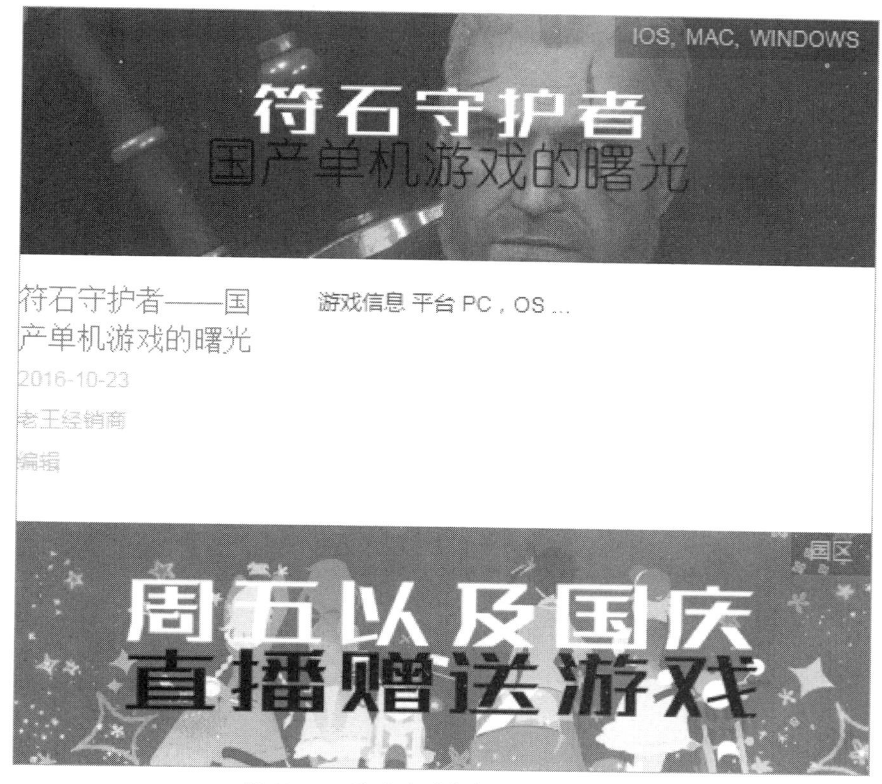

图 19-26　为文章选择好看的封面图片

当这些都选择好以后，就可以准备发布了。不过在正式发布以前，我们还可以对发布状态进行设置，如图 19-27 所示，例如保存为“草稿”或是“等待复审”。公开度默认选择为“公开”，并且可以将文章置顶；还可以将公开度设置为“密码保护”或是“私密”，来为文章设置浏览权限。最后，可以不立即发布，而是单击“编辑”按钮为文章选择一个合适的发布时间。以上这些都设置好以后，可以单击一下“预览”按钮，查看文章的展示效果；如果展示效果还不错，就可以单击“发布”按钮，把文章公开发布到站点上。发布完成后，在编辑器的上方，会出现一个“查看文章”的提示链接；可以单击这个站内链接，去站点的前台查看刚发布的文章。

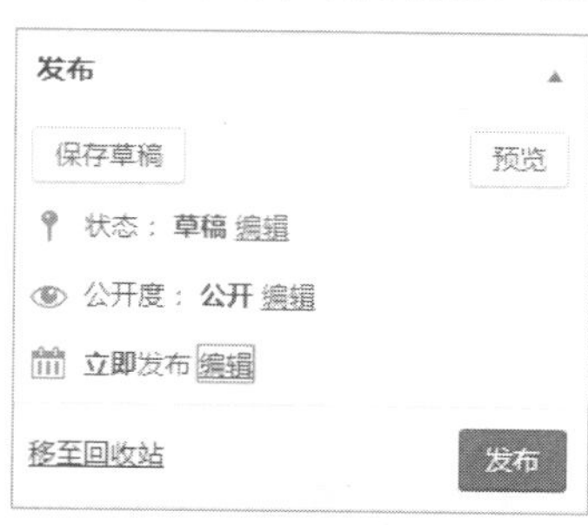

图 19-27　设置文章的发布参数

3. “分类目录”子菜单

单击“文章”菜单下的“分类目录”子菜单，会跳转到分类目录的管理页面；此时会发现，分类目录里面已经自带了一个名为“未分类”的分类目录，而且它不可以直接被删除。

那么该怎样使用它呢？——对了，前面不是已经创建了一篇名为“专题文章 1”的测试文章么？那么现在，为它创建一个名为“专题文章”的分类目录。如果只是想快速将“未分类”分类目录修改为“专题文章”分类目录，选择“快速编辑”命令进行操作就可以了。如果想修改更多的信息，则需要选择“编辑”命令，对现有的“未分类”分类目录进行修改。

选择“未分类”分类目录下方的“编辑”命令，进入了它的设置管理界面，如图 19-28 所示（原始图）。将名称修改为“专题文章”；接着，将别名修改为“special-writings”；因为是测试文章，所以将父级分类目录选为“测试文章”。即在这个分类目录的层级下，为“测试文章”分类目录下的细分分类目录；接着，在“图像描述”中输入：这是一个专题文章分类目录。这部分可以不用管；如果所使用的主题能展示图像描述，且对用户体验有高要求的话，还是非常有必要用心写一写图像描述，来提升站点的用户体验。以上设置完成后，单击“更新”按钮保存以上操作。

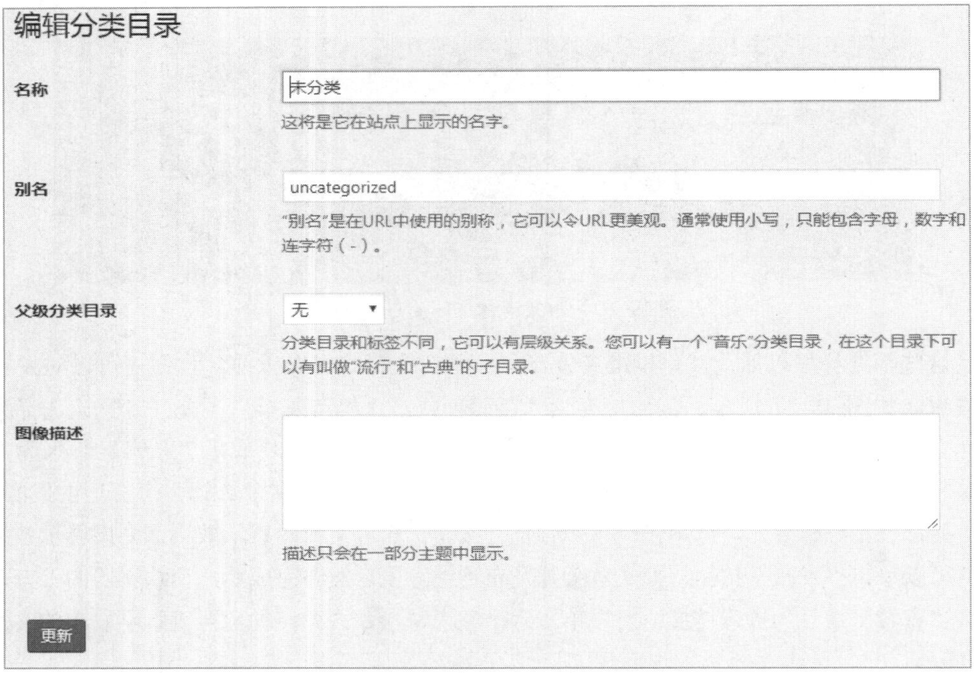

图 19-28　编辑默认的“未分类”目录

如果想对所有分类进行排序操作，可以选择以下条件中的一项来进行筛选——分别是名称、图像描述、别名、总数以及关键字。如果接下来在后台的其他地方，看到一些字旁边带有黑色小三角，就说明可以对它单击进行排序操作；后面出现的相同内容，将不再重复讲述。

4. “标签”子菜单

标签其操作方法基本与前面的分类目录大同小异；不过有一点很不同，就是标签与标签之间没有层级关系，它们是相互独立存在的。

新安装的 WordPress 里面，没有自带的标签，需要自己创建。由于之前在撰写测试文章时，已经给文章添加了一个中文标签，所以在标签管理页面里可以看到这个中文标签。如图 19-29 所示，之前添加的这个中文标签，连别名也是中文的；为了使别名美观好看，把它修改为

“test-writings”。“别名”是在 URL 中使用的别称，它可以令 URL 更美观；我们通常使用小写的英文字母，而且只能包含字母，数字和连字符（-）；前面提到的文章，它的固定链接中也有别名可以修改。

图 19-29　快速编辑标签的名称和别名

19.3.4　“媒体”菜单

1. “媒体库”子菜单

媒体库里的多媒体文件默认展示方式是网格型的，如图 19-30 所示；当单击田字形图标左侧的图标后，展示方式就会变成列表型。如果想对所有多媒体文件进行排序操作，可以选择以下条件中的一项来进行筛选——分别是项目类型、日期，以及关键字。单击媒体库左上方的“添加”按钮，可以直接跳转到多媒体文件上传页面。

图 19-30　媒体库默认展示方式

2. “添加”子菜单

添加多媒体文件的过程很简单，把文件拖动到上传区域（或者将文件单击添加到上传区域）后，即可上传。可以一次性上传多个文件，不过这样做对服务器的性能要求比较高，建议按照先后顺序一个个上传。另外，可能会发现，WordPress 默认的最大上传文件大小只有 2 MB；如果只是上传图片，或许勉勉强强可以用一用。但是如果要上传音频和视频的话，这肯定就不够用了。不过，大家可以不用担心，如果按照之前的文章里所写的流程操作一遍的话，你会发现 WordPress 默认的最大上传文件大小会变成 50 MB，这对大多数人来说绝对够用了，如图 19-31 所示。

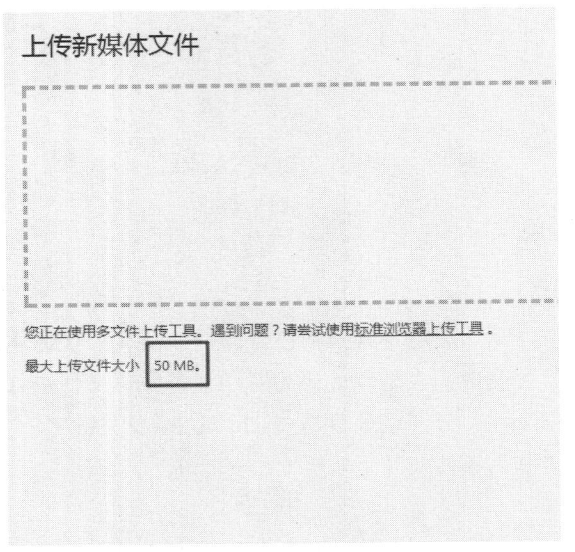

图 19-31　使用 OneinStack 后的最大上传文件大小

19.3.5　“链接”菜单

1. “全部链接”子菜单

“全部链接”子菜单的管理页面里的内容比较简单直接，展示了所有与站点有关系的站点的链接。换一句通俗的话来说，它就是专门用来管理友情链接的。如果想对所有链接进行排序操作，可以选择以下条件中的一项来进行筛选——分别是名称、URL、分类目录、可见性、评分以及最常用的关键字搜索。除此之外，还有一个不能直接拿来进行排序的条件——关系，就是字面意义上的“关系”。单击全部链接左上方的“添加”按钮，可以直接跳转到添加链接的管理页面。

2. “添加”子菜单

如图 19-32 所示，假设要把自己的微博添加为一个链接——先在“名称”的输入框中输入自己的微博昵称“老王经销商”；接着，输入微博的专属 Web 地址 http://weibo.com/monsterfashi，一定不能把“http://”或者“https://”这些疏漏了，要不然就不能正常打开这个链接；然后，这里输入图像描述“老王经销商的个人微博”。当然，不管这里也可以；如果对体验有强迫症的话，还是需要添加的。不过，这个小细节必须得到当前所使用的主题的支持才可以显示出来；接着，为链接选择一个合适的分类目录。WordPress 默认没有分类目录，可以直接在添加链接的过程创建一个，也可以等以后链接数量多了以后再去创建；“打开方式”指的是这个链接是在当前浏览器的新标签页打开，或者直接使用浏览器的当前标签页打开，抑或是在新浏览器的新标签页中打开等。说了这么多，大家可能脑袋有点糊涂了，直接告诉大家，选择“_blank — 新窗口或新标签。”选项，用正在使用的浏览器的新窗口打开链接，相对来说体验比较好。

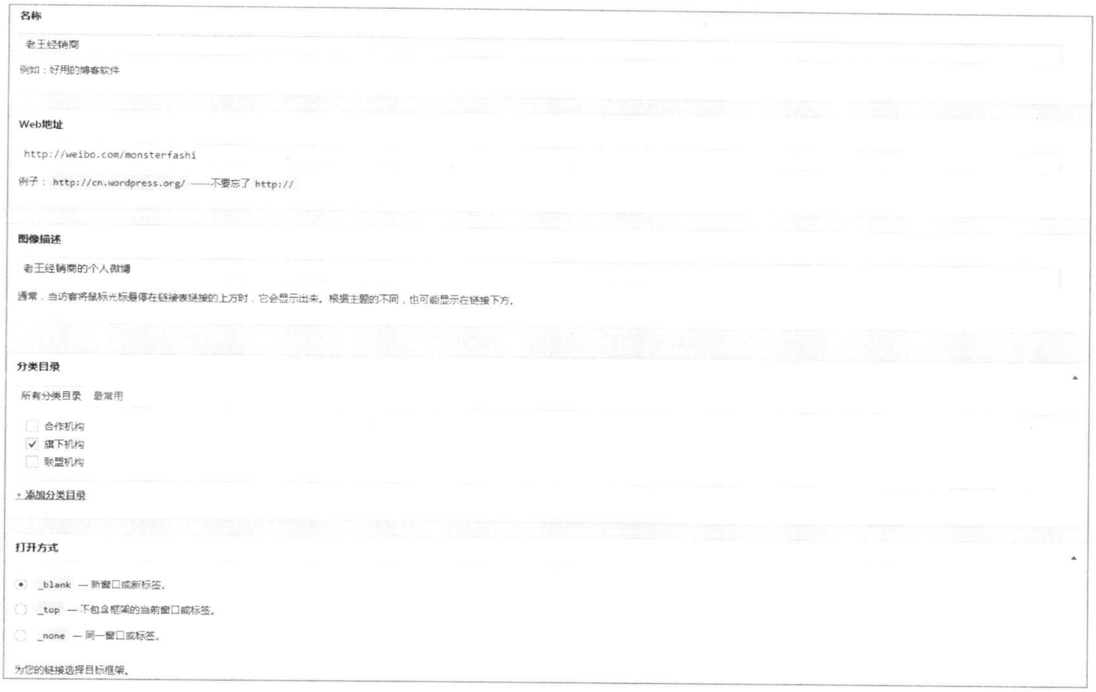

名称
老王经销商
例如：好用的博客软件
Web地址
http://weibo.com/monsterfashi
例子：http://cn.wordpress.org/ ——不要忘了 http://
图像描述
老王经销商的个人微博
通常，当访客将鼠标光标悬停在链接表链接的上方时，它会显示出来。根据主题的不同，也可能显示在链接下方。
分类目录
所有分类目录　最常用
合作机构
旗下机构
联盟机构
+ 添加分类目录
打开方式
_blank — 新窗口或新标签。
_top — 不包含框架的当前窗口或标签。
_none — 同一窗口或标签。
为您的链接选择目标框架。

图 19-32　添加一个跳转到微博的友情链接

接下来，是给链接选择链接关系的时候了，在这里不多讲，大家可以自行操作体验，也可以去百度搜索关于“XFN（XHTML Friends Network）”的更多知识。最后是链接的高级部分，它包括图形地址、RSS 地址、备注以及评分；这一部分，一般来说使用频率较低。不过，其中的“评分”或许使用频率更多一些：因为“评分”代表着人们对这个链接的评价，最低零分、最高十分，评分高的链接会排在前面。

最后，选择界面右上方的“更新链接”命令，如果已经创建了专门的友情链接页面，新添加的链接会对外公布；如果选择了“将这个链接设为私密链接”复选框，那么这个链接将不会被普通访客所看到。

3. “链接分类目录”子菜单

添加链接分类目录的过程与前面的添加文章的分类目录的过程大致相同，只不过相对简单许多。因为只有三个输入框：名称、别名、图像描述，而且链接分类目录与分类目录之间没有复杂的层级关系。如果想对所有链接分类目录进行排序操作，可以选择以下条件中的一项来进行筛选——分别是名称、图像描述、别名、链接、关键字。

19.3.6　“页面”菜单

1. “所有页面”子菜单

大家看到“所有页面”这几个字，可能会直接联想到前面的“所有文章”。没错，它们确实有相似之处，并且都可以用来发布内容。不过，“所有文章”的用途是专门用来发布普通的日常文章，它意味着内容的数量很多，而且层级复杂；而“所有页面”的用途，则是用来发布特殊的专题页面，例如经常浏览到的“关于我们”“联系我们”等这些特殊的展示页面。如果想对所有页面进行排序操作，可以选择以下条件中的一项来进行筛选——分别是标题、评论、日期、关键字；当然，也可以直接单击查看某个特定作者所发布的所有页面。

WordPress 默认自带一个示例页面，可以直接把它删除，也可以将它改造为自己所需要的专题页面。

2. “创建页面”子菜单

创建页面的过程，与前面的写文章的过程大同小异，不过要简单许多。这里唯一不同的是，需要对“页面属性”进行调整，如图 19-33 所示；页面属性里的调整选项，可能会随主题的不同而不同。

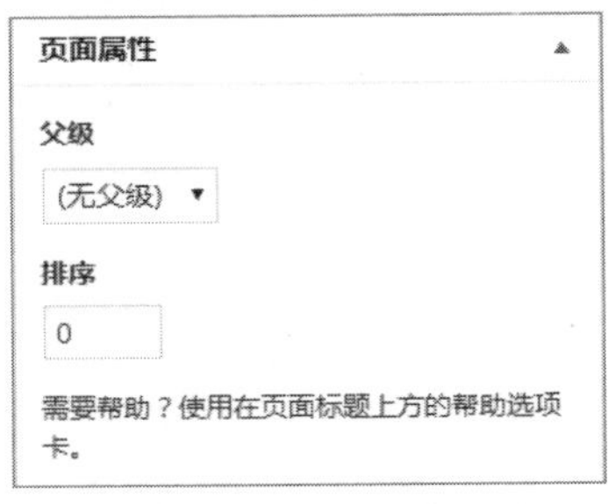

图 19-33　调整“页面属性”

19.3.7　“评论”菜单

“评论”菜单，相对其他的菜单来说，是最简单的一个菜单。默认情况下，里面会有一条示例评论；如果对它进行不同的操作，则会有不同的状态：待审、已批准、垃圾、回收站。不能直接在后台为文章创建新评论，只能去文章或者页面底部的评论框中创建。

在站点创建初期，最好把评论系统关闭，否则站点不久便会被海量的垃圾评论所淹没，从而对 WordPress 的稳定性产生影响；这也是 WordPress 自带一个 Akismet Anti-Spam 反垃圾评论插件的原因。

如果想对所有评论进行排序操作，可以选择以下条件中的一项来进行筛选——分别是评论类型、作者、回复至、提交于以及使用关键字搜索。

19.3.8　“外观”菜单

1. “主题”子菜单

说了这么多，相信大家可能还没明白主题的具体用途——WordPress 主题，它能够让站点变得好看、好用、好玩；可以说它就像一个女生的颜值，其重要性是不言而喻的。无论是想做一个企业官网，抑或是一个个人的自媒体站点，选择一个合适的主题是非常重要的。如果资金足够，甚至有必要聘请专业的网页设计师和前端工程师，来为站点定制专用的 WordPress 主题。

单击“外观”菜单下的“主题” 子菜单，会跳转到主题的管理页面。单击现有主题后的“添加新主题”，或者主题管理页面左上方的“添加”按钮，都可以跳转到添加新主题的管理页面，即 WordPress 内置的官方主题市场。可以按照以下条件来筛选自己喜欢的主题——特色、热门、最新、最爱以及关键字搜索。除了这几个常用方法，还可以使用“特性筛选”命令，来精确筛选符合需求的主题。“特性筛选”里有三个筛选条件——主题布局、主题特色以及主题用途，每一个筛选条件里都有特别多的细分条件，具体情况如图 19-34 所示。

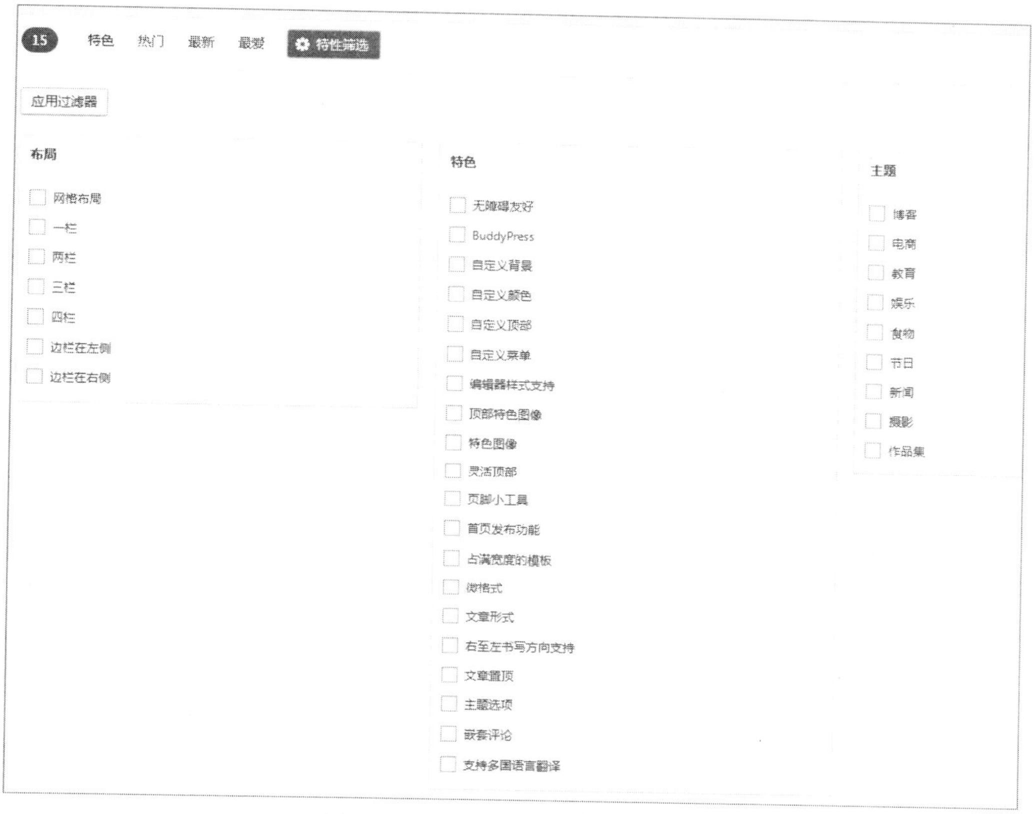

15　特色　热门　最新　最爱　特性筛选

应用过滤器

布局
网格布局
一栏
两栏
三栏
四栏
边栏在左侧
边栏在右侧

特色
无障碍友好
BuddyPress
自定义背景
自定义颜色
自定义顶部
自定义菜单
编辑器样式支持
顶部特色图像
特色图像
灵活顶部
页脚小工具
首页发布功能
占满宽度的模板
微格式
文章形式
右至左书写方向支持
文章置顶
主题选项
嵌套评论
支持多国语言翻译

主题
博客
电商
教育
娱乐
食物
节日
新闻
摄影
作品集

图 19-34　细分条件众多的特性筛选

找到自己喜欢的主题后，单击主题上的“预览”或“详情&预览”选项，就可以预览这套主题实际应用时的效果。如果效果还不错，符合心理预期，就可以直接单击“安装”按钮来自动安装了。

不过，有时候可能在官方的主题市场里找不到自己喜欢的 WordPress 主题，那么就要去第三方——一些专业的 WordPress 主题开发团队或者个人的站点里去寻找了。如果舍得花钱，建议去 ThemeForest 这个综合性的第三方交易市场购买，里面的主题质量优秀价格合适，其官网地址是 https://themeforest.net/；如果前期资金不足想节省一些费用，会在本书的官方社区里，定期向大家推荐免费的优质主题。

主题购买完成、下载到本地计算机以后，在正式使用前必须把原始压缩包中真正的主题文件单独抽取出来并命名打包，而不是一股脑地、不加辨别地把下载的原始压缩包全部上传到 WordPress 站点中。打包好以后单击“上传主题”按钮，弹出主题上传界面，然后选择打包好的主题压缩包，最后单击“现在安装”按钮开始上传并自动安装好主题，如图 19-35 所示。

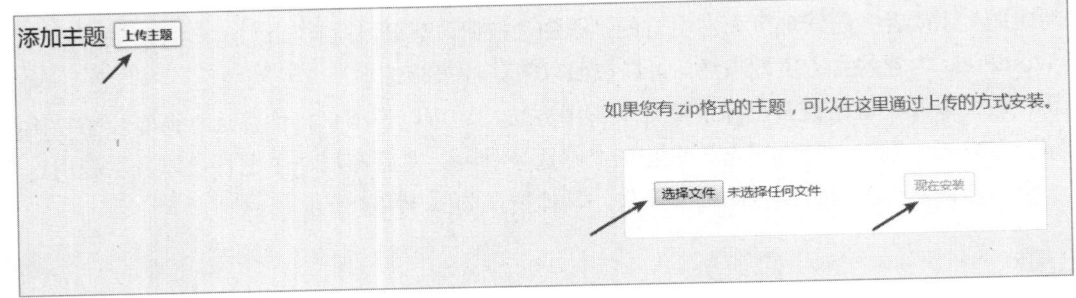

图 19-35　上传并安装主题

2. “自定义”子菜单

“自定义”子菜单部分的设置暂时不能详细讲述，因为“自定义”会随着主题的不同而变化。目前只能大致介绍能通过它自定义的站点设置——站点身份、颜色、菜单、小工具以及其他设置。具体的自定义设置，会用本书提供的开源 WordPress 主题来详细讲解。

3. “小工具”子菜单

“小工具”子菜单是可以放置在 WordPress 站点前台任何边栏中的“块”。如果要使用某个小工具布置边栏，可以使用鼠标按住这个小工具，将其拖动至相应边栏中后进行保存。默认情况下，只有第一个边栏是展开的，要展开其他边栏区域，必须单击它们的标题栏。

可以从“可用小工具”区域选择需要的小工具。在拖曳其至边栏后，它将自动展开，以便配置其设置选项。当设置完毕后，必须单击“保存”按钮，改动才会生效。单击“删除”按钮将移除这个小工具。

关于小工具的具体设置，会在第 21 章《二次元自媒体站点建设实例》的第一节中，用本书提供的开源 WordPress 主题来详细讲解。

4. “菜单”子菜单

“菜单”子菜单它的具体设置，必须使用实例讲解才比较清晰明了。关于菜单的具体设置，会在第 21 章《二次元自媒体站点建设实例》的第一节中详细讲解。

5. “顶部”子菜单

“顶部”子菜单顾名思义就是设置顶部的页头媒体，它是属于自定义设置的一部分，把关于它的部分放到了第 21 章《二次元自媒体站点建设实例》的第一节中。如果主题中没有“顶部”子菜单，这个自定义设置便不会出现。

6. “编辑”子菜单

可以使用主题编辑器，对主题中包含的 CSS 和 PHP 等格式的文件进行编辑，从而添加或删除一些额外的主题设置。例如，可以在主题文件中添加访客统计代码，来简略分析站点的运营数据。

单击进入到外观的“编辑”管理页面后，WordPress（从 4.9 版本开始）会弹出一个风险警告，建议备份相关文件。不过这个功能，对于新手来说，直接进行操作是有一定风险的。关于它的详细讲解，将在后面说道。

13.3.9　“插件”菜单

1. “已安装的插件”子菜单

单击“插件”菜单下的“已安装的插件”子菜单，会跳转到已安装的插件管理页面；单击该管理页面左上方的“安装插件”按钮，我们会跳转到 WordPress 内置的官方插件市场。

当某一个插件没有启用时，可以单击插件下方的“启用”按钮来激活插件，也可以单击“删除”按钮来移除已安装的插件；如果一个插件已经被激活了，可以单击插件下方的“设置”按钮去设置详细的参数，也可以“停用”它们。

如果想对某些插件统一进行“批量操作”，例如启用、停用、更新、删除，可以先选择这些插件然后选择相应的选项进行操作。

如果想对所有插件进行排序操作，可以选择以下条件中的一项来进行筛选——分别是启用、未启用、最近启用过、可供更新以及关键字搜索；如果使用了一些高级插件，例如著名的 WP Super Cache 站点缓存插件，还会看到“Drop-in 高级插件”这个条件。

2. “安装插件”子菜单

单击“安装插件”子菜单，会跳转到 WordPress 内置的官方插件市场。可以使用特色、热门、推荐、收藏以及用关键词（作者/标签），来查找符合条件的插件；当然，也可以直接单击管理页面下方的系统自动筛选出的热门标签，来查找当下热门的符合条件的插件。

注意：使用“收藏”需要自己拥有一个 WordPress.org 的用户账号，或者知道某个用户的用户名，才可能正常使用，如图 19-36 所示。

图 19-36　获取某个用户的插件收藏列表

在官方的插件市场里找到符合条件的插件后，可以单击插件上的“更多详情”来获取更多有效信息，例如插件的描述、安装、常见问题、修订历史、截图、评价等，当然也可以通过“插件名+WordPress”的方式在搜索引擎里查找相关插件的信息。在收集到必要信息后，确定这款插件符合自己的需求，就可以单击“现在安装”按钮来安装它，自动安装好以后，单击“启用”按钮来激活插件，最后去相关插件的管理界面设置详细参数；关于插件的使用过程，将在第 20 章《WordPress 站点运维》里详细讲述。

就跟前面的主题部分的情况一样，有时候可能在内置的官方插件市场里找不到符合需求的插件，那么就需要去第三方——专业的 WordPress 插件开发团队或个人的站点里去寻找了。如果舍得花钱，建议去 ThemeForest 这个综合性的第三方交易市场购买，里面的插件质量优秀价格合适，其官网地址是 https://themeforest.net/；如果前期资金不足想节省一些费用，我们会在本书的官方社区里，定期向大家推荐免费的优质插件。

关于第三方插件的安装过程，基本上与安装第三方主题一样；在安装之前，同样需要注意的是，要正确地打包命名插件压缩包。打包好插件以后，单击“上传插件”按钮；接下来的过程，就与前面安装第三方主题的过程差不多了。

3. “编辑”子菜单

可以使用插件编辑器，来编辑插件中包含的 CSS 和 PHP 文件，从而添加或删除一些额外的插件设置；不过这个功能，对于新手来说，直接进行操作是有一定风险的。

单击进入到插件的“编辑”管理页面后，WordPress（从 4.9 版本开始）会弹出一个风险警告，建议备份相关文件。关于它的详细讲解，将在后面说道。

19.3.10 “用户”菜单

1. “所有用户”子菜单

在默认情况下，“所有用户”子菜单的管理页面里，只会出现站点的超级管理员。如果后期添加了一些权限等级低于超级管理员的用户，那么将可以用以下条件或者关键字来筛选特定用户：管理员、编辑、作者、投稿者、订阅者；筛选出来以后，还可以单击“用户名”或者“电子邮件”来对用户进行排序。

如图 19-37 所示，可以在选择一个特定用户后，将角色变更为订阅者（投稿者/作者/编辑/管理员）后，单击“更改”按钮使操作生效；需要注意的是，只有超级管理员才可以将自己变更为低权限的角色，而低权限角色无法做出超出权限之外的事情（例如将自己变更为高权限角色）。“批量操作”下有一个“删除”的按钮，管理员选择需要操作的对象后，可以把其他低权限角色从系统中批量删除；这里特别说明一下，超级管理员无法直接删除自己。

图 19-37　变更用户的角色身份

假设后期安装了一些论坛插件例如 bbPress，那么“将角色变更为”这里和右侧将会多出一些来自于 bbPress 的角色类型选项，且上面的筛选条件也会多出相应的角色类型。

如果相对某一个用户单独进行操作，例如查看用户、编辑用户的资料以及删除用户，可以单击用户下方的“查看”（“编辑”/“删除”）按钮，便可进行对应的操作。

2. “添加用户”子菜单

单击“添加用户”子菜单后，会跳转到如图 19-38 所示的手动添加新用户的管理页面。按照提示将用户名、电子邮件、名字、姓氏、站点等资料填好；接着，单击“显示密码”按钮，将系统自动生成的密码记录下来（或者自行创造一个强度比较高的密码字符串）；用户注册通知邮件是默认发送的。在站点建设初期，如果没有配置好发送邮件的相关设置，这里选择了也不会发送邮件出去；最后，选择一个合适的低权限角色类型。所有设置都配置好以后，单击“添加用户”按钮，稍后则会成功添加一个新用户。

图 19-38　添加用户

3. “我的个人资料”子菜单

个人资料处的详细信息，大部分都不需要进行特别说明，按照提示填写个人信息后，单击管理页面最下方的“更新个人资料”按钮即可。不过，还是有少部分需要单独说明一下的。

例如“个人设置”部分，从 4.9 版本开始，新出现了一个“语法高亮”的设置。如果之前是采用插件实现的语法高亮功能，那么现在就可以将相关插件停用或者删除了。

接下来，需要修改“昵称”——这里特别注意，昵称一定不能跟上面的用户名（也是登录时所使用的用户名）相同。昵称修改完成以后，下面的“公开显示为”一定要修改为自己的昵称，以保证账号安全。

最后的“资料图片”处的个人头像，需要去 https://cn.gravatar.com/注册一个账户，在这个账户里设置个性化头像。设置完成以后，将“联系信息”里的“电子邮件”改为个性化头像账户里的电子邮件，最后保存信息——单击“更新个人资料”按钮即可。注册个性化头像账户以后，去世界上任何一个支持该服务的站点的文章下评论时，都可以显示设置好的个性化头像。

19.3.11 “工具”菜单

1. “可用工具”子菜单

“可用工具”的管理页面里，有一个比较实用的小工具——即“快速发布”按钮。可以将这个按钮拖动到浏览器的书签栏里，每当发现一些有意义的文字、图像和视频的时候，就可以马上使用它把这些内容快速保存到站点里——就像使用花瓣网提供的抓取图像的小工具一样。

下面还有一个分类目录–标签转换器，当单击相关链接后，会跳转到“导入”子菜单的管理页面。

2. “导入”子菜单

在“导入”的管理页面里，可以将来源于其他系统的文章和评论内容，导入到现有的站点之中。WordPress 默认提供了八种导入源：Blogger、LiveJournal、Movable Type（和 TypePad）、RSS、Tumblr、WordPress、分类目录–标签转换器以及 OPML 格式的链接表。

这八个插件，作者简单查看一下相关信息，发现它们都已经很长时间没有进行更新了。更重要的是，基本用不上这些功能，并且它们可能不太好用，所以在这里把它们忽略，不作为重点来详细讲述。

如有需要，将在本书的官方社区里进行详细说明。

3. “导出”子菜单

顾名思义，“导出”即为“导入”的反向操作，同上面的“导入”一样，“导出”也不会作为重点来详细讲述。已经在前面描述了更为安全稳妥的导出数据的操作方法，请大家仔细阅读。

如有需要，将在本书的官方社区里进行详细说明。

19.3.12 “设置”菜单

1. “常规”子菜单

单击“设置”菜单下的“常规”子菜单，会跳转到 WordPress 站点里的常规选项管理页面，接下来一起仔细地修改每一处的设置。

首先，需要对“站点标题”进行修改，一般来说，安装时填写什么名字这里就会显示什么名字——之前安装时填写的是“demo 的本地测试站点”。如果之前没有修改 WordPress 默认的站点标题，可以在这里重新修改。

接下来是修改“副标题”。所谓副标题，就是对 WordPress 站点简短的描述，它可以向站点的潜在访客表明想传递的理念——换一个时髦的名词来说，就是 Slogan！关于 Slogan 的撰写，在此就不班门弄斧了。目前市场上已经出版了不少优秀的相关书籍，例如华与华的《超级符号就是超级创意》和罗伯特・布莱的《文案创作完全手册》。

然后，下面有一个“WordPress 地址”和一个“站点地址”，默认情况下两个地址是一样的，即它们都为 http://www.example.com。如果想让它们的地址不一样，可以修改前面的

“WordPress 地址”为 http://www.example.com/blog。不过不太建议进行修改，因为这样做可能会导致一些难以预料的麻烦问题出现。

电子邮件地址里面的信息，与个人资料里的电子邮件保持一致即可；“成员资格”这项，通常情况下，必须取消选中“任何人都可以注册”复选框。在站点建设初期，这样做有利于减少站点的垃圾用户与垃圾评论的数量，提高站点稳定性；“新用户默认角色”选为权限最低的“订阅者”；“站点语言”一般选为“简体中文”；时区一般默认为“上海”；“日期格式”和“时间格式”，根据个人喜好选择即可；接下来的“一星期开始于”，一般选为“星期一”。如果按照宗教习惯或者个人喜好，选为星期日等其他时间也是正确的；如果使用的是中文版本的 WordPress，并且我们使用的主题是系统自带的默认主题，最下面还会多出一项——ICP 备案号。

2. “撰写”子菜单

单击“设置”菜单下的“撰写”子菜单，会跳转到撰写设置的管理页面。默认文章分类目录、默认文章形式和默认链接分类目录——这三项，可以选择设置为最常用的一些选项，也可以暂时不进行操作。

紧接着，下面有一个“通过电子邮件发布”的具体设置。如果有一个专用的文章发布邮箱，当把这个专用邮箱的邮件服务器、端口、登录名、密码这些设置完成，并且选择默认邮件发表分类目录以后，不用登录 WordPress 后台也可以发表文章了。需要注意的是，这个专用邮箱如果接收到了垃圾邮件，也会把这些垃圾邮件里的垃圾内容当作正常内容自动发布出去，所以最好使用一个极度安全的专用内容发布邮箱，或者从始至终保持系统的默认设置。

最后，有一个“更新服务”。当发表新文章以后，WordPress 站点会自动告诉一些特殊的站点：站点已经更新了内容，请尽快抓取。这些特殊的站点，将在下面作为样例展示。

注意：一行只能放一个 URL。

http://rpc.pingomatic.com/

http://ping.baidu.com/ping/RPC2

http://blogsearch.google.com/ping/RPC2

http://www.feedsky.com/api/RPC2

http://www.zhuaxia.com/rpc/server.php

http://www.xianguo.com/xmlrpc/ping.php

http://blog.iask.com/RPC2

http://ping.blog.qikoo.com/rpc2.php

http://api.feedster.com/ping

http://api.moreover.com/RPC2

http://api.moreover.com/ping

http://api.my.yahoo.com/RPC2

http://api.my.yahoo.com/rss/ping

http://www.blogdigger.com/RPC2

http://www.blogshares.com/rpc.php

http://www.blogsnow.com/ping

http://www.blogstreet.com/xrbin/xmlrpc.cgi

http://bulkfeeds.net/rpc
http://www.newsisfree.com/xmlrpctest.php
http://ping.blo.gs/
http://blo.gs/ping.php
http://ping.feedburner.com
http://ping.syndic8.com/xmlrpc.php
http://ping.weblogalot.com/rpc.php
http://www.weblogalot.com/ping
http://rpc.blogrolling.com/pinger/
http://rpc.technorati.com/rpc/ping
http://rpc.weblogs.com/RPC2
http://www.azfeeds.com
http://www.blogsearchengine.com
http://www.blogtopsites.com
http://www.feedbase.net
http://www.feedsubmitter.com
http://www.fybersearch.com
http://www.plazoo.com
http://www.readablog.com
http://www.rssfeeds.com
http://www.rssmad.com
http://www.rss-spider.com
http://www.pingerati.net
http://www.pingmyblog.com
http://geourl.org/ping
http://ipings.com
http://www.icerocket.com
http://rpc.twingly.com

3. “阅读”子菜单

单击“设置”菜单下的“阅读”子菜单，会跳转到阅读设置的管理页面。一般情况下，保持系统的默认设置就行了，无须进行修改。

如果需要进行修改，按照个人需要进行修改即可。例如，假设不想让站点被百度等搜索引擎收录，可以将“对搜索引擎的可见性”后的“建议搜索引擎不索引本站点”复选框选中。不过，极少数搜索引擎可能不会遵从我们的意愿，请提前做好心理准备。

4. “讨论”子菜单

“讨论”管理页面里的讨论设置，大部分遵从系统默认设置即可。不过，部分设置需要特别注意。

默认文章设置里的选项，最好全部取消选中；其他评论设置里，按照个人需求选中即可，不过基本原则是“评论作者必须填入姓名和电子邮件地址”，如果想做出更高的限制，也可以将“用户必须注册并登录才可以发表评论”也选中。如果想规避一些运营上的安全问题，可以将评论服务托管到第三方，具体的设置将在后面的站点建设实例里讲述；接下来的“发送电子邮件通知我”，为了防止邮箱被垃圾邮件淹没，记得一定要全部取消选中；紧接着的“在评论显示之前”，两个选项一定要全部选中；最后的“评论审核”和“评论黑名单”，在运营站点的过程中，根据需要添加即可。如果我们手上有一份敏感词列表，记得一定要将它们添加到评论黑名单里，或者使用第三方提供的服务也可以。

5. “媒体”子菜单

“媒体”管理页面里的设置，一般情况下保持默认即可；如果想节省一些服务器的硬盘空间，将它们全部设置为零后保存即可。

这里说明一下，所使用主题的图像规格方面的设置，其优先级高于系统的默认设置。所以有时候这里设置了，也还是会经常设置无效，出现不需要的额外规格图像。

6. “固定链接”子菜单

最后的“固定链接”设置，可能就是大多数新手最头疼和最关心的问题了。因为系统默认设置的固定链接，不是非常美观优雅。而且，在设置成其他美观的类型后，去站点前台查看文章和页面时很有可能会发现 404 错误，所以在前面就把与之相关的伪静态设置给大家说明了，大家按照操作顺序照猫画虎即可。

固定链接里的常用设置，除了系统的默认设置外，还有四种推荐设置和一种自定义设置。四种推荐设置就不多说了，只说一下自定义设置。WordPress 最近的几个新版本（目前是 4.9.1 版本），自带了一些设置参考，可以按照提示进行个性化设置即可，具体设置如图 19-39 所示。特别提示一下，后面的“html”是可以自由发挥的，也可以将它改为 TAT、QAQ、TUT 等形象符号；另外说明一下，站点一旦上线，最好马上对这里进行修改。而且，在固定链接设置好以后，除非万不得已，一定不要对它进行改动，否则将大大影响站点的 SEO！最后的“可选”设置，一般保持默认即可，无须改动。

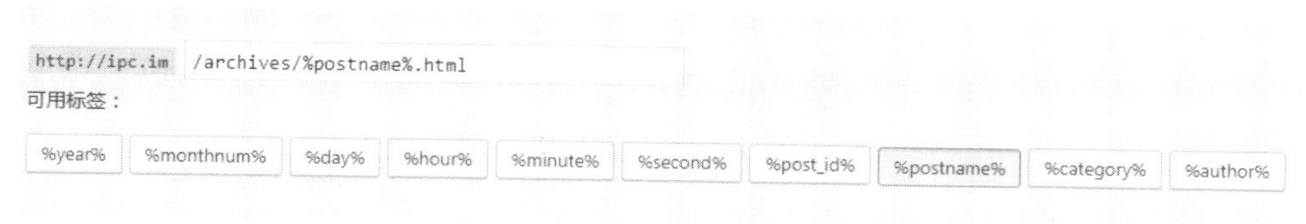

图 19-39 对固定链接进行设置

拓展知识：

更多新手入门资料，请参考下面给出的资源链接：

WordPress 新手入门图文资料 https://www.wpdaxue.com/tutorials/start/

WordPress 新手入门视频资料 https://www.wpdaxue.com/series/wordpress-getting-started-video-tutorial/

如果有不明白的问题，欢迎在本图书的官方社区里进行交流讨论：https://www.moeunion.com/。

第 20 章　WordPress 站点运维

运营维护一个 WordPress 站点，除了需要一个适合的主题以外，还需要一些常用的插件，来使网站的用户体验更好。对了，说漏了一点，还需要做好数据备份工作；不过这部分工作已经在前面介绍过，就不在这里重复了。

经常会用到的插件数量大致在 10～20 个之间，超过了这个数量，不仅不会提升网站的用户体验，反而会使网站的用户体验大大下降；更重要的是使用插件过多，会对网站的安全产生不可预估的影响。

有人可能会想，若一个插件都不用，岂不是使用体验非常好？——理论上是这样。不用插件或者使用很少的插件，网站就有非常好的使用体验，也完全做得到。只不过要达到这样的要求，难度指数级会上升，对大多数人来说，还是使用插件来得方便。

根据以往的使用经验，为大家整理出了十个常用的 WordPress 必备插件，它们大致分为两类：网站优化加速和搜索引擎优化（SEO，Search Engine Optimization）。

当然，它们只是一些比较基础的东西，如果想对某一方面深入了解的话，还是建议大家查看一些相关的专业资料；例如，想对 WordPress 站点进行更细致的 SEO，可以看一看谷歌和百度出品的《Google 搜索质量评分指南（2016 英文版）》《百度搜索引擎网页质量白皮书》《百度搜索引擎优化指南 2.0》《网站分析白皮书》，昝辉的《SEO 实战密码：60 天网站流量提高 20 倍（第三版）》以及 O'Reilly 出品的《SEO 的艺术（原书第 2 版）》和一些关于“搜索引擎原理”和“信息检索”类的书籍。

20.1　网站优化加速

20.1.1　使用 Autoptimize 整合压缩网站页面代码

在 WordPress 后台的插件安装管理页面搜索关键字“Autoptimize”，安装并启用如图 20-1 所示的插件。

图 20-1　搜索出的 Autoptimize 插件

安装启用好插件以后，单击进入插件的相关设置界面。首先，第一项“HTML 选项”里的两个选项可以全部选中；第二项“JavaScript 选项”里的只需选中“优化 JavaScript 代码？”选项，其他的选项根据需要选中，如图 20-2 所示；第三项“CSS 选项”里的“优化 CSS 代码？”和“Also aggregate inline CSS?”选项可以选中。其他的选项根据需要选中，选中以前请仔细查看相关的帮助文档；最后一项“Misc Options”里的两个选项可以全部选中。

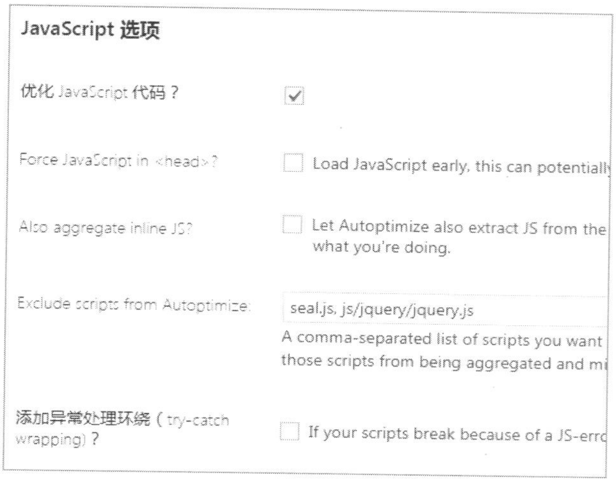

图 20-2　Autoptimize 插件的“JavaScript 选项”设置界面

20.1.2　使用 Redis 和 Memcached 加速 WordPress

大家使用最多的缓存工具，可能是 WordPress 里面大名鼎鼎的 WP Super Cache。不过在 WP Super Cache 最近的几个版本（1.5.7、1.5.7.1）中，发现了一些比较致命的问题——超级管理员在登录状态下，访问特定页面以后，该页面的缓存会污染前台其他正常页面。

这个问题长期没有得到解决，促使我们选择了一个更好更易于使用的缓存方案——使用 Redis 和 Memcached 来加速 WordPress。Redis 是一个开源、高性能的可基于内存亦可持久化的日志型 Key-Value 数据库，在很大程度上可以补偿 Memcached 这类 Key-Value 存储的不足，在部分场合下可以对关系型数据库如 MySQL 起到很好的补充作用；Memcached 是一个高性能的分布式内存对象缓存系统，它适合用于动态 Web 应用，能减少读取数据库的次数，可以减轻数据库的负载。

简而言之，就是 Redis 和 Memcached 优势互补，且它们都适合用于缓存共享、分布式部署、集群应用的大型系统上。虽然接下来要介绍的网站建设实例，是一个处于阿里云的全功能的单机小型系统，但是说不定以后这个站点会发展成一个大型系统，为了以后方便使用 Docker 乃至 Kubernetes 部署一个缓存共享的分布式集群应用，必须高瞻远瞩。到了那个程度以后，目前使用的关系型数据库 MySQL 可能会变得不太合适，也必须跟着升级，换成例如 TiDB 这样的分布式关系型数据库了。

使用基于 Redis 和 Memcached 构建的处于系统底层的这套缓存系统，经过测试发现，即使是在一个单机的小型系统上，与以前相比也有很惊人的性能表现。可想而知，如果是在大型系统上，将会有更加出色的性能表现，同时也能顺便省下不少的服务器资源，从而节省巨额的云服务费用。

如果之前已经按照第 16 章的简易加速方案，构建了全功能单机小型系统，那么接下来介绍的 Redis Object Cache、MemcacheD Is Your Friend、Batcache Manager 这三个 WordPress 插件，可以用来加速 WordPress 站点，使得站点页面的首次打开时间和二次打开时间更短。

打开 WordPress 后台的插件安装管理页面，搜索关键字“Redis Object Cache”，单击安装并启用 Redis Object Cache 这个插件，如图 20-3 所示。接着，跳转到这个插件的设置界面，单击“Enable Object Cache”正式启用它；单击“Flush Cache”按钮，可以清除缓存，如图 20-4 所示。

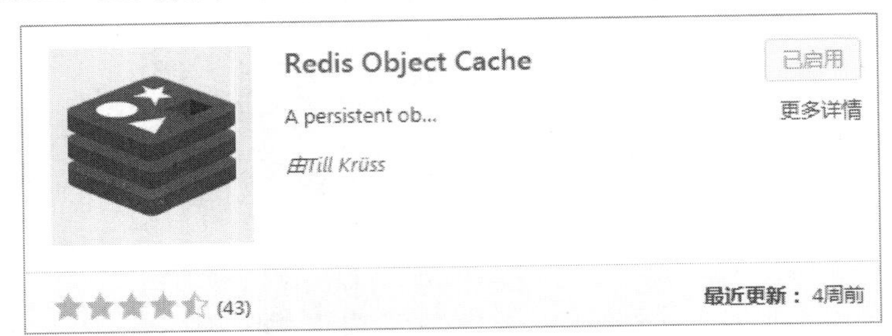

图 20-3　搜索出的 Redis Object Cache 插件

Redis Object Cache
Overview
Status: Connected
Client: PECL Extension (v2.2.8)
Flush Cache　Disable Object Cache

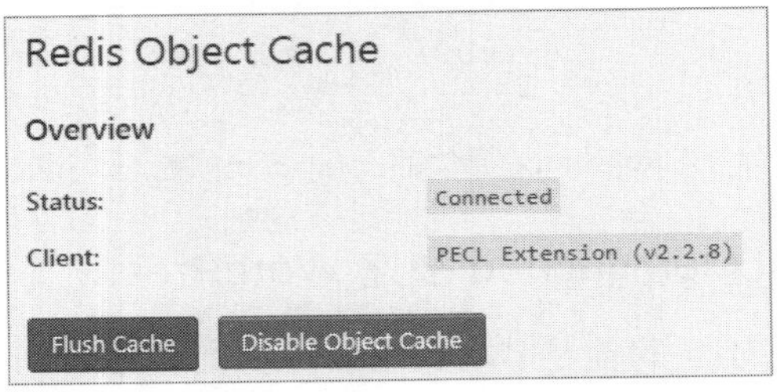

图 20-4　Redis Object Cache 插件的设置界面

接着，安装并启用 MemcacheD Is Your Friend 插件，如图 20-5 所示。启用以后，前面安装的 Redis Object Cache 插件可能会提醒清除缓存。按照提醒进行操作以后，Redis Object Cache 插件会将 MemcacheD Is Your Friend 这个插件里的参数，镜像复制到它的 object-cache.php 文件里。参数被复制以后，可以将 MemcacheD Is Your Friend 插件删除；不过也可以不用删除，方便以后进行更新操作。

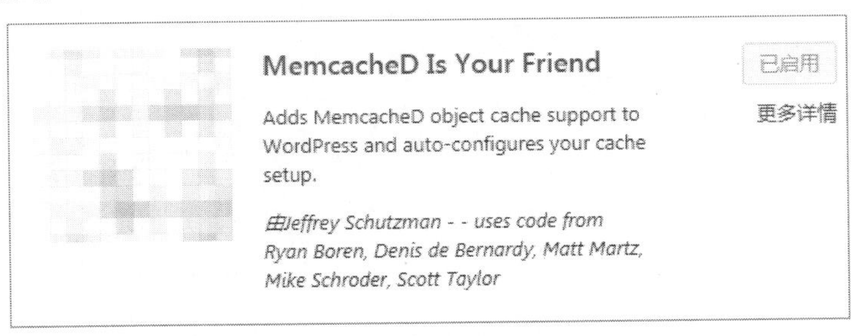

图 20-5　搜索出的 MemcacheD Is Your Friend 插件

紧接着，搜索“Batcache”这个关键字，找到这个插件、安装并启用它，如图 20-6 所示。然后，登录 WordPress 站点所在的 FTP 目录，找到 Batcache 插件所在的目录，目录的路径一般为 /data/wwwroot/www.example.com/wp-content/plugins/batcache。接下来，将插件目录里的

advanced-cache.php 文件复制，并移动到/data/wwwroot/www.example.com/wp-content 路径下，如图 20-7 所示。完成以后，这个插件也可以被删除，不过也可以不删除，方便以后进行更新操作。

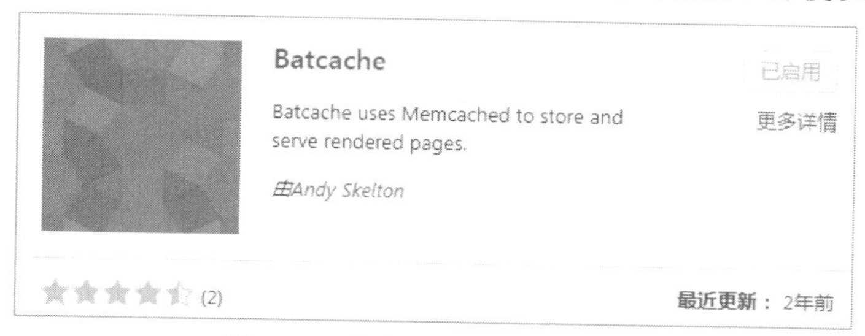

图 20-6　搜索出的 Batcache 插件

图 20-7　复制并移动插件里的文件

最后，将/data/wwwroot/www.example.com/下的 wp-config.php 文件下载到本地桌面，并保存一份备份。将桌面上的 wp-config.php 文件打开，在文件头部输入如图 20-8 所示的代码块。输入完成以后保存文件，然后将修改后的文件覆盖上传到对应的 FTP 目录下。至此，基本上大功告成。

```
define('ENABLE_CACHE', true);
define( 'WP_CACHE', true );
```

```
<?php
define('ENABLE_CACHE', true); // Memcached is Your Friend & Redis Object Cache
define( 'WP_CACHE', true ); // Batcache
```

图 20-8　在文件头部输入代码块

还可以使用 Redis 和 Memcached，对 WordPress 进行更深入的改造。例如，使用 Redis 缓存 WordPress 的执行代码，以加快站点的请求速度。当然，也可以使用 PHP7，来加快 WordPress 站点的运行速度；不过，可能有许多主题和插件不能在 PHP7 的环境下良好运行，建议不要贸然使用。关于这方面的问题，将会在本书的官方社区里进行更深入的讨论，有兴趣的读者可以自行查看学习。

20.1.3　使用第三方服务加速图片

使用 WordPress 一段时间以后，会惊讶地发现：媒体库里的图片、视频等多媒体文件占据了大量服务器的空间。更为关键的是，这些多媒体文件——大多数情况下，基本是多媒体文件中海量的图片拖慢 WordPress 站点的打开速度。因为视频和音频等其他类型的多媒体文件，通常会上传到优酷、土豆等视频网站，然后在 WordPress 站点上引用；因为这些大型的视频网站，它们的网页打开速度基本都要比 WordPress 站点快。

这个时候，需要使用七牛、又拍等三方服务，来为 WordPress 站点加速这些海量的图片。接下来使用的是七牛的服务、又拍等其他第三方服务的设置教程，可以自行在网上搜索，或者去图书社区学习。

先去七牛注册账户，账户注册完成以后，马上充值十元（最小金额）；因为只有充值了以后，才可以使用对象存储的域名绑定功能。

（1）进入后台资源主页，单击“对象存储”选项，如图 20-9 所示。

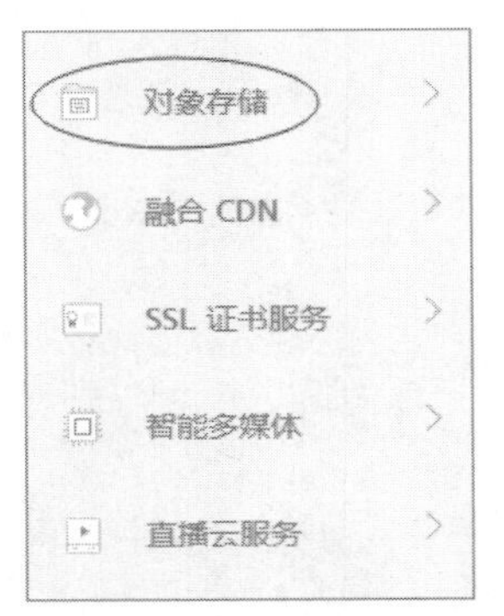

图 20-9　单击“对象存储”选项

（2）单击“新建存储空间”选项，弹出相应操作界面，如图 20-10 所示。存储空间名称可以自定义，例如 cdn、img、pic 等，在输入框里填的是“cdn-for-ibeatx”；接下来是选择存储区域。一般来说，如果服务器在哪个区域，在这里就选择最近的存储区域。因为之前购买的服务器位于华南，并且目标用户也基本位于华南，所以这里选择“华南”；最后的“访问控制”选项，选择“公开空间”单选按钮。以上选择好以后，单击“确定创建”按钮即可创建成功。

图 20-10　单击“新建存储空间”选项

（3）存储空间创建完成以后，会跳转到相应空间的设置页面。单击“融合 CDN”下的“新建加速域名”按钮，开始绑定域名，如图 20-11 所示。域名类型选择“普通域名”单选按钮即可；加速域名输入的是 cdn.ibeatx.com。需要注意的是，在七牛使用的独立加速域名，必须完成工信部的 ICP 备案且完成公安部备案；覆盖范围根据目标用户来进行选择，大多数情况下选择

“中国大陆”单选按钮即可。这里考虑到可能会有国外用户访问，故选择为“全球”单选按钮；通信协议一般情况下选择“HTTP”单选按钮即可；使用场景选择“图片小文件”单选按钮；源站配置选择刚才创建的存储空间，如图 20-12 所示。

图 20-11　单击“融合 CDN”下的“新建加速域名”按钮

图 20-12　“新建加速域名”的设置页面

接下来是缓存配置部分，选择“自定义”选项。自定义模式下，默认有一个如图 20-13 所示的配置，单击图中标注出来的删除按钮，将这个配置删除；然后，单击“推荐配置”按钮，会出现一些系统默认设置好的配置。按照表 20-1 所示提供的配置，自行修改即可（全局配置的缓存时间为 0 天）。

图 20-13　自定义缓存配置

表 20-1　配置

后　　缀	缓 存 时 间
.php、.jsp、.asp、.aspx、.do、.m3u8	0 天
.js、.css、.txt、.xml、.shtml、.html、.htm、.csv、.bat	0 天
.jpg、.jpeg、.png、.gif、.webp、.ico	365 天
.bmp、.psd、.ttf、.pix、.tiff	365 天
.avi、.mkv、.mp4、.mov、.flv、.rm、.rmvb、.swf	180 天
.mp3、.wav、.wmv、.rmi、.aac	180 天
.rar、.7z、.zip、.gzip、.dmg、.gz、.ios、.tar、.jar	30 天
.exe、.deb、.ipa、.apk、.sis、.dat	30 天

接下来，开启域名防盗链，选择“白名单”模式，在输入框中输入如图 20-14 所示的内容。剩下的选项里，时间戳防盗链、回源鉴权和图片自动瘦身这三个选项，可以暂时不管；其他的选项，可以全部开启。

关闭　开启

白名单　黑名单

请输入您白名单访问的来源域名，编辑域名时注意以下规则：

- 域名之间请回车换行，无需填写 http://，https://；
- 支持域名前使用通配符 *：*.example.com 可用于指代所有 example.com 下的多级等，但是不包括 example.com，如需要请额外填写一条 example.com；
- 防盗链个数设置不能超过30个；
- 黑白名单生效时间为 12 小时，在此期间不能修改其它配置；
- 不支持 IP，不支持端口号。

ipc.im
*.ipc.im

是否允许空 Referer，相关文档：否　是

图 20-14　开启域名防盗链的“白名单”模式

以上所有的选项完成以后，最后单击底部的“创建”按钮即可。等待数小时，将七牛生成的CNAME 域名与 CDN 专用域名相互绑定即可。不过在这里没有进行等待，后面的步骤中直接使用了七牛生成的测试域名。接下来，返回存储空间，将镜像存储里的镜像源设置为“http://ipc.im/”。

（4）打开 WordPress 站点后台的插件安装管理页面，上传在图书资源里分享的 1.4.4 版本（建议不要更新为目前最新的 1.4.6 版插件）的“WPJAM 七牛镜像存储”插件，安装并启用它。接下来，单击打开插件的设置界面，如图 20-15 所示。将七牛域名设置为“http://cdn.ibeatx.com”，七牛空间名设置为创建的“cdn-for-ibeatx”，下面的 AccessKey/SecretKey，设置为从七牛后台找到的相关密钥，如果没有就创建一对密钥，设置好以后保存更改，如图 20-16 所示；本地设置里的扩展名设置为“jpg|jpeg|png|gif|webp|ico”，目录里的设置保持默认，本地域名设置为“http://ipc.im”，剩下的三个选项都可以取消选中，设置好以后保存更改；接下来的缩略图设置、远程图片设置和水印设置，暂时不用设置。

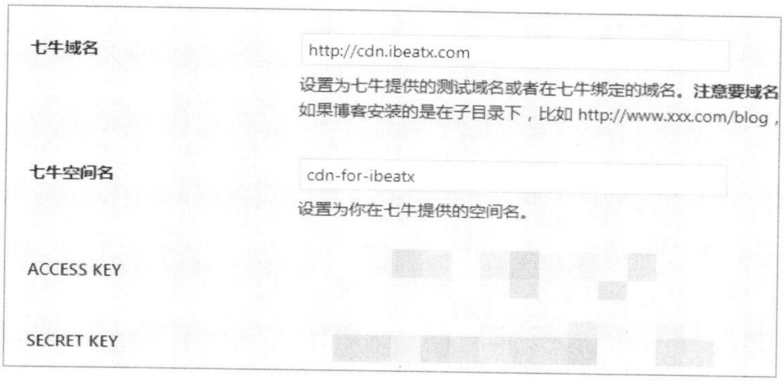

七牛域名　http://cdn.ibeatx.com
设置为七牛提供的测试域名或者在七牛绑定的域名。注意要域名
如果博客安装的是在子目录下，比如 http://www.xxx.com/blog，
七牛空间名　cdn-for-ibeatx
设置为你在七牛提供的空间名。
ACCESS KEY
SECRET KEY

图 20-15　打开 WPJAM 七牛镜像存储插件的设置界面

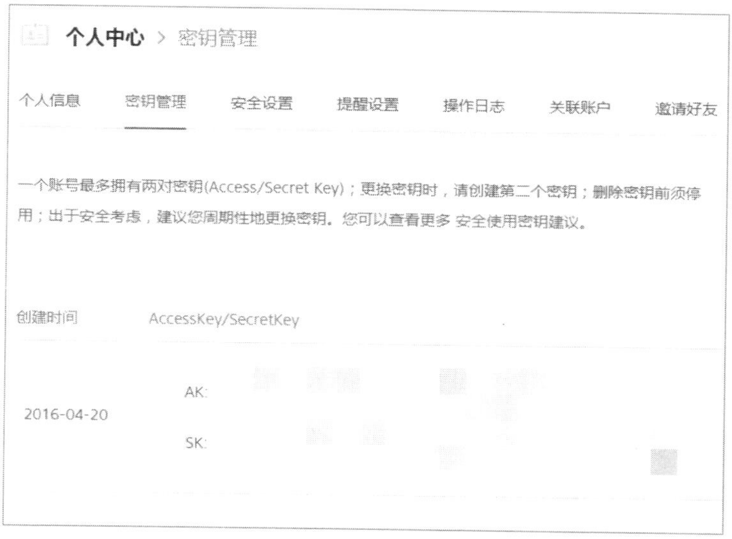

个人中心 > 密钥管理
个人信息　密钥管理　安全设置　提醒设置　操作日志　关联账户　邀请好友
一个账号最多拥有两对密钥(Access/Secret Key)；更换密钥时，请创建第二个密钥；删除密钥前须停用；出于安全考虑，建议您周期性地更换密钥。您可以查看更多 安全使用密钥建议。
创建时间　AccessKey/SecretKey
2016-04-20　AK:　SK:

图 20-16　七牛后台的密钥管理页面

（5）打开 WordPress 站点前台，随机查看文章等页面的图片，如果图片链接变成了类似 http://cdn.ibeatx.com/wp-content/uploads/2017/04/syberia2-760270-470x140.jpg 这样形式的 URL，则说明已经成功开启了七牛的图片加速服务。如果没有出现这样的 URL，则需要排查原因，直到加速服务成功开启为止（一般情况下，不会出现这种情况）。

拓展知识：

七牛云中文官网 https://www.qiniu.com/

七牛云开发者中心 https://developer.qiniu.com/

又拍云中文官网 https://www.upyun.com/

又拍云文档中心 https://docs.upyun.com/

20.2 搜索引擎优化

20.2.1 使用 AMP 加速 WordPress 移动端页面

移动互联时代，速度依旧为王！

如果我们转载了一篇其他人的原创文章，但是访问他的站点需要十秒，而访问我们的站点只需要 2～3 秒、甚至不到 1 秒，那么毫无疑问，访客在搜索引擎上搜索这篇文章时，我们的站点会排在他人原创站点的前面。进一步想象一下，两篇同样的文章同时点击打开，访客会更愿意浏览我们的站点上的内容，而且说不定会继续浏览下去，跳出率远比他人的原创站点低。

那么，有没有一种简单的方法，可以让我们原先的计算机端网页在移动端上面快起来呢？

有，它就是谷歌推出的一项名为 AMP（Accelerated Mobile Pages，加速移动页面）的技术。具体的技术原理就不在这里赘述了。接下来，直接来介绍如何在 WordPress 站点里使用 AMP 技术。

在后台的插件安装管理页面搜索关键字“AMP”，安装并启用它，如图 20-17 所示，安装好以后可以不用管。如果想对相关页面进行轻度定制，可以去 AMP 插件的外观管理界面里操作（相关子菜单在“外观”菜单下）。不过可以直接修改的内容并不多，只有颜色可以自由更改。

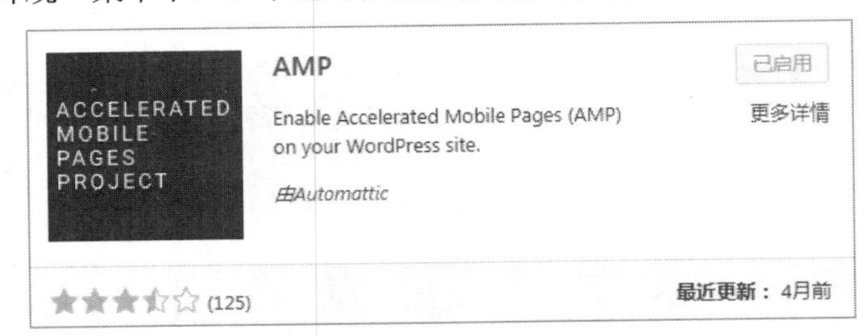

图 20-17　搜索出的 AMP 插件

启用 AMP 插件以后，如果想要访问经过 AMP 技术处理后的移动端页面，只需要在相关 URL 后加上/amp 即可进行访问，即 https://www.example.com/amp.html/amp；如果 WordPress 站点没有启用伪静态，那么相关移动端页面的 URL 将可能为 https://www.example.com/?p=1&=1 这样的形式。

拓展知识：

谷歌 AMP 项目中文官网 https://www.ampproject.org/zh_cn/

百度 MIP 项目中文官网 https://www.mipengine.org/

20.2.2　使用 Google XML Sitemaps 创建站点地图

SiteMap 即站点地图，可以让网站管理员简单高效地通知谷歌、百度等搜索引擎，告诉它们网站上有哪些可供抓取的网页。

最简单常用的 SiteMap 形式，就是使用一个.xml 格式的文件（即 siteamp.xml），在其中列出网站中的网址以及关于每个网址的其他元数据（上次更新的时间、更改的频率、相对于网站上其他网址的重要程度等），以便搜索引擎可以更加智能地抓取网站。

如果想为 WordPress 站点创建站点地图，可以在后台的插件安装管理页面中搜索关键字"Google XML Sitemaps"，安装并启用如图 20-18 所示的插件。安装完成后，单击跳转到该插件的设置管理界面。

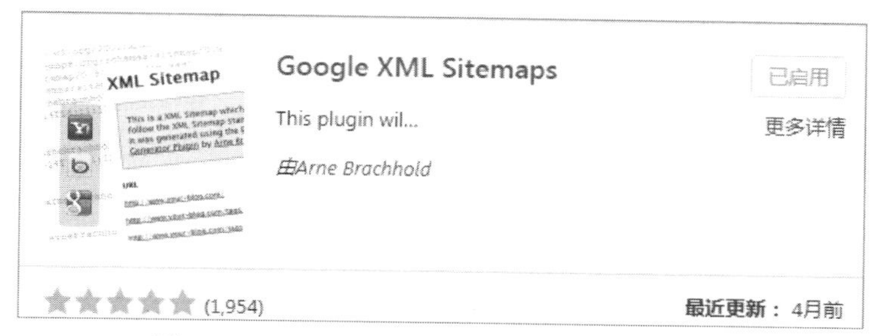

图 20-18　搜索出的 Google XML Sitemaps 插件

图 20-19 所示，基本设置里的选项，可以全部进行选中；"日志优先"部分的设置，可以根据自己习惯来设置，这里选择的是"通过文章评论数量的多少来决定优先"；接下来的"SiteMap 内容"部分，将"WordPress Standard Content"里的选项全部选中即可。其他的暂时没必要选中，不过"高级设置"里的选项还是十分有必要选中的；剩下的"Additional Pages""Excluded Items""Change Frequencies""优先权"等部分，暂时保持默认即可，等熟悉后再进行细微调整也不迟。

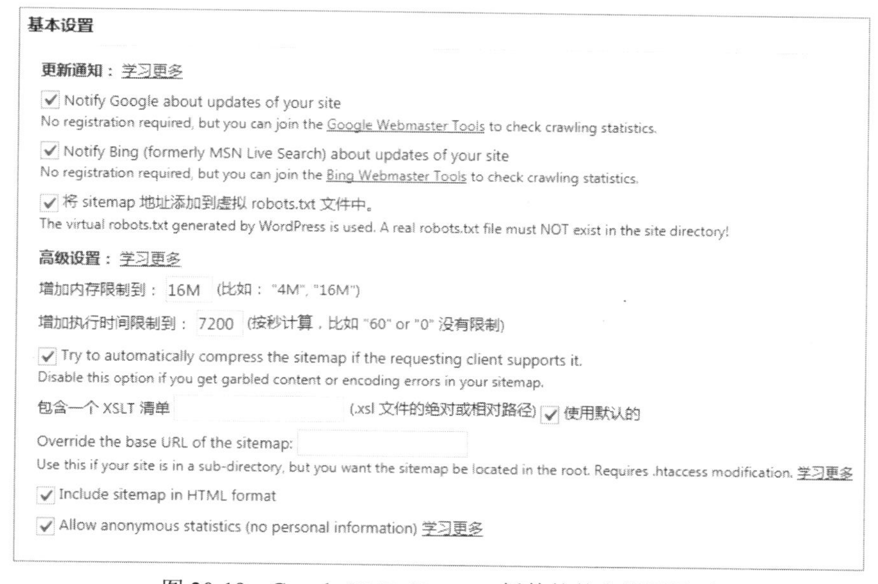

图 20-19　Google XML Sitemaps 插件的基本设置界面

以上的参数全部设置好以后，访问 https://www.example.com/sitemap.xml 或者 https://www.

example.com/sitemap.html，可以看到 WordPress 站点的站点地图。站点地图生成完成以后，可以将站点地图提交到谷歌站长平台或百度站长平台，这样可以加快搜索引擎收录 WordPress 站点网页的速度；一般情况下，谷歌收录的速度最快，第二天就可以看到结果，而百度则需要等待一个月到六个月不等。具体的提交过程，将在第 21 章里讲述。

20.2.3 使用 WP Keyword Link 为站点添加关键词链接

WP Keyword Link 插件是 Martijn Dijksterhuis 开发的一款 SEO 插件，后来国内的 WordPress 爱好者柳城把它进行了汉化，使得这款插件更适合在中文语言环境下使用。这款插件目前（2017 年）已经从 WordPress 官方插件市场里消失了，大家要使用这款插件的话，可以在分享的图书资源里找到。

把插件安装好并启用它，打开插件的设置界面，如图 20-20 所示。在大多数情况下，只需要单击图中所标注的“自动把文章的标签当作关键词”按钮即可。如果想要单独添加某个关键词链接，可以在上面的输入框中分别输入关键词、链接和描述，然后进行保存；之后需要设置的是插件的全局设置，按照如图 20-21 所示设置即可，也可以自行按照需要修改；接下来的是相似文章的设置，一般情况下使用不到，暂时可以不管；最后部分，是使用帮助。

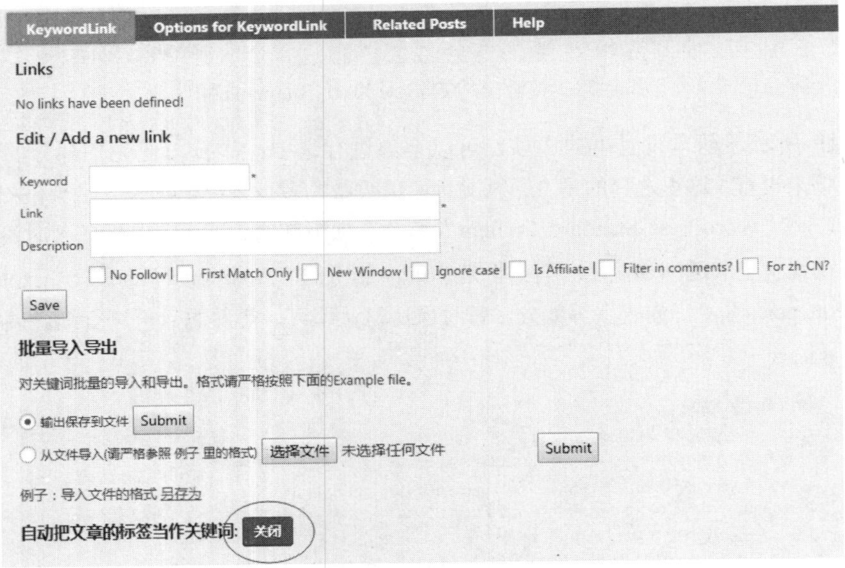

图 20-20 WP Keyword Link 插件的基本设置界面

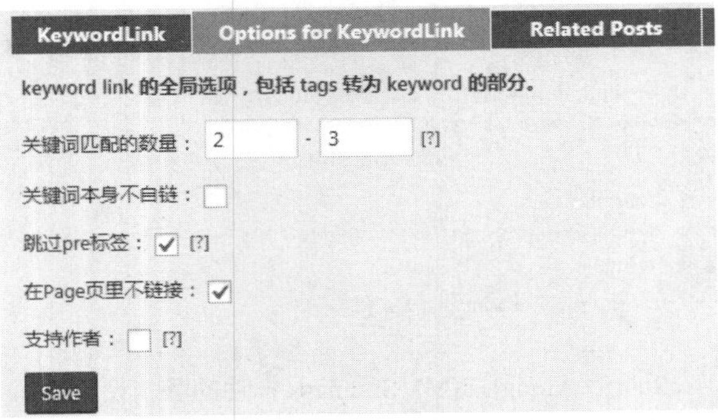

图 20-21 WP Keyword Link 插件的全局设置界面

拓展知识：

WP Keyword Link 原作者主页 http://www.dijksterhuis.org/

WP Keyword Link 汉化作者主页 http://liucheng.name/789/

20.2.4　使用 Simple URLs 将外部链接转换成内部链接

有时候，为了统计某个发布的外部链接的单击次数，或者将外部链接转换成内部链接以降低站点权重的流失，会使用例如 Simple URLs 插件来达成目的。

打开 WordPress 后台的插件安装页面，搜索关键字“Simple URLs”，安装并启用它，如图 20-22 所示。打开插件的设置界面，单击“Add New”添加新链接：首先，给这条链接取一个名字“爱酱微博”；接着，编辑固定链接。由于站点的英文国际域名为“ibeatx.com”，所以这里将固定链接里的自由编辑部分修改成“ibeatx-weibo”；接下来，在最后一个输入框里输入想要跳转的外部链接“http://weibo.com/ibeatx”。这些都输入好以后，单击“发布”按钮即设置完成；如图 20-23 所示，标注部分显示了这条外部链接已经被单击了 136 次。

图 20-22　搜索出的 Simple URLs 插件

图 20-23　添加好的新链接

20.2.5　使用 Redirections 将老链接永久重定向到新链接

有时候，由于网站进行改版，原先的一些链接的结构可能会发生变化。此时，如果有新访客通过百度搜索到这些链接，单击进去以后才发现这些链接已经不能正常访问了，可能会让他们马上离开我们的站点；为了留住他们，我们需要将这些出现问题的老链接，永久重定向到首页或者正确地新链接。

例如，实例站点爱评测网的文章页面结构，在默认情况下应该是 http://ipc.im/page/2 这样的结构，不过由于使用了新主题，致使结构变成了 http://ipc.im/archives/page/2 这样的链接。

如图 20-24 所示，打开 WordPress 后台的插件安装页面，搜索关键字“Redirections”，安装并启用 Redirections 插件。接下来，将使用这个插件，把老链接 http://ipc.im/page/2 永久重定向到 http://ipc.im/archives/page/2。如图 20-25 所示，在 Source URL 后输入 http://ipc.im/page/2，接着在 Target URL 后输入 http://ipc.im/archives/page/2，将 Group 选为“Redirections”，最后单击“Add Redirect”按钮即可设置完成。在插件的设置界面里，还可以查看关于这条错误的老链接的访问日志，以及站点的 404 错误等。

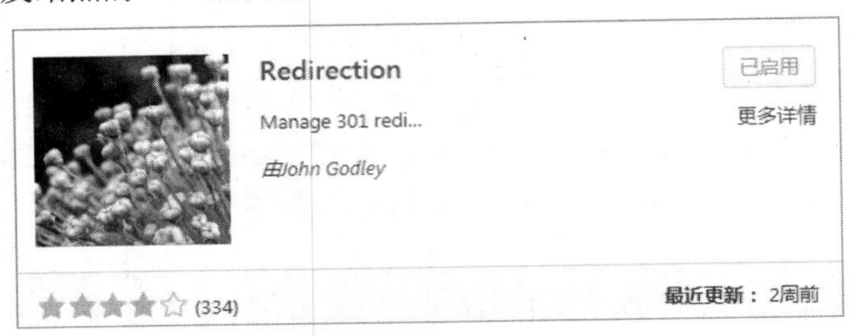

图 20-24　搜索出的 Redirections 插件

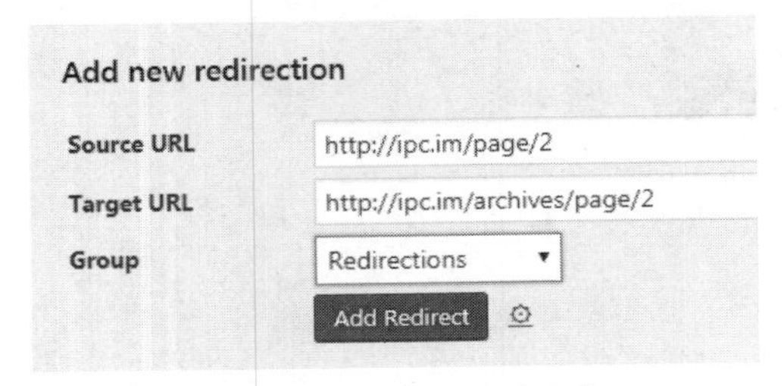

图 20-25　添加新的重定向

第 21 章　二次元自媒体站点建设实例

在后面的推荐书单里，推荐了一本书——《5 分钟商学院：工具篇》。在这本书里面，有一个非常适合指导我们建设 WordPress 站点的强大管理工具叫作戴明环，又叫作 PDCA 循环。

这个管理工具，一般是用于企业生产经营活动的质量管理当中，我们把它用在建设网站这块，可以说是杀鸡用牛刀了。PDCA 循环的含义则是将质量管理分为四个阶段，即计划（Plan）、执行（Do）、检查（Check）、调整（Adjust）。

根据网站建设的需要，把戴明环调整成了三个阶段：第一阶段，前期：分析规划；第二阶段，中期：管理运营；第三阶段，后期：总结改进。

下面根据实例站点所描写的三个阶段，不是执行一次就算完成。这三个阶段需要不断的循环往复，根据实际需要进行动态优化，千万不可生搬硬套。将戴明环融入我们的日常工作中以后，不必再依照下面的文章去刻意执行。

21.1　前期：分析规划

21.1.1　网站定位

1. 找准定位

所谓的网站定位，通俗地说，就是我们做什么，并且不做什么。

在某些时候，不做什么比做什么更加重要。因为不做什么代表着网站涉及的领域的大小。不做的事情越多，就意味着真正需要做的事情比较少。做的事情比较少，也就意味着可以把有限的精力集中到某些（或者某个）比较小的领域里面去，快速地从一无所知的小白变成这个领域的熟手。

现在从理论跳到现实——大家应该早就知道，实例网站的域名为“ipc.im”，并且中文名称为“爱评测”。看到这里，大家可能已经知道实例网站所涉及的领域了——那就是评测。

那么到底是什么评测呢？因为可以评测的东西实在是太多了，例如手机、计算机、单反等。

如果有人登录到我们的网站，看到了如图 21-1 所示的内容（图中所用的主题是我们自主设计开发主题的参考主题，学会使用这个设置较复杂的主题有助于我们掌握使用其他主题的方法；在 WordPress 后台自带的主题市场中搜索“Oxygen”即可），也许会猜到我们网站所涉及的领域——二次元领域。二次元领域也可以叫作 ACGN 领域——Animation（动画）、Comic（漫画）、Game（游戏）、Novel（小说）这四个领域。

看到这里，如果仔细地想一下，即使是二次元这个小众领域，对一家新网站来说，也相对来说大了一点。更重要的是，应该选择一个能够生存下来的细分领域：思来想去，还是觉得游戏这个方向容易生存下来，因为游戏市场的蛋糕很大；尽管与游戏相关的媒体很多，但是似乎没有一个超级强力的对手。只要有自己的特色，还是能在庞大的游戏市场里找到一块可以安身立命的地方（具体的结论是怎么得出来的，就不在这里细说了）。

图 21-1　爱评测网首页截图

至此，网站的定位大致确定了下来——做二次元领域的游戏方向的测评，包括游戏本身与游戏相关的硬件；当然一开始只做游戏测评，由于成本的关系。

2. 收集信息

古人有一句话说得好，知己知彼，百战不殆。做游戏自媒体，了不了解读者暂且不管，了解同行那是肯定需要的。

首先，去知乎和 Quora 搜索相关问题，找到一些比较有参考价值的答案，如图 21-2 所示，先把这些网站收藏到浏览器书签栏里，具体的分类整理暂时不管。然后，一一登录这些游戏相关的网站，直接找网站的友情链接页面，将相关书签进一步补充完整。最后一步，就是利用百度、谷歌等搜索引擎，将我们感兴趣的相关网站收藏到书签栏中；这一个步骤，需要长期坚持。

图 21-2　知乎上的相关问题

收集来的书签是需要进行整理分析的，要不然只是一堆价值不大的垃圾而已。我们收藏了那么多的网站，现在需要把它们按照某种特征去进行简单的整理分类了。具体的整理分类过程，在这里就不仔细述说了；这个过程需要大家动用自己的学识，开动脑袋努力思考，如图 21-3 所示。下面展示的是我们简单整理以后的与游戏相关的书签。

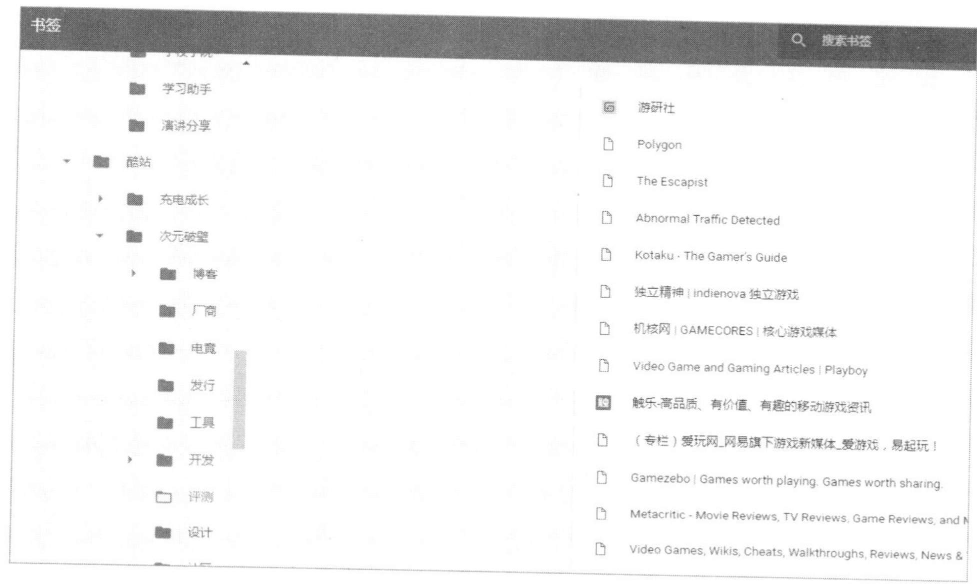

图 21-3　简单整理以后的相关书签

随着书签整理的不断深入，可能会发现这么一个情况：有些游戏网站似乎涉及了好几个不同的细分领域，正在使用的浏览器的书签栏的功能有点不够用了。——这个时候，就需要浏览器插件来帮忙了：我们使用的是一款名为 Dewey 的浏览器插件，它可以为我们浏览器里的书签打上我们自定义的标记，提高我们的工作效率，其官方网站为 http://deweyapp.io/。

3. 整理分类

对书签栏里若干与游戏相关的网站进行一番分析以后，再结合网站的定位，整理出了一份详细的分类目录，如图 21-4 和图 21-5 所示。

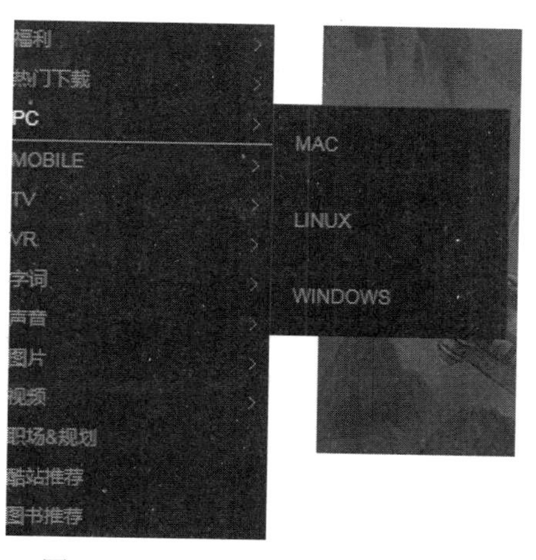

图 21-4　爱评测网前台目录分类

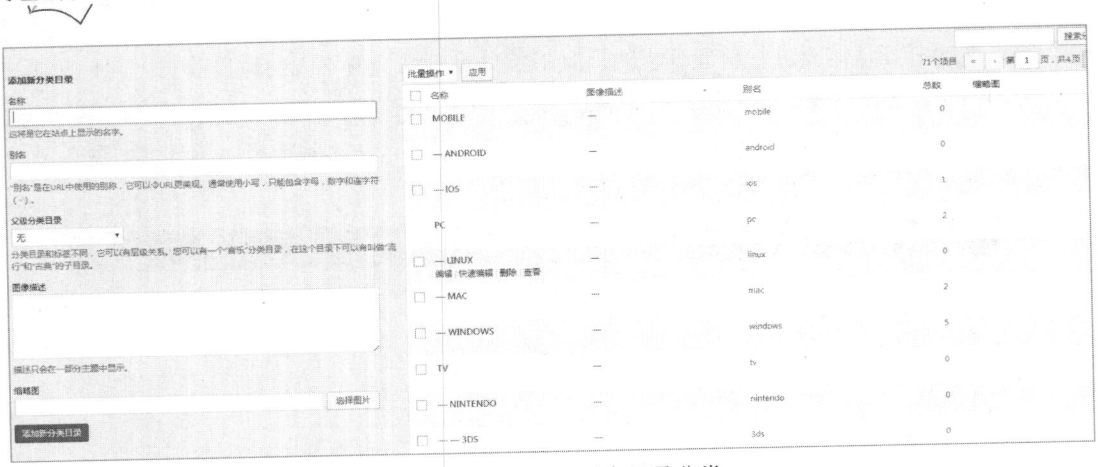

图 21-5　爱评测网后台目录分类

21.1.2　网站布局

1. 菜单设置

登录网站后台，选择“外观”菜单下的子菜单“菜单”，进入菜单设置界面，开始设置网站的菜单。选择“创建新菜单”命令，将新菜单命名为“主要菜单”，然后选择“创建菜单”命令，最后选择“保存菜单”命令；然后，我们使用同样方法创建两个新菜单，分别命名为“导航菜单”“底部菜单”；最后，我们单击“管理位置”选项卡，将三个菜单分别绑定到相对应的主题位置，绑定完成以后单击“保存更改”按钮，如图 21-6 所示。

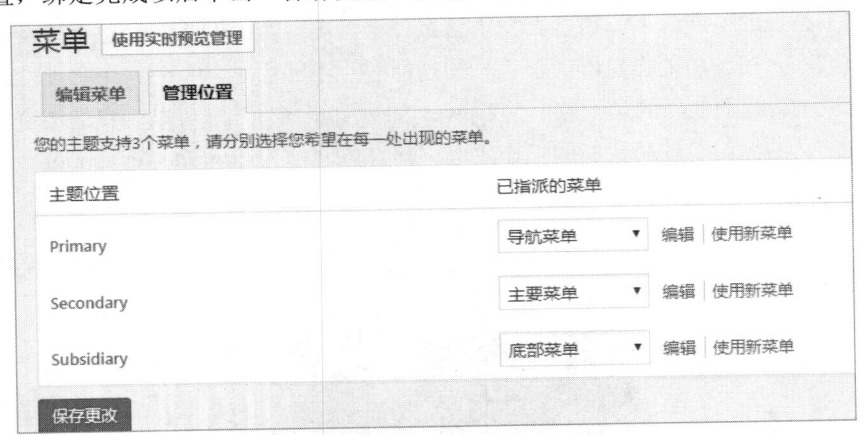

图 21-6　管理主题菜单位置

单击“编辑菜单”选项卡，选择“主要菜单”为接下来要编辑的菜单。如图 21-7 所示，单击“分类目录”下的“查看所有”选项卡，将上个部分里整理出的分类目录全部选择，然后单击“添加到菜单”按钮。把所有的分类目录添加到菜单后，还需要对它们进行排序；排序的过程很简单，选定一个分类目录后，按照自行设定的层级关系进行拖动，如此循环往复，将这些分类目录排列成鳞次栉比的子母项目即可。

如图 21-7 展示的示意图，是排列完成的分类目录；“主要菜单”里的子母项目排列完成以后，单击“保存菜单”按钮，这样就完成了第一个菜单的设置。

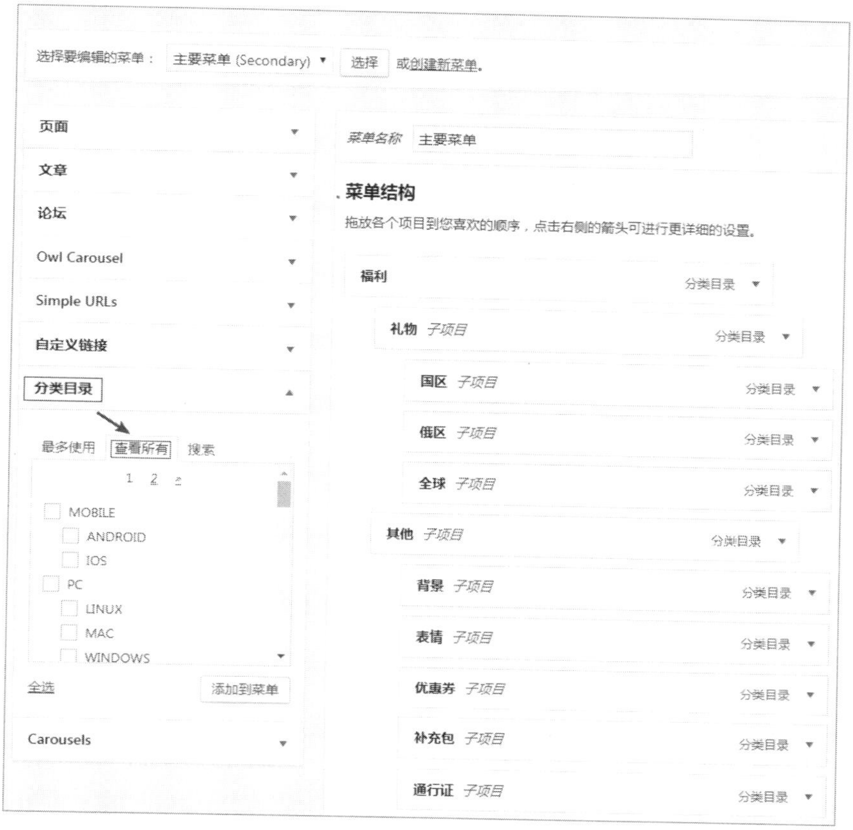

图 21-7　主要菜单的菜单结构

接下来需要设置的“导航菜单”和“底部菜单”，也是像“主要菜单”这么进行操作。稍有不同的是，“导航菜单”里有两个页面需要提前进行创建，它们分别是“首页”和“文章页”，如图 21-8 所示，里面不需要填充内容，只需要将“页面属性”下的“模板”分别设置为“Front Page”和“默认模板”；这两个页面设置好以后，单击“设置”下的“阅读”子菜单，将“您的主页显示”设置为“一个静态页面”然后单击“保存更改”按钮，如图 21-9 所示。

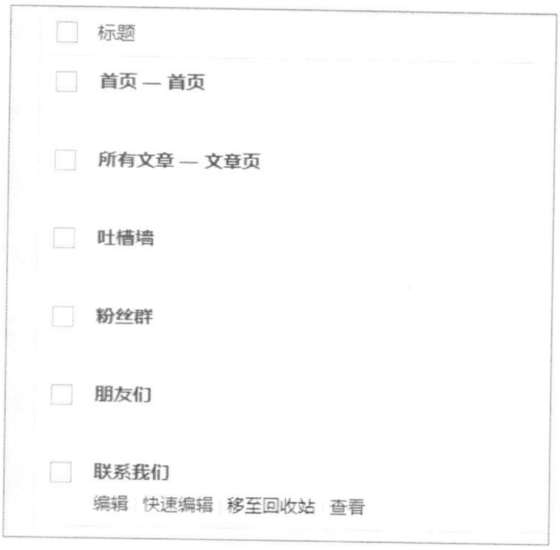

图 21-8　已经设置完成的主题的首页和主题的文章页

阅读设置

您的主页显示	○ 您的最新文章 ◉ 一个静态页面（在下方选择） 主页：首页 ▾ 文章页：所有文章 ▾
博客页面至多显示	10 篇文章
Feed中显示最近	10 个项目
对于feed中的每篇文章，显示	◉ 全文 ○ 摘要

图 21-9　设置主题的首页和文章页

2. 小工具设置

单击“外观”菜单下的子菜单“小工具”，进入小工具设置界面，开始设置网站的小工具。

小工具的设置要比菜单简单很多，只需要知道后台中每个小工具区域所对应的前台位置即可，如图 21-10 和图 21-11 所示。具体的添加方法，跟上面的菜单部分的操作方法一样，将喜欢的小工具拖动到想部署的区域后设置保存即可。

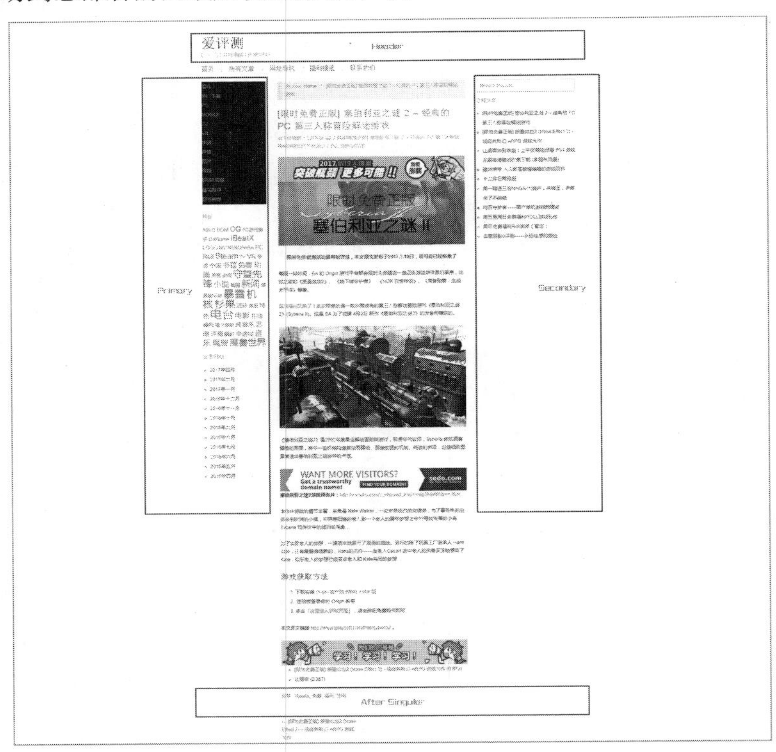

图 21-10　主题前台的小工具分布区域

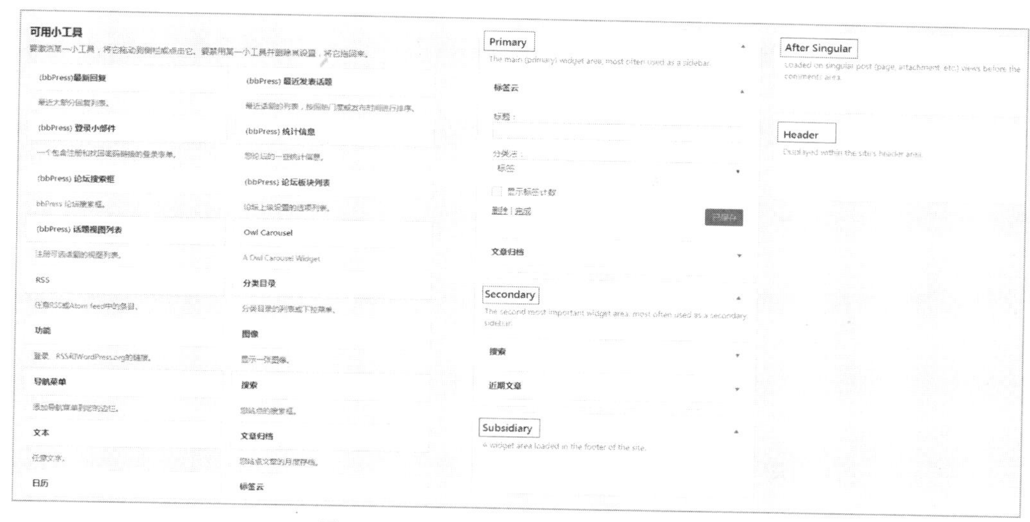

图 21-11　主题后台的小工具设置界面

3. 其他设置

（1）站点标识。爱评测的站点标识有三处位置，第一个位于站点首页，第二个位于登录注册页，第三个则比较隐蔽——在浏览器的标签页、书签栏中才会看到。如图 21-12 所示，标识为站点首页的正式标识；如图 21-13 所示，标识为其他位置所使用的标识（这里我们设计了一个网站的二次元形象）。

图 21-12　爱评测网正式标识

图 21-13　爱评测网站点图标

第一个位置和第二个位置的标识，直接使用 FTP 上传覆盖即可；如果大家想拥有与实例站点一样的展示效果，最好使用同样尺寸的图片。第三个位置的标识如图 21-13 所示，必须使用宽高至少 512×512 像素的方形图片，对应图片的更换位置位于后台的“外观”菜单下的“自定义”子菜单里；如果想拥有完美的展示效果，还可以把这个方形图片缩小成 16×16 像素或者 32×32 像素，然后转换格式为.ico 并将图片命名为 favicon（也就是 favicon.ico），最后上传到站点的根目录下即可（其 URL 地址应为 http://www.example.com/favicon.ico 这样的形式）。

（2）顶部图像和背景图像。顶部图像和背景图像也位于后台的“外观”菜单下的“自定义”子菜单里面。顶部图像和背景图像的添加、更换都十分简单，只要上传尺寸合适的图片文件即可；不过需要注意的是，背景图像切不可太过于花哨，以免干扰访客浏览我们的站点。

（3）备案信息。站点的备案信息，按照工信部的政策规定，必须添加到站点前台的底部，并且链接到工信部的官网。

如果使用的是默认的自带主题，直接在后台的设置里填写就可以了。不过大多数时候使用的是自行挑选的主题，这个时候前面的做法就行不通了。那么，碰到这种情况应该怎么做呢？

这个时候，可以选择后台“外观”菜单下的“编辑”子菜单，找到主题里的主题页脚文件（文件名为 footer.php）后选择“打开”命令，在里面添加一段 HTML 代码块（代码块可以根据需要修改），如图 21-14 所示。添加完保存以后，刷新一下网页，可以马上在站点前台的底部看到。

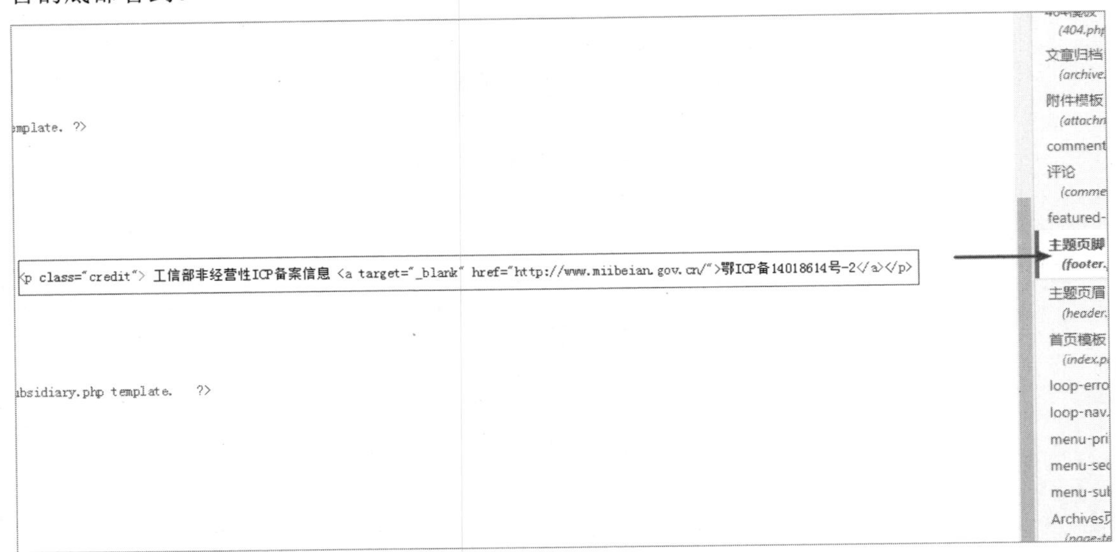

图 21-14　修改主题代码里的备案信息

除了上面说的主题以外，插件也可以像这样进行编辑。不过大多数情况下，一般不会直接在站点里面进行编辑，而是将对应的主题文件或者插件文件下载到本地，备份以后再用本地计算机上的代码编辑器进行修改工作。

（4）更多。有些读者可能会有疑问，按照上面所写的流程进行设置以后，为什么看起来跟实例站点不像呢？

之所以不像，是因为站点里没有足够多的文章，并且没有设置这些文章的展示位置。

一篇文章在撰写完成以后，需要选择对应的展示位置，否则不会出现在首页的三个推荐位置里，如图 21-15 所示。“Featured”位于站点首页的上部，即为最吸引人眼球的轮播图所对应的文章；“Primary”位于站点首页的中部，是站点首页的主要推荐文章，带有特色图片；“Secondary”位于站点首页的下部，最多可以设置十二篇文章，不带特色图片，即使文章里添加了特色图片；最后一个，很明显是不推送到站点首页进行展示，不进行展示的文章需要打开站点的第二页才能看到。

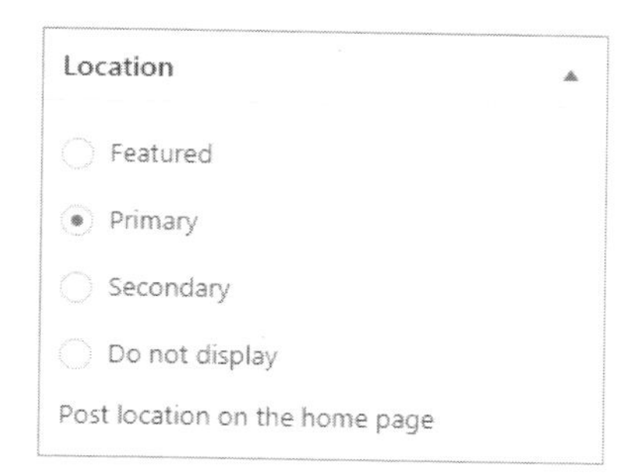

图 21-15　设置文章的展示位置

对文章的设置完成以后，基本上算是把网站的基本布局完成了。当然，还有许许多多的小细节没有讲到，不过那些都不是必做项，可以暂时省略放过。如果大家对这些小细节有兴趣，可以到图书社区进行讨论、学习、分享。

21.2　中期：管理运营

一个自媒体站点要想良好发展，管理运营是必不可少的。虽然我们有很多事情需要去做，不过往站点里填充优质内容、在站点外推广优质内容，是我们无法逃避、不得不做的最核心的两件事情。

21.2.1　填充内容

往站点里填充的优质内容，其组成可以分为两种：文本内容和其他内容。这里的文本内容主要指的是用一个句子、一个段落、一个篇章表达的书面语言或者口头语言（单位再小一点，可以是一个字或一个词）；其他内容，所包括的对象则比较丰富，常见的有图片、音频、视频等。最常见到的一般是图片，所以接下来主要讲图片，其他的则一笔带过。

不管是文本内容还是其他内容，做自媒体站点都需要特别注意一个事情，即版权问题。

文本内容方面：如果想要填充的内容是非原创内容，在他人允许免费转载的情况下（付费转载则需要先去原创内容版权交易市场购买授权），要按照别人的要求进行排版并注明内容来源。如果想要填充的内容是原创内容，则需要自己多看、多想、多练、多写。写作是一个理论与实践并重的事情，既简单也复杂，在这里就不多说了。

其他内容方面：这里面最需要注意的问题则是图片的版权问题。因为大部分人在给内容配图时，一般情况下会用百度来搜一些好看的图，并且根本不会留意这些图片是否有版权；直到收到了版权方和法院发来的相关通知，这才明白自己使用过的图片是需要交钱的，然后急急忙忙地删除这些图片，妄想可以装傻耍赖逃过一劫；让人没有想到的是，别人早就做好了证据留存，删除了也没有用，更让人崩溃的是——原本只需要几十元、几百元的图片，现在居然要付几千元、几万元。与图片类似的还有音频和视频的版权问题；目前国内图片等领域的版权霸主为视觉中国，它也投资收购了不少国外的版权库，可以说是自媒体行业绕不过去的存在，如图 21-16 所示。

图 21-16　中国裁判文书网中与视觉中国相关的版权案件

如果在免版权库都找不到自己所需要的素材，那么需要自己拿着摄影摄像设备去拍摄合适的素材来解决问题；在第 22 章给大家推荐了摄影相关的图书，大家可以学习一下摄影的知识，以便自己拍出令人满意的图片素材。图片素材在正式使用以前，需要用合适的字体和色彩处理一下；字体和色彩方面的版权问题，需要特别注意字体的（优先使用思源系列等免费可商用字体），色彩无须过多注意，除了一些有版权的私有色彩例如蒂芙尼蓝。

上述内容用几句话简单概括一下：先对文本内容进行排版，再对图片等其他内容进行处理。所以下面要说的内容，就是文本排版和图片处理。

1. 文本排版

在正式讲排版以前，先讲一下编辑器。

WordPress 自带的默认编辑器功能虽然比较简单，不过基本上够用；只要用过微软出品的 Office 三件套，相信大家能够很快上手 WordPress 的编辑器。

如果对编辑器不满意，大家可以试一试百度出品的适合大众人士的富文本编辑器 UEditor，专业人士则可以试一试 Markdown 编辑器 WP Editor.MD。这两款编辑器都有相应的插件，大家直接安装可以马上使用；其插件的详细说明，将在社区里进行补充。

说完编辑器，现在来说排版。

排版是一个非常有必要好好讲一下的话题，只不过市场上已经有更专业的书籍阐述过了排版知识，不在这里无意义地重复，只简单说一下大家没有重视的小细节。

（1）网络排版没必要省空间：段落与段落之间可以空一行；段落与图片之间可以不空着，如果图片的背景色是白色或透明的则例外。

（2）段落开头没必要空两个字符：网络排版不是在纸上写文章，段落开头不空两个字也可以，不过空了也没多大事。

（3）段落里面有需要空格的地方得空一个字符：中英文之间需要加空格；中文与数字之间需要加空格。当然还有更多需要加空格的地方，只不过这两个地方的排版问题最常见。

排版的规矩还有很多，以上三个细节只是我们挑出来的最容易遵守的规矩。就算犯了其他排版错误，只要遵守以上三个基本点，也能迅速修正过来。假设没有遵守，那么谁也帮不了我们。

拓展知识：

《写给大家看的中文排版指南》http://www.uisdc.com/chinese-typo-design-guideline

2. 图片处理

不管是文章的正文配图还是标题配图，都需要处理一下再进行使用。只不过标题配图需要下的功夫多一点，而正文配图，一般情况下只需要在上传之前，压缩一下图片占据硬盘空间的大小即可。

浏览过成百上千的自媒体站点，发现大部分网站的配图水平实在是欠佳，特别是标题配图。夸张一下来说，完全没有给文章标题配图的意识，大多数情况下就是在用正文配图随便凑合一下。

为什么这里要特别提到标题配图呢？——因为文章标题是一篇文章的灵魂，而标题配图则是一个标题的外衣。

由于我们的实例站点没有完全建设好，所以图片处理这部分的内容采用优设网作为讲解对象。优设网作为一个设计自媒体站点，在标题配图方面做得十分出色，可以说张张都很出彩。如图 21-17 所示，示意图中展示的是优设网近期的文章配图。

图 21-17　优设网的文章配图

在仔细分析过后，发现它们的标题配图都拥有如下特点。

（1）图片背景所用的色彩都很单一：使用单一的背景色彩，一方面是为了让其他部分醒目，另一方面则是为了减小图片文件的体积（图片色彩越丰富，所占用的硬盘空间越大）。

（2）图片标题所用的字体都很到位：这里的到位，首先指的是采用了适合做标题的无衬线字体；其次，采用了合适的与背景色互补的配色（一般情况下为黑色或白色）；然后，采用了合适的排版——标题重点使用较粗的字体，标题的其他部分则使用较细的字体；最后，采用了免费可商用的开源字体，避免了法律上的风险。这里特别提醒一下，不要在标题配图里使用超过三种以上的字体，大多数情况下两种最为合适。

（3）图片传达所用的图标都很形象：所选用的图标，不一定都与文章标题相关，但是绝对都能够抓住访客的注意力，让人看了有一种想点击的欲望。

按照上面总结的三个特点把图片做出来以后，再把图片文件的体积压缩一下，则可以马上把标题配图上传到站点的媒体库中进行使用（一般情况下，标题配图是正文的第一张图或者自行选择的特色图片）。

拓展知识：

一个国外的配色方案优质站点：色彩猎人 http://colorhunt.co/
当需要识别字体时所用的工具：求字体网 http://www.qiuziti.com/
拥有百万优质图标的国外站点：Iconfinder https://www.iconfinder.com/
可以无损放大图片的强大工具：PhotoZoom http://www.benvista.com/
可以本地使用的图片优化平台：智图 http://zhitu.isux.us/
能够压缩动图的经典实用软件：RIOT http://luci.criosweb.ro/riot/

21.2.2 推广内容

网络上有句俗语，酒香也怕巷子深。自媒体站点里的优质内容，自然也是需要在合适的平台进行推广的。

目前的互联网上，尽管有许多可以分发内容的优质平台，但是大部分不太适合作为我们的主力分发平台。原因很简单，因为这些平台的使用人群，与我们实例站点的目标用户不怎么重合。

图 21-18 所示，在进行过仔细的调查分析后，只选取了一个互联网站点作为重点分发平台，那就是哔哩哔哩弹幕网——因为它们开放了文章专栏以及与微博类似的动态聚合。当然，在此也不是鼓励大家放弃使用微博自媒体、微信公众号等优质内容分发平台，只是不把它们作为重点关注对象。

图 21-18 哔哩哔哩弹幕网的文章专栏

21.3　后期：总结改进

就算前期规划完美、中期执行给力，基本上也不太可能出现一次就完全命中访客兴趣点的情况，这个时候则需要在后期进行总结改进。

总结改进是需要实际的数据来支撑的，要不然只是瞎猫抓耗子——碰到一只算一只。在进行实际调整之前，需要知道改进哪里才容易拿出相应的调整方案。

下面要介绍的东西是大家肯定用得上的。当然，只是简单介绍一下；如果想把它们用好，那就是一门比较复杂的艺术了。在后面推荐了一些比较实用的实战书，以及一些偏向于理论方面的书，大家可以挑自己感兴趣的看一下，不必全部读阅一遍。

21.3.1　站长认证

这里所说的站长认证，一般是在百度或者谷歌的站长平台里进行认证，当然也可以在 360 或者搜狗那里进行认证。

如果有条件或者有需要，建议大家优先选择在谷歌的站长平台里进行认证，因为谷歌的站长平台比较给力，各种维度的数据比较细致，能够有效地帮助人们做出更准确的判断。不过由于政策关系，谷歌站长平台不能在国内正常使用，所以退而求其次转而介绍百度站长平台。

在搜索框中输入 site:ipc.im，可以看到如图 21-19 所示的提示。如图 21-20 所示，我们单击进入百度站长平台，找到“用户中心”下的“站点管理”选项，单击后跳转到站点管理页面，开始“添加网站”。

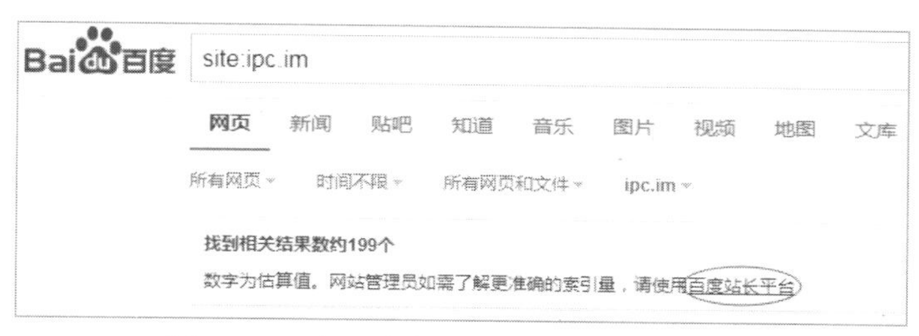

图 21-19　在百度中使用“site:ipc.im”命令

图 21-20　百度站长平台中的“用户中心”下的“站点管理”选项

第一步：输入网站域名，如图 21-21 所示。一般直接输入“www.ipc.im”即可，不用在前面添加“http://”。

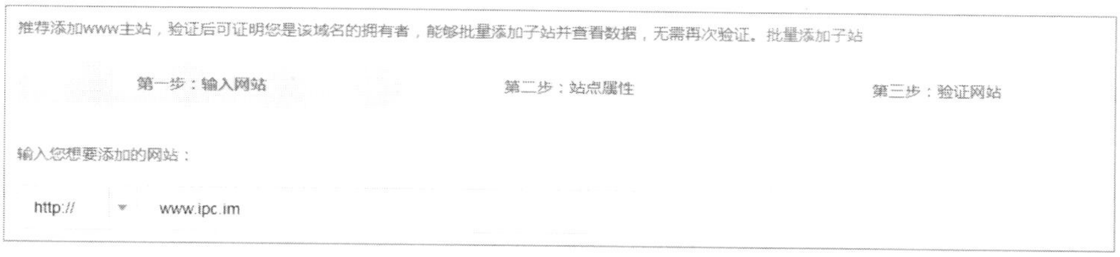

推荐添加www主站，验证后可证明您是该域名的拥有者，能够批量添加子站并查看数据，无需再次验证。批量添加子站

第一步：输入网站　　第二步：站点属性　　第三步：验证网站

输入您想要添加的网站：

http://　www.ipc.im

图 21-21　输入网站域名

第二步：选择站点属性，如图 21-22 所示。为站点选择合适的属性，这里最多选择三项。

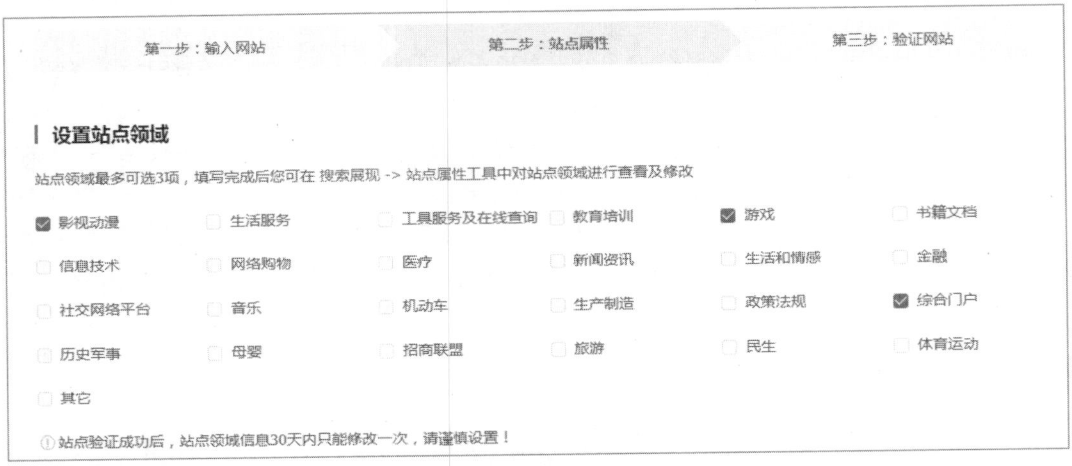

第一步：输入网站　　第二步：站点属性　　第三步：验证网站

设置站点领域

站点领域最多可选3项，填写完成后您可在 搜索展现 -> 站点属性工具中对站点领域进行查看及修改

☑ 影视动漫　☐ 生活服务　☐ 工具服务及在线查询　☐ 教育培训　☑ 游戏　☐ 书籍文档
☐ 信息技术　☐ 网络购物　☐ 医疗　☐ 新闻资讯　☐ 生活和情感　☐ 金融
☐ 社交网络平台　☐ 音乐　☐ 机动车　☐ 生产制造　☐ 政策法规　☑ 综合门户
☐ 历史军事　☐ 母婴　☐ 招商联盟　☐ 旅游　☐ 民生　☐ 体育运动
☐ 其它

ⓘ 站点验证成功后，站点领域信息30天内只能修改一次，请谨慎设置！

图 21-22　选择站点属性

第三步：验证网站权限，如图 21-23 所示。百度站长平台提供了三种认证方式：文件验证、HTML 标签验证和 CNAME 验证；这里选择的是第一种方式，因为使用它验证比较方便快捷。

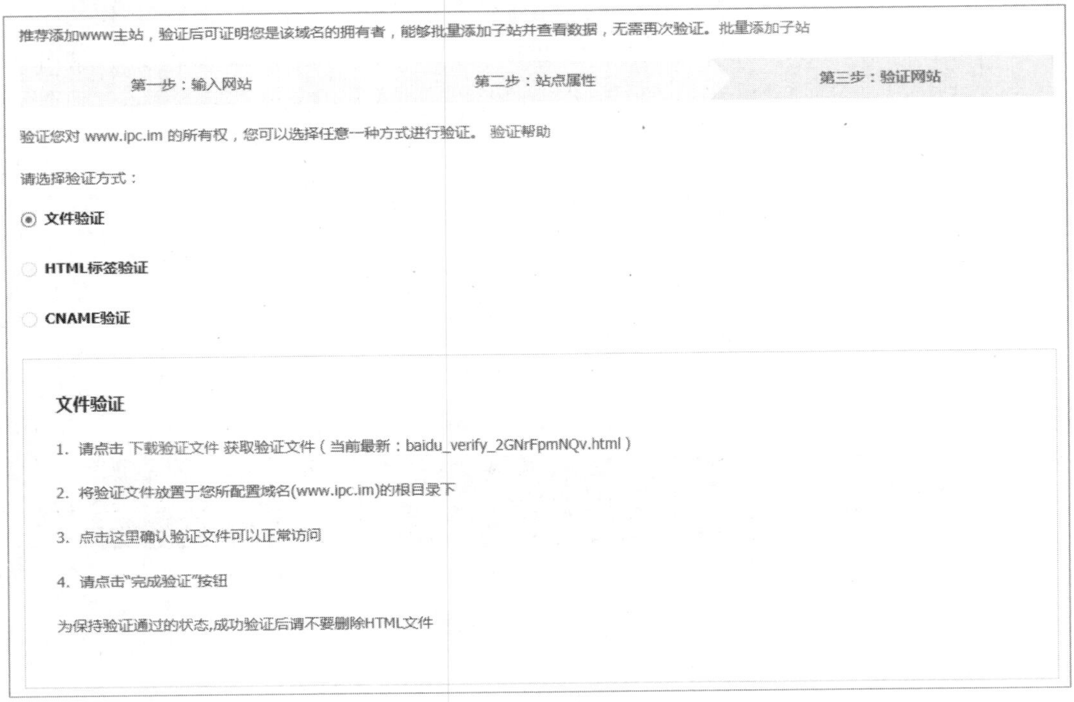

推荐添加www主站，验证后可证明您是该域名的拥有者，能够批量添加子站并查看数据，无需再次验证。批量添加子站

第一步：输入网站　　第二步：站点属性　　第三步：验证网站

验证您对 www.ipc.im 的所有权，您可以选择任意一种方式进行验证。 验证帮助

请选择验证方式：

◉ 文件验证

○ HTML标签验证

○ CNAME验证

文件验证

1. 请点击 下载验证文件 获取验证文件（当前最新：baidu_verify_2GNrFpmNQv.html）
2. 将验证文件放置于您所配置域名(www.ipc.im)的根目录下
3. 点击这里确认验证文件可以正常访问
4. 请点击"完成验证"按钮

为保持验证通过的状态,成功验证后请不要删除HTML文件

图 21-23　验证网站权限

以上三步完成以后，会跳转到站点信息的管理后台，如图 21-24 所示。图 21-24 中标示出来的“链接提交”和“Robots”，需要马上完成，前者是提交站点地图的 sitemap.xml 文件，后者是提交 robots.txt 文件。没有标示出来的其他部分，大家可以根据需要自行探索，详细信息在百度站长平台的“互动交流”版块里面。

图 21-24　站点信息管理后台

21.3.2　数据分析

1. 站点分析

一般来说，百度和谷歌的站长平台里的数据，只够我们进行基本的数据分析工作。如果想要了解更详细的站点数据，必须使用它们提供的站点统计代码。

百度有百度分析，谷歌有谷歌分析。除了这两大分析工具，还有腾讯分析等其他小众的第三方分析工具；如果有需要，也可以自行开发分析工具。

下面介绍的是腾讯分析，来作为实例网站——爱评测的分析工具。

第一步：输入网站域名，如图 21-25 所示。登录腾讯分析（域名为 http://ta.qq.com），单击后台账户图标下的“站点列表”命令，跳转到站点列表界面后单击“添加站点”开始添加站点，直接输入 www.ipc.im 即可，不用在前面添加“http://”。

图 21-25　输入网站域名

第二步：选择站点属性，如图 21-26 所示。单击“分类”下的“设置”命令即可。

站点URL	分类	运行状态	代码管理	操作
www.ipc.im	未设置分类，请先 设置	未检测到代码	获取代码	查看报告 | 关闭 | 删除站点

图 21-26　选择站点属性

第三步：验证网站权限，如图 21-27 和图 21-28 所示。单击“获取代码”命令，按照弹出来的页面上的提示，将相关统计代码安装到站点主题的正确位置，分别是主题文件的主题页眉文件 header.php 和主题页脚文件 footer.php，安装好以后记得保存。

```
13 <!doctype html>
14 <html <?php language_attributes(); ?>>
15 <script type="text/javascript" src="https://tajs.qq.com/stats?sId=63729245" charset="UTF-8"></script>
16 <head>
```

图 21-27　在 header.php 中添加统计代码

```
57
58 <script type="text/javascript" src="https://tajs.qq.com/stats?sId=63729245" charset="UTF-8"></script>
59 </body>
60 </html>
```

图 21-28　在 footer.php 中添加统计代码

以上三步完成以后，把站点刷新几遍，稍等几分钟就可以在“网站概况”和其他板块里看到站点的相关数据。这里重点提一下“监控检测”板块里的“页面热区图”，通过它可以了解到访问站点的访客的注意力中心；不过需要注意，如果使用了前面提到的防点击劫持的代码块，页面热区图会无法正常使用。

2. 其他数据

除了上面的数据分析来源以外，还可以使用一些第三方平台提供的数据图表，然后结合自己收集到的站点数据，来进行综合全面的数据分析工作。

新榜 https://www.newrank.cn/

新榜作为中国移动互联网内容创业服务平台，如图 21-29 所示，自身用以衡量传播价值、品牌价值、投资价值的新榜指数，已经成为中国移动互联网内容价值标准。可以说，只要是做自媒体这一行的，基本都离不开它。

图 21-29　新榜

微报告 http://data.weibo.com/

微报告作为国内首屈一指的社交平台，微博掌握了不少细致全面的行业数据，如图 21-30 所示。更难能可贵的是，微博官方已经把这些数据做成报告给我们了，我们只需动动鼠标登录下载即可。不出我们的意料，微博官方最近也整理出了一些二次元领域的相关报告。

图 21-30　微报告

百度指数 http://index.baidu.com/

百度指数是一个以百度收集到的海量网民行为数据为基础的数据分享平台，如图 21-31 所示。在这里，我们可以研究关键词搜索趋势、洞察网民需求变化、监测媒体舆情趋势、定位数字消费者特征；还可以从行业的角度，分析市场特点。

图 21-31　百度指数

谷歌趋势 https://trends.google.com/trends/

谷歌趋势类似于上面的百度指数，是谷歌推出的一款基于搜索日志分析的应用产品，如图 21-32 所示。不过其数据来源更为丰富多样，如果有条件建议与上面的百度指数结合在一起使用。

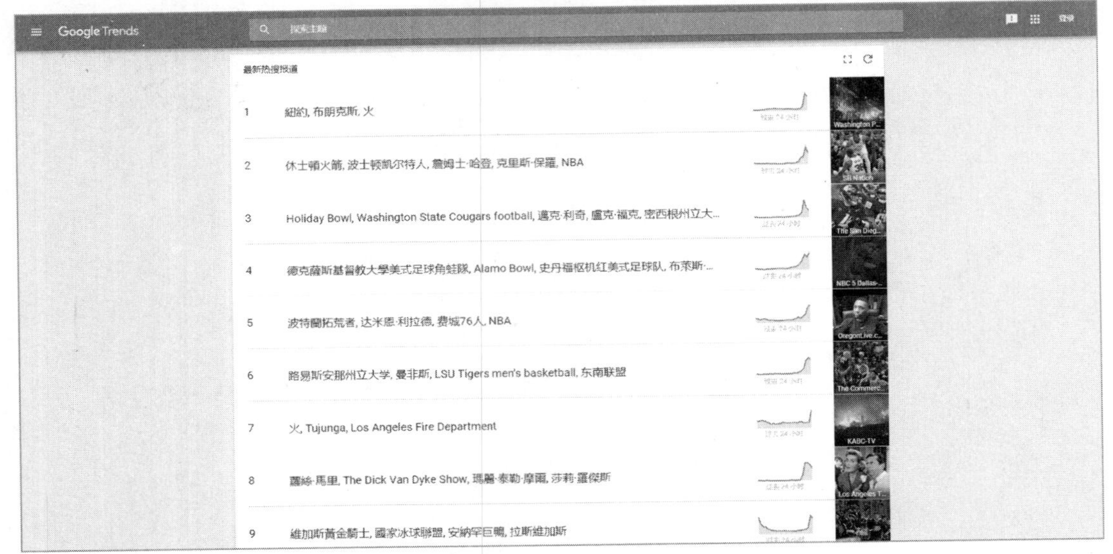

图 21-32　谷歌趋势

如果想了解更多的数据，大家可以访问后面提供的大数据导航，去里面寻找对自己有帮助的站点。